决 策 气 象 服 务

（2009）

中国气象局决策气象服务中心　编

主　编　薛建军
副主编　赵慧霞　张建忠　李佳英　王维国

气象出版社
China Meteorological Press

内容简介

本书是中国气象局决策气象服务中心开展决策气象服务的主要产品之一——“重大气象信息专报”服务材料的汇编。汇编成册的目的，是为了对有关资料加以保存和积累，也是对2009年决策气象服务工作的总结和检验。决策气象服务是气象服务的重要组成部分，是紧扣国家需求为面向政府部门科学决策提供的有针对性的气象服务，是在国家经济建设、防灾减灾、重大社会活动和应对气候变化中发挥作用的气象服务。

本书内容丰富，较好地反映了2009年国家级决策气象服务为政府、社会等提供的决策服务的概貌，反映了2009年气象工作在为“三农”的服务中、在应对重大天气气候事件以及在迎接国庆60周年的气象服务中的重要作为。可供从事气象服务、气象管理和防灾减灾工作的相关人员参考。

图书在版编目(CIP)数据

决策气象服务.2009/中国气象局决策气象服务中心编.
北京:气象出版社，2010.9
ISBN 978-7-5029-5048-4

Ⅰ.①决… Ⅱ.①中… Ⅲ.①气象服务-决策学-中国 Ⅳ.①P49

中国版本图书馆CIP数据核字(2010)第182387号

Juece Qixiang Fuwu(2009)
决策气象服务(2009)
中国气象局决策气象服务中心 编

出版发行:气象出版社
地　　址:北京市海淀区中关村南大街46号　　**邮政编码**:100081
总 编 室:010-68407112　　**发 行 部**:010-68409198
网　　址:http://www.cmp.cma.gov.cn　　**E-mail**:qxcbs@263.net
责任编辑:陈　红　　**终　　审**:赵同进
封面设计:王　伟　　**责任技编**:陈　红
责任校对:石　仁
印　　刷:北京京科印刷有限公司
开　　本:889mm×1194mm　1/16　　**印　　张**:10.25
字　　数:380千字　　**彩　　插**:20
版　　次:2010年10月第1版　　**印　　次**:2010年10月第1次印刷
定　　价:88.00元
(内部发行)

前　言

2009年，我国没有发生流域性暴雨洪涝灾害，但区域性和阶段性干旱较显著；台风生成个数少、登陆比例高，影响区域集中；春季，黑龙江及内蒙古东北部发生严重春旱，秋冬季，西南地区又发生较严重的干旱；初夏，强对流天气致灾较严重，河南、安徽、江苏等地均受到较大影响；盛夏，长江中下游地区出现"倒黄梅"天气，西南地区由降水引发的地质灾害较严重；深秋至初冬，我国区域性暴雪来得早、积雪厚、影响大。

总体上，2009年在我国气象灾害及其衍生灾害中，旱灾比较严重。干旱特点具有持续性、区域性和发生在作物生长的关键时期。

一、决策气象服务情况

2009年，中国气象局决策气象服务中心围绕国家防灾减灾、经济建设、重大社会活动和气象为"三农"服务开展了一系列的气象服务工作。

1. 抗旱、夏收夏种和秋收秋种气象服务

2009年，我国干旱面积大，影响范围广，旱情是比较严重的。而2009年又是气象为农服务最突出的一年，主要体现在抗旱气象服务、夏收夏种和秋收秋种的气象服务上。

年初，黄淮冬麦区因降水持续偏少发生冬旱。针对冬季天气寒冷的特点，对旱区灌水抗旱如果不采取科学指导，就会造成冬小麦受冻、窒息、甚至断苗而死。因此在制作的抗旱气象服务的专题材料中，明确了适宜灌溉区和不适宜灌溉区，适宜灌溉时间和不适宜灌溉时间，并以彩图示意。同时，还通过《天气提示专稿》的方式发送给媒体并服务于社会。这种清晰的"抗旱服务指南"图对政府可直接决策，对百姓可直接使用，效果好。

2009年夏秋期间，我国长江中下游及其以南大部地区持续高温少雨，旱情不断发展扩大，并造成大江、大湖和水库水位急剧下降，中小河流断流，严重影响了农业生产和城市、乡村安全用水。决策气象服务中心将气象卫星对江、湖水体面积遥感监测的结果较为直观地反映在决策服务材料当中，并通过与往年同期比较，给出当时南方旱情的严重程度。另外，在针对旱区可能出现的人工增雨作业条件，在服务材料中及时给出增雨作业指导。对于旱区旱情的演变情况，决策服务及时跟进，做出评估，并给出下一步工作的建议。

5月春播期间，黑龙江、吉林发生春旱，6月两省又遭受低温连阴雨灾害。在作物播种、出苗到壮苗的关键时段连续遭受两种灾害，势必对作物后期的正常生长产生影响，进而会影响到作物的品质和产量，这也是政府和领导所关心的问题。6月决策气象服务中心及时组织黑龙江、吉林气象部门和国家气象中心的有关专家对作物生长状况进行评估，并根据作物现状给出相应的补救措施和生产建议。

自2006年开始，将夏收夏种和秋收秋种气象服务推向业务，并走向成熟。而在2009年的服务中，除保持原有风格外还增加了农用天气预报，并将灾害性天气的影响纳入其中，为国家有关部门制定决策、科学合理地指导农业生产提供依据，增强了服务的指导性。

2. 重大活动气象服务

与2008年相比，2009年仍是重大活动事件较多的一年。在传承奥运会气象服务精神的同时，2009年气象服务又将这一精神发扬光大，在"两会"、"汶川地震周年祭"、"国庆60周年"和"十一全运会"中又各具服务特色和亮点。

以知识性、科普性取胜，"两会"气象服务创新效果好。在2009年的全国"人大"和"政协"会议的气象服务中，既保持了传统风格，又有创新之处。所谓传统，是保留了已被与会代表所接受的全国和城市天气预报部分；而创新，则是增加了生活气象提示、气象服务摘要和科普的元素。

如：在“气象服务摘要”栏目中，内容涉及了“今年2月四川古蔺、筠连两县焚风现象的分析”、“雨雪降温对汶川地震灾区人民生产生活的影响”等等。

传承奥运、发扬奥运，国庆六十周年服务再创辉煌。新中国成立60周年，举国欢庆。而从国庆庆典演练到“十一”庆典活动，天气的好坏直接影响着演练的效果和庆典活动的举行。以2008年奥运气象服务成功的经验为基础，气象专家提前制定服务方案，并进行模拟演练，查漏补缺，将服务进一步程序化和规范化。针对8月29－30日、9月6－7日、12－13日和18－19日国庆庆典活动在天安门地区的4次演练活动，共滚动制作《国庆60周年庆典活动演练天气预报》专题服务材料9期，并及时上报首都国庆安保领导小组焰火安全监督组焰火燃放安全监督小组和建国60周年国庆首都阅兵联合指挥部办公室。在每一份服务材料中，从庆典的准备、集结、演练、撤场的几个阶段均给出了详实的天气预报和应对不利天气条件影响的措施。

从9月23日开始，针对9月30日至10月1日的天安门地区庆典活动，专家每天制作1期《新中国成立六十周年庆祝活动气象服务专报》正式上报中共中央办公厅、全国人大常委会办公厅、国务院办公厅、全国政协办公厅、中央军委办公厅及庆祝活动的直接组织和管理机构；提前7天将天安门地区的天气预报结果传送给上述有关部门。自9月30日起，服务密度增加，由日报送材料增加到小时报送，并在服务材料中，针对庆典期间各个阶段的天气预报均给出了详实的应对措施建议。同时，在9月29日以后，在《新中国成立六十周年庆祝活动气象服务专报》中，还提供了国庆及中秋节期间全国的天气趋势预报以及各个主要省会城市和直辖市等地的天气预报。

2009年的国庆，北京的天空格外清新，庆典活动异彩纷呈。准确的预报、精准的服务，中央领导满意、市民满意，参加庆典活动的官兵和群众更满意。气象预报、服务为国庆60周年献上了一份厚礼！

3．汛期气象服务

汛期，是我国重大气象灾害的高发期，暴雨、台风、高温、强对流等天气是致灾的重要因素，是气象服务的重点。

密切监视暴雨洪涝及其引发的次生灾害，对重点地区重点服务。2009年夏季我国南方部分地区暴雨频繁。受强降雨影响，广西罗城县卡马水库出现险情，四川康定、米易、小金、汶川和云南凤庆、盐津及湖南洪江等地相继发生特大山体滑坡、泥石流和山洪等灾害。气象服务将发生灾害的重点区域作为服务的主要对象，在服务方式上是以精细化预报和准确服务为基础，目的是为防灾救灾提供更好的决策支持。除此之外，还加强了为重庆武隆铁矿乡山体垮塌事件及云阳滑坡事件做了长时间的系列服务。

做好台风灾害预评估，用科技手段防灾减灾日趋成熟。2009年在西北太平洋和南海生成的台风个数较常年少，但登陆个数多，登陆时段集中，登陆区域集中。做好灾害预评估，利于政府采取相应措施应对台风可能造成的危害，化险为夷，趋利避害。对当年9个登陆我国的台风和近海影响我国的台风提前制作灾害预评估，评估效果总体较好，为决策服务参与防灾减灾增加了重要内容。

总之，经过近几年台风的防灾减灾气象服务，基本上形成了跟踪监视—预报预警—影响预评估—对策建议—事后综合分析评估的完整的服务链，从而保证了决策服务的有序和高效。

在应对突发性强对流天气事件中服务迅速及时。2009年初夏，黄淮、江淮地区雷暴、大风、冰雹等强对流天气频发，影响大，致灾重。其中6月3日中午至4日凌晨，河南、安徽、江苏先后出现了雷暴、大风等强对流天气，河南郑州、开封、商丘等地还出现了飑线，飑线长约140千米。在这次灾害中，仅河南省就有24人死亡，89人重伤，直接经济损失16.09亿元。

针对这次过程，值班人员一方面加强了强天气信息的收集整理，一方面加强了灾害的调查、核实和报告工作，同时与河南、安徽等省局联系了解灾害的翔实情况，为灾害的快速评估做准备。6月5日，当灾害刚刚结束一天后就给国务院上报了关于“河南安徽等地遭遇罕见强飑线天气袭击 损失严重”的《重大气象信息专报》，给出灾害评估结果和成因分析。

暴雪气象服务促进了观测能力的提高，并产生新的服务产品。针对2009年11月华北地区发生的暴雪事件，根据气象服务的需要，2009年11月15日中国气象局综合观测司下发了《关于开展降雪加密观测的紧急通知》，通知要求各台站出现降雪后立即启动开展加密观测，每日06时、07时、08时、11时、

14时、17时、20时定时观测和上报观测数据。由于能够及时获得观测数据，降雪实况、积雪深度和积雪深度变化图等一批服务产品应运而生，并能够及时服务于政府、社会。

二、通过加强管理和机制建设提高决策服务能力

通过提高科技手段和加强内部管理、规范岗位和值班制度建设、完善决策服务上下互动机制等，使决策服务能力明显增强。

建立交接班制度，完善岗位和值班制度的流程建设。每周一次的交接班制度，通过交接班，为决策服务首席、领班、主班等提供了交流的平台。通过这个平台既可以培养员工的责任意识，又可以锻炼员工的总结、表达和分析问题的能力，从而达到全面提高员工的服务意识和服务水平的目的。而完善岗位和值班制度的流程建设，使岗位的责任更清晰、更具体，值班的时间节点和任务更明确，从而达到任务完成有保障，流程操作有依据。在制度建设上，做到了有"法"可依、有"法"可循。

抓住月例会的机会，做好服务总结和重点服务部署。自2008年开始，决策气象服务中心实行决策服务月例会制度，参加例会的有局职能司和直属单位的有关人员。大家利用这个平台充分准备，将前期的服务情况、服务效果、存在的问题和不足以及未来气象服务工作的重点进行汇报、讨论，共同提高服务水平，改进服务方法，并提示大家对未来的服务重点给予关注。

总之，2009年为提高决策服务能力，无论是在业务建设中，还是在制度建设上，经过工作人员的努力和各方面的配合、支持，取得了一些成功的经验，积累了一些好的做法，可供大家借鉴；但是面临服务上的需求和要求还是有一定的距离，仍存在许多不足，恳请大家批评指正。

中国气象局决策气象服务中心
王维国
2010年6月

目 录

长江中下游地区出现大范围雨雪天气，须防范雨雪天气对春运道路交通产生的不利影响

（中国气象局　第1期　2009年1月6日）

摘　要　1月5—6日早晨，长江中下游地区出现了大范围的雨雪天气，湖北中南部、河南南部、安徽中北部、江苏西南部、湖南北部、重庆南部、贵州西北部普降大雪，局地暴雪，贵州中部部分地区出现了1～5毫米冻雨。

预计，6日长江中下游地区仍将有较明显雨雪天气，各地要注意防范强降雪及雪后路面结冰对春运道路交通运输造成的不利影响，确保春运道路交通安全。

一、长江中下游地区出现大范围雨雪天气

1月5—6日早晨，西南地区东部、江汉、江淮、江南西北部等地出现了大范围的雨雪天气，湖北中南部、河南南部、安徽中北部、江苏西南部、湖南北部、重庆南部、贵州西北部降了大雪，其中河南新县（11毫米）、商城（13毫米）和湖北钟祥（10毫米）、孝感（11毫米）、嘉鱼（11毫米）、鄂西（11毫米）、宣恩（12毫米）及湖南石门（10毫米）降暴雪；湖南安化、常德、桃源、吉首等出现了12～17毫米雨夹雪；另外，贵州中部部分地区出现了1～5毫米冻雨（图1-1）。

二、今天长江中下游地区仍将有较明显雨雪天气，对春运道路交通将产生不利影响

预计6日白天到夜间，青藏高原东部、陕西南部、西南地区东部、江汉、黄淮南部、江淮、江南等地将有小到中雨（雪），其中湖北南部、湖南西北部、安徽中南部、江苏南部等地部分地区有大雪；贵州中部部分地区有冻雨。7—8日，长江中下游雨雪区逐渐南压，强度缓慢减弱，贵州中部部分地区仍有冻雨。根据对目前资料的分析，上述区域不会出现持续性雨雪天气，但6日的雨雪天气将会对上述地区的春运道路交通产生不利影响（图1-2），其中对高速公路的影响情况如下：

受大到暴雪影响的主要路段有：

湖北仙桃—荆州—宜昌高速公路。

受小到中雪影响的主要路段有：

京沪高速江苏新沂—淮安—高邮段；

京福高速安徽宿州—合肥段；

京珠高速河南遂平—信阳—武汉—湖南临湘—大荆段；

京藏高速甘肃三滩—白银—兰州—西宁段；

连霍高速江苏连云港—邳州、甘肃北道—天水—定西—兰州段；

南京—合肥高速公路；

江苏连云港—淮安高速公路；

湖北孝感—随州—襄樊—十堰高速公路；

湖北襄樊—荆门高速公路；

湖南益阳—常德高速公路。

受冻雨影响的主要路段有：

贵阳—都匀高速公路；

贵阳—安顺—镇宁—黄果树高速公路。

另外，8—9日中等强度冷空气将影响我国中东部地区。7日夜间至9日，一股中等强度冷空气将自北向南先后影响我国中东部地区。冷空气前锋过后，华北、东北、黄淮、江淮、江南东部等地将有4～6级偏北风，同时气温将下降4～8℃。渤海、黄海、东海、台湾海峡和南海海域将先后出现6～8级偏北风，阵风可达9级，对海上航运有不利影响。

三、须防范雨雪天气对春运道路交通产生的不利影响

此次大范围雨雪天气将对农副产品生产与运输有一定影响，有关部门应注意及时采取相应措施；各

地要注意防范强降雪及雪后路面结冰对交通运输造成的不利影响，确保春运道路交通安全。

此次降水过程对缓和黄淮南部、长江中下游地区的旱情十分有利。

未来10天华北黄淮等地旱情加重，须加强冬麦区的抗旱工作

（中国气象局　第2期　2009年1月8日）

摘　要　2008年12月以来，华北、黄淮等地降水量较常年同期偏少7～9成，土壤失墒加快，旱情发展迅速。截止到2009年1月6日，河南、安徽、河北、山东、山西、甘肃六个粮食主产省受旱面积8100多万亩*，比去年同期增加近四倍，其中冬小麦受旱影响最为严重，目前干旱已成为河南省农业生产中最为突出的问题。

2009年1月5—7日，河南南部和安徽中部地区出现1～10毫米降水，上述地区的旱情有所缓和，而河南中北部和安徽北部等部分地区的旱情仍在持续。预计未来10天，华北、黄淮等干旱严重区仍无明显降水过程，冬麦区的旱情将加重。建议采取及时灌溉等有效措施加强抗旱工作，确保冬小麦安全越冬。

一、入冬以来，华北黄淮等地温高雨少，上述部分地区出现不同程度气象干旱

2008年12月以来，我国中东部大部地区降水普遍偏少，其中内蒙古东南部、华北中南部、黄淮中西部及江西中南部、福建大部、浙江南部等地降水量与常年同期相比偏少7～9成(图2-1)。同时上述大部地区气温较常年同期偏高1℃左右。

最新气象干旱监测(图2-2)显示：西北地区东南部、华北大部、黄淮大部、江南东南部、华南东部及内蒙古东南部、辽宁西部、四川西部、西藏南部等地出现中等气象干旱，其中华北中南部、黄淮西部及福建西南部达重度气象干旱。

2009年1月8日全国农业干旱综合监测结果表明：河北南部、山东西北部、河南中北部、山西东南部等局地冬麦区出现中旱(图2-3)。

二、气象干旱对冬小麦生产影响的综合分析

2008年12月以来，华北南部和黄淮西部发生的气象干旱已造成部分地区麦苗叶片、叶尖发黄，局部地区出现死苗现象；同时干旱使部分麦田不能严实封冻，致使冬小麦分蘖节长期处于干土层中，造成麦苗因脱水过度而导致春季不能正常恢复生长。

2009年1月3日土壤水分监测结果显示：西北、华北和山东大部处于土壤封冻期，而河南西部和北部10厘米土壤相对湿度为40%～60%，土壤表墒不足，河南中部和安徽北部等地部分地区出现3～7厘米干土层，麦区旱情明显。

2009年1月5—7日，河南南部和安徽中部地区出现1～10毫米降水，河南省及时实施了人工增雨(雪)作业，上述地区的旱情有所缓和，而河南中北部和安徽北部等部分地区的旱情仍在持续。

目前，各地气象干旱对冬小麦生产的影响情况如下：

河南省：2008年11月以来，河南省降水严重偏少、气温偏高。11—12月，全省平均降水量比常年同期偏少76%，特别是11月17日至12月26日全省大部地区几乎滴雨(雪)未下。降水少，气温高，致使土壤失墒较快。2009年1月5日统计，全省小麦受旱面积3690多万亩。干旱已成为河南省当前农业生产中最为突出的问题。

山西省：2008年12月中旬，山西省气温偏高，降水偏少。全省除个别县市外大部分地区均无降水，旬平均气温比常年平均值偏高2.5℃。2008年12月下旬，全省降水偏少，干旱面积进一步扩大。最新的监测结果表明，山西大部分地区旱情持续发展，北部的大同市、朔州市和中南部大部地区发生中度及

*　1亩=0.0667公顷，下同。

以上干旱。

安徽省：2008 年 11 月以来，安徽省沿淮淮北地区平均气温较常年同期偏高 0.9℃，平均无降水日数为 54 天。11 月底，江淮西南部土壤表层出现轻旱，范围不断扩大，程度逐渐加重，到 12 月中旬，大别山区至沿江西部 0～10 厘米土层出现轻到重旱，江淮大部、沿淮淮北局部出现轻到中旱，并有干土层出现。

目前为止，安徽省小麦受旱面积占小麦播种面积比例已达到 70%，重旱面积近 30%，阜阳的沿淮区域、蚌埠、亳州等地受灾较重(图 2-4 和图 2-5)。利用冬小麦农业干旱损失评估模型估算，安徽省沿淮淮北地区当前旱情对产量的减产幅度为 5%～13%。

河北和山东省：入冬以来，河北省中南部的大部地区由于持续无降水，其旱情还在继续加重；山东气象干旱区主要分布在西部地区。

据统计，截止到 2009 年 1 月 6 日，河南、安徽、河北、山东、山西、甘肃六个粮食主产省受旱 8100 多万亩，比去年同期增加近四倍。

三、未来 10 天华北黄淮等地旱情加重，须及时对冬麦区田间进行浇灌，加强抗旱工作

预计未来 10 天，华北地区中南部、黄淮、汉水流域等旱区仍无明显降水过程，山西、河北、山东、河南和安徽部分冬麦区的旱情将加重。

建议：目前土壤尚未严实封冻的麦区，要利用晴暖天气进行灌溉，促进麦苗分蘖；对于苗情偏差的田块在进行灌溉的同时，要及时追施腊肥，增加营养，促进盘根增蘖，以确保麦苗安全越冬。

各地对近期浇过水的麦田，应及时划锄保墒，防止土壤板结。对于没有灌溉条件的麦田，可采取镇压或利用秸秆覆盖等措施进行保墒抗旱及防冻。

气象条件将对华南南部春播不利

（中国气象局　第 3 期　2009 年 1 月 10 日）

摘　要　华南地区早稻播种时段主要集中在每年的 2 月中旬至 3 月，在此期间该地区平均约 2.5 年出现一次不利于春播的低温冷害，出现灾害次数仅次于四川盆地和贵州北部，高于全国其余地区。预计 2009 年华南春播期间，低温阴雨天气将对华南南部的早稻播种产生不利影响，对华南北部的早稻播种影响不大。

持续低温阴雨天气易引发低温冷害，而低温冷害是影响春播农业生产进度和造成早稻烂秧死苗及青枯死苗的主要气象灾害。防御低温冷害，需要根据天气变化情况及时采取有效措施，一是要抓住“冷尾暖头”天气适时播种；二是要及时防寒护秧，避免发生烂种烂秧；三是要在天气突然转为晴热时，要适当灌深水护苗，防止出现青枯死苗。

一、低温阴雨天气将对华南南部春播不利

华南地区(广东、广西及福建南部)南部的早稻播种时段主要集中在每年的 2 月 11 日至 3 月 10 日，北部则集中在 3 月 1—31 日。在此期间华南地区平均约 2.5 年出现一次低温冷害，出现灾害次数仅次于四川盆地和贵州北部，高于全国其余地区。2000 年以来，华南南部春播期间气象条件总体较好，低温冷害影响显著减少。

预计：2009 年华南春播期间，华南南部在 2 月中旬后期可能有 3～4 天低温阴雨天气，下旬后期到 3 月上旬前期可能有 4～5 天低温阴雨天气，气象条件正常偏差，将对早稻播种产生不利影响；华南北部仅在 3 月上旬前期可能有 2～3 天的低温阴雨天气，春播气象条件好，有利于早稻播种。

二、低温冷害既影响春播农业生产进度，又易造成早稻烂秧死苗和青枯死苗，须密切关注天气变化，及时采取有效措施

在华南早稻播种育秧期间，北方冷空气势力依然较强，活动较为频繁，易出现持续性低温阴雨天气，引发低温冷害。

低温冷害既影响春播农业生产进度，又会导致秧苗缺乏生长所必需的热量和光照，容易造成烂秧死苗。另外，若遇持续性低温阴雨天气突然转晴，气温陡升，秧苗叶面蒸腾量急剧增大，由于秧苗根系活力弱，吸水量有限，容易造成秧苗生理失水过多，出现青枯死苗现象。

针对关键农事时段的气象条件，华南地区各地应注意收听天气预报，密切关注天气变化，及时采取有效措施，最大程度减轻低温冷害对春播农业生产造成的不利影响。

一是要抓住"冷尾暖头"天气适时播种，尽量避免低温冷害；对已播种的早稻秧苗要加强管理，以培育壮秧。

二是要及时防寒护秧，避免发生烂种烂秧。当气温下降到5℃以下时，露地育秧必须进行灌水护苗；若低温持续时间较长，在中午气温相对较高时，可适当排水通气，更换新鲜水进行保温，既能抑制病菌生长，又可起到保温防寒作用。

三是要在持续性低温阴雨天气突然转为晴热天气时，应适当灌深水护苗，防止秧苗出现生理失水而造成青枯死苗。

华北、黄淮冬小麦因气象干旱可能减产，须加强抗旱和田间管理以减少产量损失

（中国气象局　第4期　2009年1月13日）

摘　要　入冬以来，华北、黄淮等地冬麦区出现不同程度旱情，其中河南和安徽冬麦区旱情较为严重。据中国气象局冬小麦气象产量预报模型计算结果分析，当前干旱将可能使华北、黄淮地区2009年冬小麦减产；如果未来干旱持续时间过长，损失还可能加重。

预计未来10天，华北中南部、黄淮等干旱区仍无明显降水过程，旱情将持续。为减少干旱所造成的不利影响，建议：一是要针对目前土壤尚未严实封冻的麦区要合理调配水源，加大灌溉力度，并及时追施速效氮肥，中耕松土蓄水提温；二是要利用晴暖午后进行小水细灌；三是要对近期浇过水的麦田，应及时划锄保墒，防止土壤板结；四是要对土壤封冻的地区，采取镇压或覆盖等措施，以保墒抗旱。

一、当前华北、黄淮气象干旱将使冬小麦减产

入冬以来，华北、黄淮等地发生了不同程度的气象干旱，其中河南和安徽冬麦区旱情较为严重。干旱使部分地区麦苗叶片、叶尖发黄，甚至出现死苗现象；同时干旱使部分麦田不能严实封冻，致使冬小麦分蘖节长期处于干土层中，形成旱冻交加，造成麦苗过度脱水春季不能恢复正常生长。

1月5—7日，因河南南部和安徽中部地区出现了3～10毫米的降水，对缓和旱情有利，但河南中部和北部以及安徽北部无降水，旱情仍在持续。1月8日全国土壤水分监测结果表明，安徽北部和河南中北部等地出现了3～10厘米干土层，土壤表墒不足（图4-1）。1月12日全国农业干旱综合监测结果表明：河北南部、山东西部、河南中北部、山西东南部等地部分冬麦区发生轻度干旱，局地中旱（图4-2）。

据中国气象局冬小麦气象产量预报模型计算结果，当前干旱将可能使华北、黄淮地区2009年冬小麦平均单产损失1.5%～3.0%，如果后期加强田间管理，且春季水热条件较好，产量损失可能减小，如果干旱持续时间过长，损失可能会加重。

二、农业生产建议

预计未来10天，华北中南部、黄淮等干旱区仍无明显降水过程，旱情将持续发展。建议：

一是要针对目前土壤尚未严实封冻的麦区，由于播后镇压不够，地表松软，麦苗抗旱抗寒能力较差，须合理调配水源、加大灌溉力度，同时加强肥水管理，及时追施速效氮肥，中耕松土蓄水提温。

二是要根据气温变化情况，利用晴暖午后进行灌溉，要小水细灌，切忌大水漫灌。

三是要对近期浇过水的麦田，应及时划锄保墒，防止土壤板结。

四是要对土壤封冻的地区，采取镇压或覆盖等措施，以保墒抗旱。

节前雨雪天气渐多，须防雨雪大风确保春运安全

（中国气象局　第5期　2009年1月17日）

摘　要　1月17—18日，华北北部、山东半岛、东北大部等地部分地区将有小到中雪；19—21日，我国中东部大部地区将出现一次较大范围雨雪天气过程；21—23日，长江以北大部地区将出现明显大风降温天气。

1月17日以后可能出现的雨雪以及大风降温天气将对当前春运工作带来一些不利影响，各地相关部门须预防降温、雨雪、大风天气对交通运输、航运和设施农业可能造成的影响。

一、未来一周天气预报

1月17—18日，受冷空气影响，华北北部、东北中北部的部分地区将有小到中雪，其中吉林东部的局部地区将有大雪；冷空气前锋过后，华北大部、东北地区、黄淮等地将有4～5级偏北风，同时气温也将下降4～6℃；渤海、黄海北部将有6～8级偏北风。

1月19—21日，我国中东部大部地区将出现一次较大范围雨雪天气过程。西北地区东南部、内蒙古东部、东北大部、华北北部等地的部分地区将有小到中雪或雨夹雪，西南地区东部、江汉、黄淮、江淮、江南、华南等地将有小到中雨或雨夹雪。

1月21—23日，来自西伯利亚一股强冷空气将东移南下先后影响我国大部，长江以北地区将出现5～7级偏北风，同时气温将下降8～12℃，部分地区降温幅度将超过16℃；长江以南地区将有4～6级偏北风，江河湖面风力有5～7级，冷空气前锋过后，南方地区的气温将下降6～10℃，部分地区可达12℃；我国东部和南部海区将先后出现7～9级大风，阵风达10～11级。

另外，1月17—18日，西南地区东部以及长江中下游的部分地区将有轻雾或霾，其中，四川盆地、云贵高原等地的部分地区将有能见度小于1000米的雾。

二、关注与建议

目前正值“春运”高峰期间，1月17日以后可能出现的雨雪天气以及大风降温会对春运工作带来一些不利影响，各地相关部门要密切关注临近天气预报，及时预防降温、雨雪、大风天气对交通运输、航运等可能造成的影响，加强安全防范措施；我国大部地区风力较大，城镇、乡村和森林草原区要注意用火管理，以防火灾。

近日，西南地区东部和长江中下游地区雾霾天气仍较多，须注意陆地交通、河运和海运的安全。

中国气象局将密切关注这次雨雪天气和强冷空气过程对我国中东部地区的影响，及时发布相关预报预警信息。

河南和安徽的部分冬麦区旱情较重，近期旱区将有降温降水过程但不足以解除旱情

（中国气象局　第6期　2009年1月17日）

摘　要　华北、黄淮冬麦区秋末冬初降水持续偏少，气温偏高，部分地区出现气象干旱。1月13—15日，中国气象局派专家赴河南、安徽、河北对当前冬麦区旱情及冬小麦苗情长势进行实地调查。调查结果显示：河南中北部、安徽淮北北部部分地区旱情较为严重，苗情较差。

预计19—21日，黄淮、江淮等地的部分地区将有小到中雨或雨夹雪，降水对于缓和当地气象干旱有利，但不足以解除旱情。各地仍要立足抗旱，根据天气变化进行科学管理，减轻干旱低温对作物的影响。

一、河南和安徽的部分麦区旱情较重，苗情较差

2008年11月以来，华北、黄淮冬麦区大部降水较常年同期明显偏少，大部地区偏少7成以上，其中河南全省及安徽沿淮淮北降水量不足20毫米，为1961年以来历史同期第6低值，是2000年以来同期

降水量的最少值。加之秋末冬初气温持续偏高，大风天气较多，土壤失墒快，导致河南和安徽部分地区出现不同程度干旱。

1月13—15日，中国气象局派专家赴河南、安徽、河北对当前冬麦区旱情及冬小麦苗情长势进行了调查（图6-1、图6-2）。据调查，河南中北部、安徽淮北北部部分地区旱情较为严重，苗情较差，其中安徽北部的宿州、蚌埠等地70%～90%地块麦苗叶尖、叶片发黄，个别地块死苗率达30%～40%；河南北部的洛阳和开封等地主要以灌溉条件差、土壤保水能力差、田间管理粗放和部分弱春性品种的地块苗情较差，受旱较为严重，部分地块叶片枯黄，但总体苗情尚可，以一、二类苗为主。河北中部冬麦区调查表明，目前农田处于封冻期，由于冬前普遍浇灌过越冬水，未出现干土层，冬小麦苗情较好。

1月16日全国农业干旱综合监测显示：河北南部、山东西部、河南中北部等地部分冬麦区发生轻度干旱，河南局地为中旱（图6-3）。

二、未来天气趋势及农业生产建议

预计1月19—21日，我国中东部大部地区将出现一次较大范围雨雪天气过程，黄淮、江淮等地的部分地区将有小到中雨或雨夹雪。降水对于缓和当地气象干旱有利，但不足以解除旱情。21—23日，一股强冷空气将影响我国大部地区，黄淮、江淮等地将有大风和强降温天气。建议：

1.目前土壤尚未严实封冻的麦区，在抗旱的同时注意防寒防冻，要根据天气条件科学灌溉，利用晴暖午后小水细灌，有条件的地区应当进行喷灌，切忌大水漫灌；冷空气来临之前要及时停止灌溉，以免水分在地表结冰而不能渗入土壤，使麦苗窒息或遭受冻害。

2.苗情偏差的田块要根据天气条件适时冬灌，同时追施腊肥，促进苗情转化，确保麦苗安全越冬。对一些底肥施用少，播种深、苗情弱、苗龄小的麦田，结合冬灌补施氮肥，以肥水促生长。

3.对旋耕不实、没有灌溉条件或天气寒冷不适宜灌溉的麦田，可采取镇压、撒施农家肥及利用秸秆覆盖等措施进行保墒抗旱、防冻。浇过水的麦田，应及时划锄保墒，防止土壤板结、开裂，以免漏风、跑墒。

4.北方地区设施农业要做好防风加固、增温工作，避免大风、降温天气造成损失；南方地区须注意做好对喜温作物和热带水果的保暖工作。

预计2月份华北黄淮等旱区无明显降水，旱情将持续

（中国气象局　第7期　2009年1月22日）

摘　要　自2008年11月以来，北方冬麦区降水量比常年同期偏少5～8成，部分地区偏少8成以上，西北地区东部、华北、黄淮以及江南东南部、华南东部等地出现了大范围的气象干旱，河南、安徽、河北、山东、山西、甘肃六省受影响较大。

预计2月份，华北、黄淮以及江南地区东南部、华南地区东部降水较常年同期偏少，华北中南部、黄淮大部、江南东南部、华南东部等地旱情可能会持续，各地需根据天气变化及时采取抗旱措施。

一、北方冬麦区降水稀少，部分地区出现干土层

自2008年11月以来，西北地区东部、东北地区南部、华北、黄淮、江淮北部、华南东部等地降水量比常年同期偏少5～8成，部分地区偏少8成以上。华北区域平均降水量仅为8.4毫米，较常年同期（23.1毫米）偏少14.7毫米，为2000年以来同期最少值。持续少雨雪致使华北、黄淮、西北地区东部以及江南东南部、华南东部等地出现了大范围的气象干旱。河南、安徽、河北、山东、山西、甘肃六省冬小麦生长受影响。

1月18日全国土壤水分监测结果表明（图7-1）：安徽北部、陕西南部、河南等地部分冬麦区出现3～8厘米干土层，土壤表墒不足，各土层相对湿度均呈下降趋势，部分地块出现叶片发黄、干枯现象，旱情持续。

二、未来华北黄淮和南方旱区降水偏少，旱情持续

未来10天中，仅1月29—31日，黄淮东部和南部、江淮、江南等地的部分地区将有一次雨雪天气过程，但不足以解除旱情。

预计2月份，华北、黄淮大部、江南东南部、华南东部降水较常年同期偏少，其中江南东南部、华南东部降水偏少2～5成。华北中南部、黄淮大部以及江南东南部、华南东部等地旱情可能会持续发展。

三、农业生产建议

1.近期天气寒冷，冬小麦受旱地区不宜再进行灌溉，要注意防御冬小麦发生冻害，可进行培土、耙耱、撒施农家肥、秸秆覆盖等，起到松土、弥补裂缝、增温保墒的作用，以降低干旱和寒潮天气对麦苗的不利影响。

2.未来一段时间，旱区仍无明显降水，并且进入"立春"节气，天气将逐渐回暖，北方各地应根据天气变化采取抗旱措施，适时耙麦、中耕，增施有机肥，以增温保墒，促进冬小麦适时返青生长；要依天气条件对开始返青的冬小麦进行灌溉，促进麦苗恢复生长。

3.1月22—24日，受强冷空气影响，北方地区设施农业要做好防风加固、增温工作，避免大风、降温天气造成损失；南方地区须注意做好对喜温作物和热带水果的保暖工作。

江南华南出现雨雪天气，28—30日南方将有一次大范围降水过程

（中国气象局　第8期　2009年1月27日）

摘　要　1月26—27日早晨，江南、华南出现了雨雪天气，局部降中到大雪，江西吉安、永丰、南丰降暴雪，到27日早晨，湖南中部偏东地区、江西中部、福建局部积雪深度为3～6厘米，由于地温较高，积雪并不严重。贵州西部的部分地区出现了1～2毫米的冻雨，华南中东部等地降小到中雨。

预计28—30日，西南地区东部、江淮、江汉、江南、华南大部等地将有一次大范围的降水过程。29—30日，黄海、东海将有大风天气，须防范海上大风危害。

南方地区的雨雪天气将给春运带来不利影响，但此次降水对缓和西藏东部、江南东南部及华南中东部等地的旱情有利。

一、江南、华南出现雨雪天气，今晨西南、江南等地有雾

1月26—27日早晨，江南、华南出现了雨雪天气，湖南中部偏东地区、江西中部、浙江中南部、福建局部等地降中到大雪，其中江西吉安（11毫米）、永丰（10毫米）、南丰（14毫米）降暴雪；同时，湖南东南部、江西南部、福建中南部、广西东部、广东西部和北部及海南南部等地有小到中雨；另外，贵州西部的部分地区还出现了1～2毫米的冻雨（图8-1）。今天08时，湖南中部偏东地区、江西中部、福建局部的积雪深度有3～6厘米，以江西吉安8厘米积雪为最深。今天上午，上述大部地区的雨雪已基本停止。

另外，26日夜间至27日早晨，江南、华南北部以及四川、重庆等地出现了轻雾或霾，其中四川南部、重庆南部、湖南西北部和中部、江西北部、安徽南部等地能见度不足1000米，局地小于200米。

二、28—30日南方地区将有一次大范围降水过程，29—30日黄海东海有大风天气

预计28—30日，受高原槽东移影响，青藏高原东部有小雪或阵雪，西南地区东部、江汉大部、黄淮东南部、江淮、江南、华南西部和北部等地自西向东先后有一次小到中雨或雨夹雪天气过程（图8-2、图8-3）。

29—30日，受地面入海气旋的影响，黄海、东海大部海域有7～8级大风、阵风可达9～10级。

此外，1月31日至2月3日，青藏高原东部、西南地区东部、西北地区东南部、黄淮西部和南部、江淮、江汉、江南大部等地还将有一次弱降水天气过程。

三、关注与建议

1. 近一周内，南方大部地区将会出现两次降水天气过程，降水将给春运带来不利影响；但此次降水对缓和西藏东部、江南东南部及华南中东部等地的气象旱情有利。

2. 29—30日，黄海、东海风力较大，须防范大风天气对航运等可能造成的不利影响。

2月上旬华北黄淮降水仍然偏少、旱情将持续，须继续做好抗旱工作

（中国气象局　第9期　2009年1月31日）

摘　要　入冬以来，华北大部、黄淮、江淮、江汉等北方冬麦区降水量较常年同期偏少5～9成，河北、山西、河南、北京等地降水量偏少程度接近或突破历史极值。受其影响，西北地区东南部、华北地区中南部、黄淮大部、江汉北部及江淮西北部等地气象干旱已达到中到重度，华北中部部分地区达到特旱。上述地区气象干旱已对当地冬小麦生长造成较大影响。

预计2月上旬，我国中东部虽然有两次降水过程，其中陕西南部、湖北西北部、河南西部降水量相对较多，对缓和当地旱情较为有利，但北京、河北中南部、山西、陕西大部、河南北部和东部、山东、安徽等地降水仍然偏少，旱情仍将持续。预计整个2月份干旱区大部降水仍可能偏少，相关省市仍须继续做好抗旱工作。

中国气象局将继续加强对干旱气象条件的监测和天气会商，并将派出工作组，指导有关省市气象部门全力做好抗旱气象服务工作。

一、入冬以来北方冬麦区降水持续偏少，已对冬小麦生长造成较大影响

入冬以来，华北大部、黄淮、江淮、江汉等北方冬麦区降水量较常年同期偏少5～9成，山西中部、河北中南部、河南东北部、安徽西北部等地降水量偏少9成以上(图9-1)。最新气象干旱监测显示，目前西北地区东南部、华北地区中南部、黄淮大部、江汉北部及江淮西北部等地气象干旱达到中到重度，华北中部部分地区已达到特旱(图9-2)。

北方气象干旱区8省市降水偏少具体情况如下：

河南：2008年11月至今，全省平均降水量为10.7毫米，较常年同期偏少近8成，为1961年以来同期次少值。特别是11月下旬以来，全省大部分地区没有出现明显的降水过程，平均降水量仅为2.2毫米，为1961年以来同期最少值。

河北：2008年11月至今，全省平均降水量为1.7毫米，仅是常年值的1成左右，为近50年来最少值。

北京：2008年11月至今，仅2008年12月21日出现了微量降水，无降水日数达到91天，降水日数和降水量均为1952年有相关记录以来历史同期次小值(1972年历史同期无降水)。

山西：入冬以来，全省大部没有出现有效降水，尤其是2008年12月1日以来，全省平均降水量仅有0.4毫米，达到有记录以来历史同期最低值。

安徽：2008年11月至今，安徽省降水呈北少南多的空间分布，其中沿淮淮北累计降水量为21毫米，比常年同期偏少52毫米，仅次于1974年，与1984年并列为1961年以来同期次少年。

另外，陕西、山东、湖北3省自入冬以来，降水也较历史同期偏少5～8成。

严重的气象干旱已经对各地冬小麦生长造成较大影响，其中河南全省农业重旱和中旱面积比例分别达6.7%(528万亩)和13.7%(1079万亩)，豫西、豫北大部旱情相对较重；河北全省农业干旱严重，中南部地区未冬灌地块20厘米土壤相对湿度已经降到40%左右，不能满足冬小麦正常越冬，局部地区出现死苗现象；山西中南部冬麦区干旱程度已达重度，对冬小麦越冬生长造成了极为不利的影响，少部分干旱严重的地区出现土地干裂、麦苗枯死等现象；陕西关中地区麦田有不同程度的干土层，其中渭北一带表墒严重不足，有10～15厘米干土层。北京目前冬麦田部分浇冻水过早或土壤结构不好的地块干土

层达3～5厘米，少部分浅播麦苗有冻伤和旱象发生，部分地块有裂缝。

二、2月份华北黄淮等北方旱区降水仍将持续偏少

预计2月上旬我国中东部将有两次降水过程，主要出现在1—2日和7—9日。其中河北南部、山西南部、陕西中部和南部、河南等气象干旱区降水量有1～3毫米，较常年同期偏少，旱情将持续；河北中部、山西中部、山东西北部降水量不足1毫米，旱情将进一步发展；陕西南部、湖北西北部、河南西部降水量相对较多，对缓和当地旱情有一定帮助，但仍不能从根本上缓解旱情。

预计2月份，北京、河北中南部、山西、陕西大部、河南北部和东部、山东、安徽等地降水较常年同期偏少，陕西南部、湖北北部、河南西南部降水较常年偏多。除河南西南部、陕西南部、湖北北部等地的旱情可能会有所缓和外，河北大部、山西大部、河南东北部、安徽、山东等地的旱情可能仍将持续。

三、相关省市仍须立足抗旱做好各项工作

结合目前冬小麦生长现状和未来天气气候趋势，建议：

一是黄淮南部冬麦区应利用晴暖午后小水细灌，促进麦苗分蘖，有条件的地区应当进行喷灌，切忌大水漫灌，以免地表结冰使小麦受冻；苗情偏差的地块在进行灌溉的同时，要及时追肥，增加营养，增强抗冻能力，促进苗情转化。

二是进入初春后，北方冬小麦将陆续进入返青期，各地要积极开发水源，加强计划用水，确保冬小麦返青灌溉用水；要适时耙麦、中耕，增施有机肥，以增温保墒，促进冬小麦适时返青生长。

目前，河北、河南、山西、安徽等省市气象部门已经做好了人工增雨(雪)的全面准备工作，遇有有利天气时机将全力开展人工增雨(雪)作业。

中国气象局将继续加强对干旱气象条件的监测和天气会商，并将派出工作组，指导有关省市气象部门全力做好抗旱气象服务工作。

2月7—9日冬麦区明显降水缓和部分地区旱情，2月中旬仍须抓住天气条件开展人工增雨(雪)作业

(中国气象局　第10期　2009年2月9日)

摘　要　2月7—9日，我国北方冬麦干旱区大部出现了明显降水，降水覆盖干旱区面积约116万平方千米，其中10毫米以上达8.6万平方千米，降水累计总量有38.1亿立方米。此次降水天气过程堪称“喜雨”，已缓和部分冬麦干旱区旱情，使陕晋冀土壤缺墒范围缩小、程度减轻，豫北部分地区缺墒程度有所减轻，有利于苗情偏差地区冬小麦的苗情转化和升级，并对前期未受到干旱影响的冬小麦的返青生长十分有利。旱区各地气象部门紧紧抓住有利时机，及时开展人工增雨(雪)作业，对缓和冬麦区旱情起到重要作用。

预计，2月11—13日及16日前后，北方冬麦干旱区将有两次降水天气过程，各地须紧紧抓住有利天气条件及时开展人工增雨(雪)作业。河北、山西、河南、陕西等冬麦区仍须充分调用水资源，适时进行科学灌溉。各地还须采取处置措施，谨防2月中旬的两次气温下降对冬小麦灌溉带来的不利影响。

气象部门已于2月7日进入特别工作状态。气象部门将密切关注天气气候趋势，全力以赴做好当前的抗旱气象服务工作。

一、2月7—9日北方冬麦区大部出现明显降水

1.晋陕鲁豫鄂局地降水超过10毫米

2月7日白天至9日凌晨，我国北方冬麦干旱区大部出现了降水，陕西大部、山西中南部、河北南部、河南、山东北部和西部、安徽北部、江苏北部、湖北北部和西南部出现5～10毫米降水，其中山西南部部分地区及陕西西南部、山东西部、河南南部和西北部、湖北北部和西南部等局地降水量有11～18毫米，陕西镇巴降水量达26毫米(图10-1)。

2. 陕西等地降水总量超过4亿立方米，降水覆盖面广

据统计，受自然降水和人工影响天气的共同作用，北方冬麦干旱区累计降水总量约38.1亿立方米，陕西、河南、湖北、山西、山东降水总量均超过4亿立方米，陕西省则高达9.5亿立方米(表10-1)。另外，甘肃、河北、安徽、江苏降水总量均不足2亿立方米，北京、天津两地滴雨未降。

此次降水覆盖了约116万平方千米的北方冬麦干旱区，其中降水量达5毫米以上的覆盖面积有67.6万平方千米，10毫米以上达8.6万平方千米。其中河南全省均出现降水，10毫米以上降水覆盖率约为23%；湖北全省面积的67.5%出现了降水；安徽省降水量大于1毫米的面积为3万平方千米，大于5毫米的面积为0.3万平方千米。

表10-1　2009年2月7日08时—2月9日02时降水总量

省份	甘肃	陕西	山西	北京	天津	河北	河南	山东	安徽	湖北	江苏	全区域
体积水(亿立方米)	1.16	9.50	5.50	0	0	1.11	7.99	4.12	1.55	5.89	1.27	38.09

二、此次降水天气过程堪称“喜雨”，已缓和部分冬麦干旱区旱情

1. 降水后，气象干旱区范围明显减小，等级下降

受降水影响，北方冬麦区大部地区干旱范围明显减小，等级明显下降。

降水前(2月7日)气象干旱监测显示：我国北方冬麦区普遍存在轻度以上干旱，中到重度气象干旱主要分布在河南、河北中部和南部、京津地区、山东西部和北部、安徽北部、湖北北部、山西东北部、陕西北部和陕南、甘肃南部和东北部以及江苏西北部等地，其中河南中部和东部以及河北南部、北京等局地达特旱(图10-2左)。

降水后(2月9日)气象干旱监测显示：安徽北部、河南中部和南部、湖北西北部、河北南部、山东北部及陕西北部和陕南、甘肃南部气象干旱等级下降为轻到中度，但河北中部和东北部、京津地区、山西东北部、山东半岛北部、甘肃东北部等地仍维持中度到重度气象干旱，河北、北京的局部有特旱(图10-2右)。

2. 陕晋冀土壤缺墒范围缩小、程度减轻，豫北部分地区缺墒程度有所减轻

最新北方冬麦干旱区土壤水分动态监测显示：由于降水过程的出现，冬麦区缺墒区域缩小，其中陕西中南部、山西南部、河北南部缺墒区域缩小，缺墒程度明显减轻；河南北部部分地区缺墒程度有所减轻，对冬小麦返青生长有利。但河南中部、安徽北部的部分地区以及河北南部的局部冬麦区仍为中度缺墒，京津局部地区仍为轻度缺墒，对小麦生长及返青仍然不利(图10-3)。

其中，陕西关中东部土壤表层10厘米的容积含水量较降水前增加5%～10%；河南全省0～20厘米土壤含水率增加了0～3%，郑州、开封、南阳等地的未浇地段0～20厘米土壤含水率上升到10%～17%，豫西的三门峡、洛阳，豫北大部以及驻马店南部和信阳北部的干土层厚度减少了2～5厘米；山西麦区干土层基本可全部消失，土壤表层墒情将得到明显改善，运城、晋城、临汾、长治等部分旱情较轻地区的旱情可得到完全解除。

此次降水过程有利于苗情偏差地区冬小麦的苗情转化和升级，并对前期未受到干旱影响的冬小麦的返青生长十分有利。

3. 河南湖北等地森林草原火险气象等级下降，西安等城市空气质量状况改善明显

此次降水过程使我国北方旱区大部分森林草原重点防火区的火险气象等级有所降低，其中河南由3级(中度危险)降至1～2级(低度危险)，湖北中西部局地也由3级降至2级；但山西东北部、河北西部等地的部分地区森林草原火险气象等级仍然较高。

另外，据最新空气质量监测显示，我国北方旱区大部分城市的空气质量状况也有不同程度的改善，其中西安、太原、石家庄等城市的空气质量状况改善明显。

三、人工影响天气作业对缓和冬麦区旱情起到重要作用

在此次降水天气过程中，北方冬麦干旱区各地气象部门紧紧抓住有利时机及时开展以飞机、地面高炮和火箭为主的立体式人工增雨(雪)作业，一定程度上扩大了降水范围、增大了降水强度，对缓和冬麦

区旱情起到了重要作用。2月7日白天至2月9日凌晨，甘肃、宁夏、陕西、山西、河北、河南、山东、湖北、安徽、江苏10省(区)均先后开展了人工增雨(雪)作业，据不完全统计，地面作业累计次数达339次，共发射炮弹10336发、火箭2324枚、其他催化焰弹564枚，累计作业影响面积约6.7万平方千米；山西、安徽、河南共施行11架次的飞机作业，累计作业时间达21小时，作业影响面积约35.1万平方千米。

人工影响天气作业后，作业影响地区均不同程度出现有益降水。其中，陕西全省普降小到中雨，增水量约1.5亿立方米；山西中南部地区87个县普降小到中雨，增水量约1.8亿立方米；河南北部、西部和南部降水量普遍在4毫米左右，最大降水量达21毫米；湖北作业影响区普降小到中雨，最大降雨量达16毫米。

四、2月中旬北方冬麦干旱区将有两次降水天气过程

预计2月中旬，北方冬麦干旱区将有两次降水天气过程：2月11—13日，陕西南部、山西南部、河北南部、山东、河南、湖北、安徽北部等地将出现2～4毫米降水，其中山东东部和南部、安徽北部、河南东南部、湖北东部降水量有5～10毫米，并且气温也将有所下降；2月16日前后，上述干旱区还将有一次降水过程，气温将下降5～10℃。

由于河北、山西、河南北部、陕西等干旱区的降水量不大，且分布不均，加之前期土壤失墒严重，旱情将持续；湖北、河南中南部、山东、安徽北部降水量相对较多，一般有8～15毫米，对缓和当地旱情有一定作用。

另外，今天白天到夜间，甘肃东南部、陕西南部、山西南部和河北西南部的部分地区、河南大部、山东中南部、江苏北部、安徽北部、湖北西北部日平均气温大于3℃，适宜灌溉；甘肃中南部的大部地区、宁夏、陕西中北部、山西大部、河北大部、京津地区日平均气温小于3℃，不适宜灌溉。

五、对策与建议

针对2月中旬冬麦旱区两次降水天气过程，相关各地须紧紧抓住有利天气条件，及时开展人工增雨(雪)作业。

河北、山西、河南、陕西等冬麦区仍须充分调用水资源，适时进行科学灌溉。

北方冬麦区各地还须采取处置措施，谨防2月中旬的两次气温下降对冬小麦灌溉带来的不利影响。

2月中旬至下旬，华北地区中南部、西藏东南部、云南西北部等地降水较少，森林火险气象等级将持续偏高，须给予特别关注。

气象部门已于2月7日进入特别工作状态。气象部门将密切关注天气气候趋势，全力以赴做好当前的抗旱气象服务工作。

华北南部黄淮等旱区又将迎来弱降水天气过程

(中国气象局　第11期　2009年2月10日)

摘　要　继2月7—9日凌晨北方冬麦区出现降水之后，2月12—13日，华北南部、黄淮等旱区又将有弱降水出现。这次降水将使部分冬麦区的旱情得到进一步缓和；但在这次降水中将伴有气温下降，部分冬麦区将不适宜进行灌溉作业。

各地气象部门将抓住有利时机适时进行人工增雨(雪)作业。另外，河北中部、京津等冬麦区仍须密切关注降水情况及天气冷暖变化，因地、因时及苗情情况进行科学灌溉；此次降水过程结束后，对冬麦区墒情依然偏差的地区要及时浇返青水和追施返青肥，以促进苗情转化，同时对麦田还要进行镇压、划锄保墒，防止水分流失。

一、华北南部、黄淮等旱区将有弱降水和降温天气过程

2月12—13日，华北南部、黄淮等旱区将有弱的降水出现。其中：2月12日白天至夜间，陕西大部、山西、河北、北京、天津、河南、山东、江苏北部、安徽北部、湖北等旱区将有弱降水，雨量一般为1～4毫米，其中河北东北部、山东北部有5～10毫米，旱区大部气温将下降2～4℃。

2月13日白天至夜间，山东南部、河南东部、江苏北部、安徽北部、湖北等旱区降水量一般为1～4

毫米，旱区气温将下降3～6℃，其中华北北部的部分地区气温将下降8～10℃。

预计13日以前，甘肃东南部、陕西南部、河北南部、河南大部、山东南部、江苏和安徽北部、湖北西北部等地日平均气温将高于3℃，适宜灌溉；其他冬麦旱区日平均气温低于3℃，不适宜灌溉。

预计13日冬麦旱区大部日平均气温将低于3℃，不适宜灌溉；仅河南南部、江苏北部、安徽北部、湖北西北部等地日平均气温高于3℃，适宜灌溉。

二、对策与建议

各地气象部门将密切关注可能的人工增雨(雪)作业天气条件，制定更加科学合理的作业方案，抓住有利时机进行人工增雨(雪)作业。同时建议：

1.7—9日凌晨的降水使部分地区气象旱情得到缓和，但目前甘肃东北部、河北中部、京津地区等地仍维持中到重度气象干旱，11—13日旱区的降水多较弱，各地仍须密切关注天气冷暖变化及降水情况，因地、因时及苗情情况进行科学灌溉。

2.冬麦区此次降水过程结束后，对墒情依然偏差的地区要及时浇返青水，要根据苗情追施一遍返青肥，以促进苗情转化；同时对麦田还要进行镇压、划锄保墒，防止水分流失，做好抗旱保苗工作。

受不利气象条件影响
2009年春季农业病虫害防控形势不容乐观

(中国气象局　第12期　2009年2月12日)

摘　要　受不利气象条件影响，2009年春季农业病虫害发生发展形势不容乐观，主要表现在：2008入冬以来全国大部地区气温偏高，利于病虫安全越冬；近期北方大部地区升温较快，降水偏少，气象干旱持续发展，利于蝗虫、麦蚜、麦蜘蛛等喜干旱害虫的发生和危害；2008年秋播以来，西南麦区田间湿度大，雾露日数多，利于小麦条锈病发生发展。

建议各地要密切关注后冬及春季天气变化，加强农田肥水管理，改善农田生态环境，积极预防春季病虫害的发生发展，密切监测并适时开展农业病虫害的综合防治。

一、入冬以来全国气象条件对病虫害的影响分析

1.入冬以来全国大部地区气温偏高，利于病虫安全越冬

2008年12月以来，全国大部分地区气温较常年同期偏高，其中2009年1月，全国平均气温为−5.4℃，较常年同期偏高0.6℃。西北地区东南部、华北东部和南部、黄河中下游、淮河流域、长江流域大部地区1月平均地表温度在−5～10℃之间(图12-1)，未达到害虫或病菌越冬温度低限，利于玉米螟虫、蝗虫、蚜虫等大多数害虫以及小麦条锈病等潜育病菌的安全越冬；病虫安全越冬北线较常年向北扩展，病虫安全越冬区域和范围有所扩大(如图12-2，由于今年冬季气温偏高，小麦条锈病越冬北界由常年红色线位置向北移至今年的棕色线位置)。上述各个因素有利于增加今年春季病虫萌发或复苏的数量。

2.近期北方地区气象条件利于蝗虫、麦蚜、麦蜘蛛等喜干旱害虫的发生

北方冬麦区大部自去年入冬以来降水稀少，2月7—9日的降水过程使北方冬麦区的气象干旱得到部分缓解；但由于去冬以来北方冬麦区干旱持续、气温偏高，近期气温又上升较快，气象条件利于华北湖库和黄淮农区蝗虫以及北方牧区草原蝗虫的发生发展；如果春季气温偏高、降水适宜，蝗虫孵化早，生育期缩短，危害将增加。另外，冬季偏暖和春暖干旱利于北方长势偏弱麦区麦蚜虫以及旱作麦田麦蜘蛛的发生发展。

3.2008年秋播以来西南麦区田间湿度高，利于小麦条锈病冬季繁殖和传播

2008年秋季，西南地区大部、西北地区东南部多阴雨天气，10月份阴雨日数达15～23天，光照不足，四川盆地西部、重庆大部、贵州西部、云南西南部等地土壤过湿，部分地区适时秋播受到影响，冬小麦、油菜的长势偏弱；另一方面，麦田的田间湿度环境持续处于高湿状态，为条锈病孢子秋季侵染蔓延提供有利条件。入冬后，西南地区大部气温偏高，四川盆地平均气温均在5℃以上；另外，由于土壤水分条

件较好，再加上温度偏高，雾天气多，麦田结露时间长，利于小麦条锈病菌的侵染、繁殖和传播。

二、对策建议

随着春季气温的升高和降水的逐渐增多，各类病原微生物也逐渐进入活跃状态。另外，春季大多数害虫复苏后进入幼虫危害阶段，但扩散危害能力和抵抗不良环境能力均较弱，是防治和避免扩散为害的关键阶段。结合春季气候趋势预测，建议：

1. 密切关注后冬及春季天气变化，加强农田病虫害监测，积极预防春季病虫害的发生发展

北方降水持续偏少的地区应密切监测蝗虫、蚜虫和麦蜘蛛等喜温、喜旱害虫的发生和危害；黄河中下游麦区和西南降水偏多地区应密切关注持续性阴雨天气，积极预防赤霉病、条锈病等喜湿、喜温性小麦病害和油菜菌核病的发生发展。南方稻区早稻和一季稻即将陆续播种，降水偏多地区应密切关注持续性阴雨天气和强降水天气，及时监测稻瘟病等适温高湿型病害以及稻飞虱、稻纵卷叶螟等气流迁飞型害虫的发生蔓延。

2. 加强农田肥水管理，改善农田生态环境

目前，春播作物即将陆续播种，要注意选用抗病虫品种，并在播种时采用药剂拌种、拌肥等措施，积极防治各类病虫害。冬小麦、油菜等夏粮作物即将进入旺盛生长阶段，各地要加强田间水肥管理，要注意氮、磷、钾肥配合施用，避免过量施肥、过深灌水，创造良好的农田生态环境，增加对各类病虫害的抵抗能力。

3. 适时开展农业病虫害的化学防治和综合防治，避免或减轻病虫害的危害和大范围流行

气象条件适宜病虫害发生发展的地区要根据实际病虫发生情况，及时采取药剂防治、物理防治和生物防治等措施，避免或减轻病虫害的危害和大范围流行。其中药剂防治和物理防治宜选择晴天、温度适宜、风速不大的天气条件开展。

2月份以来北方冬麦区出现三次降水过程，部分地区旱情得到明显缓和

（中国气象局　第13期　2009年2月13日）

摘　要　2月份以来，北方冬麦旱区出现3次降水过程，分别为2月1—3日、7—9日、12—13日，其中后两次降水较为明显；部分地区累计降水量有10～25毫米。经统计，主要干旱区出现降水的面积约130万平方千米，其中10毫米以上降水的覆盖面积约22.2万平方千米；降水总量约105.25亿立方米，其中陕西、山西、河北、河南、山东、湖北降水总量均超过11亿立方米。近期在有效降水与抗旱灌溉措施的共同作用下，山西、陕西、河南、安徽等地缺墒范围明显缩小、缺墒程度明显降低，北方冬麦旱区大部旱情得到有效缓和，对冬小麦后期越冬和顺利返青生长十分有利。气象部门在较为有利的天气形势下，适时开展了多次人工增雨（雪）作业，为缓和冬麦区干旱发挥了重大作用。

建议各地区要根据冬麦苗情和天气条件继续进行科学田间管理，以促进冬小麦顺利返青生长，降低干旱损失。

另外，未来两周华北中南部、江南南部、华南以及西藏东南部、云南西北部等地火险气象等级较高，须给予特别关注。

一、2月以来北方冬麦区大部出现明显降水

1. 2月以来北方部分旱区出现10～25毫米降水

2月以来，北方冬麦旱区出现3次降水过程，出现在2月1—3日，7—9日，12—13日，尤其后两次降水过程较为明显，旱区大部累计出现了5～10毫米的降水量，山西南部、陕西中南部部分地区、河北东北部和南部、北京东部、天津中北部、山东西部和半岛西部、江苏北部、河南南部、湖北大部、安徽南部等地累计降水量有10～25毫米，其中陕西镇巴、河北秦皇岛降水量均达26毫米（图13-1）。

2. 陕西山西河北河南山东湖北降水总量均超过11亿立方米

据统计，2月以来，甘陕晋京津冀豫鲁皖鄂苏9省2市的降水覆盖面积约130万平方千米，其中10毫米以上的覆盖面积约22.2万平方千米。受自然降水和人工影响天气的共同作用，2月1—13日，全国主要旱区9省2市累计降水总量为105.25亿立方米，其中陕西、山西、河北、河南、山东、湖北降水总量均超过11亿立方米(见表13-1)。

表13-1　2009年2月1日08时至2月13日08时降水总量

省份	甘肃	陕西	山西	北京	天津	河北	河南	山东	安徽	湖北	江苏	全区域
体积水(亿立方米)	4.45	14.11	12.21	1.33	1.25	13.93	13.54	11.54	8.34	17.68	6.87	105.25

二、降水有效缓和了大部分冬麦干旱区旱情

1. 2月以来的降水使得气象干旱区范围和等级明显减小

气象干旱监测显示：至2月7日，我国北方冬麦区大部存在轻度以上干旱，其中河南、河北中南部、京津地区、山西中北部、陕西北部和南部、山东西部和北部、安徽西北部、湖北北部、甘肃南部和东北部以及江苏西北部等地有中到重度气象干旱，河南中部、河北南部、北京局部地区、陕西北部等地达特旱(图13-2左)。受2月7—9日和12—13日降水过程影响，河北中部和东北部、京津地区、山西北部、山东北部、河南中部、安徽北部、湖北北部等地的气象干旱得到明显缓和。2月13日气象干旱监测显示，冬麦区大部旱情较前期得到不同程度缓和，目前，仅河北西部、山西北部、陕西西北部、宁夏中部、甘肃东部、河南中部、安徽北部、湖北北部仍维持轻到中度气象干旱，河南中部和甘肃东部局地为重旱(图13-2右)。

2. 山西陕西河南安徽等地缺墒范围缩小、程度明显降低

土壤水分动态分析表明：至2月7日，河南大部、安徽北部、山西南部、陕西东南部、河北南部、京津地区局部等地冬麦区为轻度缺墒，其中河南大部、安徽北部、山西南部的部分地区为中度缺墒，河南中北部的部分地区为重度缺墒、局地为极度缺墒(图13-3左)。在2月7日以后的两次有效降水以及近期积极实施抗旱灌溉措施的共同作用下，2月13日的土壤缺墒区域较前期明显缩小，缺墒程度明显降低(图13-3右)，目前，仅河南东部和西部、安徽北部、河北南部的部分地区以及山西西部、山东半岛南部的局部地区存在轻度缺墒，上述地区的局部地区存在中度缺墒；北方冬麦旱区极度缺墒和重度缺墒区域全部消失，中度缺墒面积减少9成，轻度缺墒面积减少6成；缺墒总面积减少8成。

三、气象部门多次适时开展了人工增雨(雪)天气

在这几次降水过程中，北方冬麦干旱区各地气象部门都适时开展了以飞机、地面高炮和火箭为主的立体式人工增雨(雪)作业，一定程度上增大了降水范围和强度，对缓和冬麦区旱情发挥了重要作用。继2月7—9日甘肃、宁夏、陕西、山西、河北、河南、山东、湖北、安徽、江苏10省(区)先后开展人工增雨(雪)作业后，11—13日上午，北京、山东、山西、河南和湖北等地又组织了飞机人工增雨作业，累计增雨作业飞行13架次，作业影响面积达36.9万平方千米；北京、天津、河北、山东、河南、甘肃、山西、新疆、辽宁和大连地区共组织了地面作业492次，共发射增雨炮弹2284发，增雨火箭2280枚，燃烧烟条964根，释放气球焰弹150枚。作业影响区域对缓和当地旱情起到了积极作用。

四、未来两周北方冬麦区仍将有两次降水天气过程

预计未来两周(2月14—27日)，冷空气活动较为频繁，冬麦区气温起伏较大，大部地区气温将由目前明显偏高的状况逐渐转为接近常年同期或略偏高；未来两周，冬麦区将有两次降水天气过程，分别在15—17日和19日前后。其中河北、山西、京津地区、陕西、河南北部等地降水量一般为1～5毫米；陕西南部、湖北、河南中南部、苏皖北部、山东南部降水量相对较多，一般有8～15毫米。具体预报如下：

15—17日，华北西部和南部将出现1～3毫米降水；陕西南部、山东南部、河南、湖北、苏皖北部等地将出现2～6毫米降水，其中河南南部、湖北北部和东部、江苏北部和安徽北部的部分地区降水量有7～12毫米；上述大部分地区气温将下降4～6℃，其中山东、河南东部、苏皖北部的部分地区降温超过8℃。

19日前后，上述冬麦区还将有一次降水天气过程，气温下降4℃左右，并伴有4～5级偏北风。

五、关注与建议

近期北方冬麦区田间管理应以土壤保墒增温为主，对于土壤墒情较好的地块可不急于浇返青水，要适时进行先镇压、后划锄的保墒增温措施。

黄淮南部部分地区冬小麦已开始返青，黄淮地区应密切关注土壤解冻深度，当土壤完全解冻且日平均气温稳定通过4～5℃时，根据苗情适时做好田间管理，促进小麦顺利返青生长。

去冬以来，全国大部农区冬季持续温高雨(雪)少，使越冬作物病虫害越冬基数增加，部分地区病虫害呈早发态势，各地要加强作物病虫害的监测与防治。

河北、山西、河南、山东等地部分冬麦区仍存在缺墒现象，仍须充分调用水资源，适时进行科学灌溉。

另外，未来两周，华北地区中南部、西藏东南部、云南西北部、江南南部、华南等地降水较少，森林火险气象等级较高，须给予特别关注。

注意防范我国南方森林火灾及气象干旱

（中国气象局　第14期　2009年2月15日）

摘　要　监测显示，近期北纬55度以南的欧亚大陆、北美洲中东部和澳大利亚南部的气温较常年同期偏高，异常的温高雨少天气导致澳大利亚东南部及我国南方局部地区发生森林火灾。

预计2月底前，我国西藏、西南地区大部、江南南部及华南等地森林火险气象等级仍然较高；3月，江南东南部、华南中部及四川中部、云南南部等地的森林火险气象等级持续偏高，防火形势严峻。

建议进一步加强林区生产生活用火管理；及时开展安全用火、防火科普宣传，增强公众防火意识；注意防范雷击可能引发的森林火灾。气象部门将抓住有利时机及时开展人工增雨作业，以降低森林火险气象等级。

目前，华南等地已出现中到重度气象干旱，须密切关注我国南方气象干旱未来发展趋势。

一、去年12月以来，全球大部分地区温度异常偏高、降水偏少，森林火灾不断

1.近期多个国家出现异常高温天气

2008年12月以来，全球极端天气气候事件频发，近期多个国家出现了异常高温天气。监测显示，近10天北纬55度以南的欧亚大陆、北美洲中东部和澳大利亚南部，气温较常年同期偏高4℃以上，其中蒙古国东部至我国华北北部以及加拿大局部偏高8～10℃。分析表明，大气环流异常是上述地区出现异常高温的主要原因。

2.温高雨少是澳大利亚发生严重火灾的主要原因之一

今年1月以来，澳大利亚南方大部地区持续温高雨少，2月上旬东南部的新南威尔士州及维多利亚平均最高气温较常年同期偏高4～6℃；澳大利亚东南部地区1月份的降水量仅相当于常年同期的40%，部分地区甚至滴雨未降。长时间的温高雨少，加之人为原因，导致维多利亚和新南威尔士州发生大面积山火，部分市镇毁于一旦，造成至少181人死亡，成为该国历史上最为严重的火灾之一。

另外，2008年美国加利福尼亚州降水持续偏少，全年降水量不足常年的一半。受雨少、温高和大风的共同影响，自当年6月下旬开始，加州持续不断遭受山火威胁，火势多次失控，去年11月发生了过去几十年以来最为严重的大火，部分地区宣布进入紧急状态。

3.去年12月以来，我国南方大部地区温高雨少，极端高温频出，导致森林火险气象等级持续偏高，防火形势严峻

南方大部地区降水量较常年同期明显偏少，华南等地已出现中到重度气象干旱。2008年12月以来，我国南方大部地区降水量较常年同期偏少2～3成，江南、华南大部地区偏少5～8成，其中西藏中部、云南西部、广东东南部、福建东南部等地偏少8成以上。

特别是今年2月以来，浙江南部、江西南部、福建、广东、广西南部、四川西部和南部、云南西部等地

降水量累计不足10毫米，福建南部、广东大部、广西东南部、四川西部和云南西部降水量几乎为零。最新气象旱涝监测显示，华南、江南南部及川西高原、四川盆地、云南大部等地出现中度气象干旱，其中广西中部、广东南部、福建南部、云南西北部及四川盆地东部达重度(图14-1)。

南方大部地区气温异常偏高。2008年入冬以来，全国平均气温较常年同期偏高1.8℃，为1952年以来历史同期最高值；2009年2月以来，江南大部、华南北部及贵州等南方地区气温较常年同期偏高6℃以上，局部地区极端最高气温创历史同期新高。2月12日，湖南、云南、贵州、广西、广东、海南的局部地区最高气温超过30℃，云南元江33.0℃、海南儋县32.8℃、贵州罗甸32.0℃；同日，四川全省日平均温度较常年同期偏高6.6℃，部分县市因"焚风效应"【注】出现异常高温天气，48个县市最高气温突破历史极值，古蔺、筠连两县日最高气温分别达36.7℃和35.8℃。

温高雨少导致我国南方大部地区森林火险气象等级持续偏高，近期局部地区已发生多起森林火灾，防火形势严峻。2月1—12日气象卫星火情监测统计显示，湖南、广东、广西、福建、云南5省(区)火点出现频数均比2002年以来历史同期值高出2～3倍，其中四川和贵州两省分别高出5倍和4.5倍；2月11—13日，福建、湖南、贵州、云南、四川等地已发生上百起森林火灾，其中湖南新宁县和贵州毕节市林火共造成3人死亡，福建仅在12—13日就有4人因森林火灾死亡。

2月13日气象卫星火情监测显示，湖南、广西、贵州等地出现大量小火点；14日，广西、广东、湖南等地火点仍然较多，但与13日相比，贵州、湖南、广西火点个数明显减少，广东火点个数则有所增加(表14-1)。

表14-1　气象卫星火情监测我国南方火点统计表(2009年2月13—14日)

省份	火点个数		省份	火点个数	
	13日	14日		13日	14日
湖南省	144	75	广西壮族自治区	149	77
云南省	77	20	江西省	29	30
广东省	22	51	四川省	21	9
贵州省	137	31	福建省	4	为云层覆盖
湖北省	18	为云层覆盖			

二、3月底前我国南方大部地区火险气象等级仍然较高

预计未来3天，我国江淮、江汉、江南大部、西南地区东部、华南中东部等地将有一次降水天气过程，由于降水量较小，仅能对降低森林火险气象等级起到一定作用；2月底前，西藏、西南地区大部、江南南部及华南等地的森林火险气象等级仍然较高。

随着春季降水逐渐增多，预计3月，全国火险气象等级偏高的范围较2月有所减少，但江南东南部、华南中部及四川中部、云南南部等地的森林火险气象等级持续偏高。

三、关注与建议

建议相关各地与部门须高度关注我国南方异常温高雨少引发的森林火灾及气象干旱未来发展趋势，针对当前严峻的防火形势，以近期发生在我国南方局部地区及澳大利亚的森林火灾为警示，提前采取各项应对处置措施，进一步做好森林防火工作。

进入春季，春耕备耕和炼山造林逐渐开始，野外生产性用火大量增多，须进一步加强林区生产生活用火管理，强化野外火源管控；及时开展安全用火、防火科普宣传，增强公众防火意识，杜绝人为因素引发的火灾；南方部分地区雷电天气将逐渐增多，须注意防范雷击可能引发的森林大火。

气象部门将抓住有利时机及时开展人工增雨作业，以降低森林火险气象等级。

注：焚风效应是指空气沿山坡快速下沉，造成局地快速增温的一种现象，在中纬度相对高度不低于800～1000米的任何山地一般都可能出现，甚至在更低的山地也会产生。焚风效应易引发森林火灾、干旱等自然灾害。

近期两股冷空气将带来降温降雪天气，须防范对冬小麦和交通的不利影响

（中国气象局　第15期　2009年2月18日）

摘　要　预计18—20日，我国大部地区将出现大风、降温和降水天气，受其影响，陕豫鲁苏皖已返青的冬小麦将可能遭受轻度冻害，降雪、风沙和路面结冰将会对北方部分地区的交通运输产生一定的不利影响。相关部门须采取相应措施，加强防范不利天气对农业和交通的影响。

21—22日，受另一股冷空气影响，我国还将出现一次较大范围的降温天气过程。

一、18—20日我国大部将出现大风、降温和降水天气

受冷空气东移影响，18—20日，我国大部地区将出现一次明显的大风、降温天气；18—19日，受冷暖气流的共同影响，中东部地区将出现大范围的雨雪天气过程。

1. 我国大部地区将出现明显降温天气

18日，受冷空气东移影响，新疆北部、西北地区中东部、内蒙古大部将先后有5～7级偏北风，山口地区阵风可达7～8级，新疆南疆盆地、甘肃西部、内蒙古西部等地的部分地区有扬沙或浮尘天气。

19—20日，东北、华北、黄淮中东部、江淮东部、江南东部等地将先后有4～6级偏北风；我国东部海区将先后有7～8级偏北风。冷空气前锋过后，我国大部地区气温将先后下降4～8℃，局地可达8～12℃。

2. 我国中东部等地将出现一次大范围雨雪天气过程

18—19日，受冷暖气流的共同影响，我国中东部等地将出现一次大范围雨雪天气过程。

18日下午至夜间，新疆北部和西南部、西藏东北部、青海东南部、川西高原北部、西北地区东部、内蒙古中部和东南部、华北、辽宁大部、吉林西部等地有小到中雪或雨夹雪；黄淮、江淮、江汉、江南大部、华南北部以及西南地区东部等地有小到中雨或阵雨。

19日，新疆北部和西南部、西藏东北部、川西高原北部、内蒙古东南部、东北地区大部、山东半岛等地有小到中雪或雨夹雪，其中吉林东南部、辽宁东北部等地的部分地区有大雪；黄淮南部及南方大部仍有小到中雨。

另外，21—22日，受另一股冷空气影响，我国还将出现一次较大范围的降温天气过程。

二、冷空气将可能对农业和交通产生一定的不利影响

1. 降温可能使陕豫鲁苏皖已返青的冬小麦遭受轻度冻害

受这次冷空气影响，预计19日夜间至20日凌晨、20日夜间至21日凌晨，陕西南部、河南西北部、山东南部、安徽北部及江苏北部的部分地区最低气温将降到0℃以下，上述地区已返青的冬小麦将可能受冻，尚未返青的冬小麦将不会受冻（图15-1）。但由于夜间低于0℃的持续时间一般只有3～6个小时，故上述地区返青期的冬小麦受冻程度一般较轻。

为防范上述地区的冬小麦遭受冻害，各地要进一步加强田间管理，抓紧采取中耕、壅根培土、盖施春肥等措施，促进作物扎根、生长，提高抗寒能力。此外，也可在冷空气来临前，采取撒施草木灰或谷壳，或用秸秆、稻草覆盖等，以提高地温，从而减轻冻害。

2. 降雪、路面结冰和沙尘天气将给北方部分地区的交通带来一定的不利影响

此次降水对缓和我国部分地区的气象干旱有一定作用，也有利于降低江南和华南地区的森林火险气象等级。

但受降雪和路面结冰的影响，西北地区东部、华北、东北及黄淮等地部分公路交通将会受到不利影响。同时，大风及沙尘天气将给新疆、甘肃及内蒙古公路交通等带来一定的不利影响。19—20日我国东部海区风力较大，对海上航运及作业不利。

2月下旬南方地区将有低温连阴雨天气，有利于缓解干旱和降低森林火险等级

（中国气象局　第16期　2009年2月20日）

摘　要　2月中旬北方冬麦区大部气象干旱明显缓和，江南南部、华南以及西南地区中西部等地出现中到重度气象干旱，其中云南西部为特旱；此外，南方大部地区森林火险气象等级持续较高。

预计，2月下旬南方大部地区将以低温连阴雨天气为主，气温比常年同期偏低1～2℃，降水量较常年同期偏多3～6成。

持续低温连阴雨天气将有利于缓解南方大部地区的气象干旱和降低森林火险气象等级，但对江淮、江南、华南地区北部、四川盆地东部及贵州等地的油菜等作物生长发育不利。此外，处于干季的云南和四川等部分地区森林火险气象等级仍然较高。

一、2月中旬南方大部气象干旱明显，森林火险气象等级高

最新监测显示，西北地区东部、西南地区中西部、江南南部、华南等地有中到重度气象干旱，其中云南西部特旱(图16-1)；19日云南、贵州、四川有热源点，南方大部地区森林火险气象等级持续较高，其中四川西南部、云南中西部的部分地区森林火险气象等级高。19日17时，中国气象局发布了最高森林火险气象等级警报。

二、2月下旬南方大部地区将以低温连阴雨天气为主

1.南方大部地区气温较常年同期偏低

预计2月下旬，江淮、江汉、江南、华南地区西北部及贵州、西藏东部等地的旬平均气温较常年同期偏低1～2℃；云南中南部及华南沿海地区的旬平均气温较常年同期偏高1～3℃。

2.南方大部地区降水量较常年同期偏多3～6成

预计2月下旬，江淮、江汉、江南、华南地区大部、四川盆地东部以及贵州、西藏东部、云南西北部降水量有10～30毫米，其中：江淮中南部、江南北部和西部、华南北部及西藏东部等地的部分地区有40～80毫米，降水量较常年同期偏多3～6成，局部地区偏多10成以上(图16-2)。

2月下旬南方主要有两次天气过程，分别出现在：21—22日、24—28日。具体预报如下：

21—22日，江淮、江南地区北部和西部等地的部分地区有15～30毫米，长江中下游及其以北地区气温下降4～6℃。

24—28日，黄淮、江淮、江汉、江南、华南、西南地区有3～15毫米的降水，其中江淮、江南地区北部和西部、华南地区北部、西藏东南部、云南西北部等地有20～40毫米，局部地区可超过50毫米；中东部大部分地区气温将先后下降4～8℃。

三、南方持续低温连阴雨天气，有利于缓解气象干旱和降低森林火险等级，但对油菜等农作物生长不利

南方的多阴雨天气，有利于缓解江南、华南北部、西南地区东部以及西藏东部、云南西北部等地气象干旱，也有利于降低森林火险气象等级，但云南南部和东北部、四川南部等气象干旱区降雨强度较弱，森林火险气象等级仍将持续偏高。

2月下旬，江淮、江南地区大部、华南地区北部、四川盆地东部及贵州等地将出现低温连阴雨天气，旬平均气温较常年同期偏低1～2℃；持续低温连阴雨天气使农田处于偏湿状态，根系缺氧，不利于油菜等作物生长发育。上述地区应抓紧清沟理墒，提高土壤透气性，并要注意追肥、中耕培土，清除杂草，以促进油菜等作物生长发育。另外，由于持续阴雨寡照，田间湿度较大，易发生病虫害，要加强监测与预防。

黄河内蒙古段今年开河偏早，须注意防范凌汛

（中国气象局　第17期　2009年2月21日）

摘　要　2009年2月上旬，黄河内蒙古段气温比去年同期偏高15～17℃，乌海段已开河，其首次开河时间比去年偏早近一个月，其他大部分河段仍处于封河状态。2月19—20日，受气温下降影响，黄河内蒙古乌海段近30千米河道出现流凌现象。

与常年同期相比，预计2月下旬至3月，黄河内蒙古段平均气温仍然偏高，乌海下游河段开河日期将提前。2月21—22日、23—24日，黄河内蒙古乌海段将再次出现降温天气，沿河各地及相关部门须进一步加强凌情监测，确保安全度汛。

气象部门将继续严密监视黄河各河段气温、降水的变化，加强与水文部门的会商与沟通，及时传递气象信息，做好黄河防凌防汛气象服务。

一、黄河内蒙古段2月上旬和中旬平均气温较常年同期偏高

2008年12月至2009年2月中旬，内蒙古大部地区平均气温接近常年或较常年同期偏高1～3℃。特别是2009年2月上旬，影响内蒙古的冷空气势力弱，全区气温偏高到特高，黄河内蒙古段各气象观测站平均气温较常年同期偏高6.4～9.9℃，比去年同期偏高15～17℃；2月中旬，黄河内蒙古段各测站平均气温虽较上旬有所降低，但仍高于多年平均值。

二、黄河内蒙古段今年首次开河时间偏早，近日乌海段附近河道再次出现流凌

黄河自南向北经过宁夏进入内蒙古自治区时，首先进入乌海市境内。黄河内蒙古段2月上旬和中旬平均气温较常年同期偏高，使乌海段开河日期偏早。2009年2月11日，黄河乌海段今年首次开河，比去年首开日期（2008年3月11日）偏早近一个月，比平均开河日期（2月15日）略偏早。

2月19日气象卫星冰凌监测图显示，黄河内蒙古乌海段已开河（图17-1红色箭头所指处），其他大部分河段仍处于封河状态。

2月19—20日，受冷空气影响，乌海地区气温大幅下降，最低气温下降4～7℃，降至－15～－16℃，21日最低气温回升，为－5～－12℃。据乌海市防凌防汛办公室消息，从2月20日凌晨开始，黄河乌海段近30千米河道又出现流凌现象，流凌密度达40％～70％，堆冰长度达2.5千米左右。

三、黄河内蒙古乌海段近日将再次出现降温；3月份黄河内蒙古段乌海下游河段开河日期将提前

受2月21—22日，23—24日两次冷空气的影响，预计黄河内蒙古乌海段的最低气温将再次下降至－8～－14℃。但由于2月下旬冷空气势力较弱，预计2月下旬黄河内蒙古段旬平均气温比常年同期偏高3℃。

预计3月份，与常年同期相比，黄河内蒙古段平均气温仍然偏高，乌海下游河段开河日期将提前，其中，巴彦淖尔河段的开河日期约在2月底至3月上旬，包头至托县河段的开河日期约在3月中旬。

针对近日将再次出现的降温天气，黄河内蒙古乌海段流凌密度和堆冰长度增加的可能性将有所增大，沿河各地及相关部门须进一步加强凌情监测，确保安全度汛。

气象部门将继续严密监视黄河各河段气温、降水的变化，加强与水文部门的会商与沟通，及时传递气象信息，做好黄河防凌防汛气象服务。

长江中下游地区将持续阴雨寡照天气，对江淮地区油菜作物生长发育会有影响

（中国气象局　第18期　2009年2月23日）

摘　要　去年12月以来，气象条件对长江中下游大部地区油菜作物生长发育有利，油菜作物长势接近常年水平；近期长江中下游地区出现连阴雨天气，但没有对该地区油菜作物生长发育造成明显影响。

预计未来10天，长江中下游地区、四川盆地东部及贵州等地将出现连阴雨天气。持续阴

雨寡照天气将对江淮地区的油菜作物生长发育不利，但总体影响不大。

一、油菜生长发育情况

我国油菜主产区位于长江中下游地区，包括江淮、江汉、江南大部以及贵州、四川盆地等地。目前，苏皖地区以及湖北、江西北部的油菜处于现蕾至抽薹期，江西南部、浙江、湖南、贵州以及四川盆地的油菜大部处于抽薹至开花期（图 18-1）。

2 月下旬，苏皖地区以及湖北、江西北部的油菜将进入抽薹期，江西南部、浙江、湖南、贵州以及四川盆地的油菜大部将进入开花期。

二、去年 12 月以来长江中下游地区农业气象条件分析

1. 气象条件总体对油菜作物生长发育有利，作物长势接近常年水平

去年 12 月以来，长江中下游地区气温普遍偏高 1～2℃，大部地区降水量接近常年同期或偏少 3～5 成，光照条件适宜，气象条件总体对油菜作物生长发育有利。目前，长江中下游大部地区油菜作物长势接近常年水平。

1 月中下旬出现的寒潮天气对江淮、江汉、江南大部地区的油菜生长发育影响不大，仅湖北、湖南部分地区已经现蕾的油菜遭受轻度冻害；淮河以北部分地区的油菜等越冬作物遭受轻度冻害。1 月下旬的阴雨天气，使江西北部部分地区土壤偏湿，对油菜越冬有一定影响。

2 月上中旬，长江中下游大部地区气象条件基本利于油菜正常生长发育。但气温明显偏高，使江南部分地区油菜作物长势旺而不壮，抗寒、抗病能力明显下降。

2. 近期连阴雨天气尚未对长江中下游地区油菜作物生长发育造成明显影响

2 月 14 日以来，长江中下游地区大部持续阴雨天气，降水日数普遍达 7～9 天，其中江淮地区、淮河以北的部分地区、江南北部的部分地区降雨量达 50～70 毫米，局部地区达 90～110 毫米，但未对长江中下游地区油菜作物生长发育造成明显影响。

三、预计未来 10 天，连阴雨天气对江淮地区油菜作物生长发育会有影响

预计未来 10 天，长江中下游地区、四川盆地东部及贵州等地将出现连阴雨天气，降雨日数可达 5～8 天，主要降雨时段为 2 月 23—26 日、2 月 28 日至 3 月 2 日；总降水量一般有 15～35 毫米，其中江淮、江南地区北部和西部的部分地区可达 40～80 毫米；上述地区降水量较常年同期偏多 3～6 成，江淮以及江南北部局部地区偏多 1 倍以上。

江淮部分地区前期土壤偏湿地区，持续阴雨寡照天气将对油菜作物生长发育有一定不利影响，农田偏湿状态加重，作物根系持续缺氧，生长发育迟缓，将可能造成江淮地区油菜现蕾推迟，进入抽薹期的油菜长势偏弱，有效分枝减少。

江南大部、江汉由于前期气温持续偏高、降水偏少，土壤蒸发较大，前期土壤湿度不大，未来持续阴雨天气不会造成该地区湿害发生，但寡照天气将对油菜作物生长发育有一定影响。阶段性较强降雨会对江南北部部分地区的油菜开花授粉产生不利影响，但降雨持续时间短，影响较小。

四、农业生产建议

目前，江淮部分地区土壤偏湿，湿渍害隐患较大，要继续加强清沟理墒，及时中耕除草，提高土壤疏松透气性能，降低农田土壤湿度，防范农田渍害的发生。尤其注意低洼地区要沟系疏通，确保排水通畅，雨止田干，防淤、防渍。气温回升后，要抓住降雨间歇期开展油菜菌核病等病虫害的监测与防治。

去冬以来北方牧区气候干暖，
今年要做好鼠虫害的监测与防御工作

（中国气象局　第 19 期　2009 年 2 月 24 日）

摘　要　北方大部地区去年冬天以来气候异常，北方牧区内蒙古东南部和中部、陕西和山西北部、宁夏、甘肃东部、青海东部、河北、山东、河南等地出现旱灾，造成牲畜饮水困难，草地植

被枯干程度重于往年；干暖的气候对草地害虫、害鼠安全越冬十分有利，这将增加今年鼠虫害发生的程度和几率。

当前鼠虫害隐患和部分地区持续的旱情是将影响今年北方牧业生产的突出问题，建议各地要做好开源节水和鼠虫害的监控工作，防止牧业生产遭受严重损失。

一、去冬以来气候异常，北方牧区大部受到旱灾影响

去冬以来，北方大部地区降水偏少、气温显著偏高，积雪覆盖时间短、范围小，畜牧业生产受到旱灾影响（图 19-1）。其中，青藏高原大部、甘肃东部、宁夏、陕西北部、山西北部、河北北部、内蒙古中东部偏南地区等地降水量比常年同期偏少 3 成以上，无水草场出现牲畜饮水困难。

同时，新疆北部、内蒙古东北部、东北地区大部今年冬季降水偏多，积雪覆盖条件好，部分地区发生了白灾（图 19-1）。

二、北方牧业冬季受旱范围广，旱灾影响重于白灾

近期，气象和农业部门的有关灾情调查如下：

1. 旱灾情况

内蒙古：巴彦淖尔、赤峰和通辽等市受灾严重。赤峰和通辽市去年入冬以来仅出现一次降雪过程，克什克腾旗、翁牛特旗、林西县、敖汉旗、宁城县、松山区、红山区、元宝山区、喀喇沁旗、扎鲁特旗、科左中旗、科左后旗、库伦旗、奈曼旗等旗县出现严重旱灾。巴彦淖尔市约 7 万人、25 万头牲畜，阿拉善盟 1.7 万牧户、63 万头牲畜出现饮水困难。

甘肃：陇中和陇东地区旱情较重。2 月中旬，庆阳市中南部冬闲田和草地干土层达 15 厘米，山台地达 29 厘米，北部冬闲田和草地达 20 厘米左右；全市天然草地受灾面积达 1700 万亩，其中重旱面积超过 450 万亩，113 万头家畜饲草饲料短缺，45 万头家畜饮水发生困难。定西天然草原受旱面积 947.5 万亩，人工草地相对天然草地受到干旱的影响更为明显，受灾面积 170 万亩左右。

宁夏：中部干旱带及南部山区土壤墒情不足。中部干旱带自去年冬季以来，持续无有效降水，局地已出现较为严重的人畜饮水困难。

陕西：陕北地区冬季降水偏少 5 成以上，榆林靖边、定边、横山、神木、府谷、榆阳等六县出现了 25 年一遇的干旱，牧草返青将受到影响。

山西：全省 60 个县（市区）500 万只羊、120 万头牛出现了饮水困难；受干旱影响的天然草地和人工草地牧草返青期将可能推迟。2 月 12 日以来虽出现降水，但旱情还未得到解除。

河北：张家口、承德坝上 6 个半农半牧县（丰宁、围场、沽源、康保、尚义、张北）处在重旱区，牧草根系发育受到影响。全省 40 多万人、12 万余头大牲畜出现了临时性饮水困难。

2. 白灾情况

去冬以来北方降水量偏多的区域主要出现在内蒙古东北部、东北地区大部、新疆北部，冬季持续覆盖的积雪利于农业保墒和草原森林防火。内蒙古呼伦贝尔市和新疆阿勒泰地区的部分县市积雪深度达 40 多厘米，出现阶段性雪灾。

内蒙古：1 月 21—22 日，呼伦贝尔市鄂温克旗、新巴尔虎左旗、陈巴尔虎旗、新巴尔虎右旗、阿荣旗遭受暴风雪袭击，受灾人口 3.6 万人，受灾面积 8000 多万亩，受灾牲畜 283 万头。2 月 5 日鄂温克旗再度出现雪灾，全旗有 36 个嘎查道路堵塞，2217 户受困，缺草户达 1302 户，缺草 3730 吨，受灾牲畜 31.26 万头，死亡牲畜 2620 头。

新疆：2 月 4—18 日，阿勒泰出现三次降雪过程，受灾 4.04 万人，16 万头（只）牲畜缺少草料，因饲料不足造成 28 万头（只）牲畜瘦弱，死亡大小牲畜 3116 头。

三、干旱和鼠虫隐患将是影响牧业生产的突出问题

北方牧区草场由于裸露时间长，加之气温偏高，地表蒸发量大，水分散失多，造成今年冬季牧草枯干的程度明显重于往年，草原防火形势严峻。冬季枯干的牧草，特别是根部遭受严重影响的牧草，春季返青比较困难，青草期将偏晚，牲畜饲草供应将出现不足的局面。另外，草地植被返青晚，将造成地表植被覆盖度低，草地也易成为沙尘暴发生发展的源地，助长沙尘肆虐。

冬末已近，春季即始，北方牧草由南往北陆续返青，牧业生产将进入一年一度的关键时段。当前，北方牧业生产中存在的突出问题为干旱和鼠虫害隐患。内蒙古中部和东南部、华北北部、西北地区东北部、青藏高原大部地区去年冬天以来降雪异常偏少，已造成土壤蓄水严重不足，牲畜饮水困难。另外，今冬北方大部地区异常干暖的气候条件十分利于草地害虫、害鼠安全越冬，增加了今年草原害虫、害鼠发生的程度和几率，给草原鼠虫害的监测与防控增加了难度。

四、农业生产建议

1. 加强今年草原鼠虫害的监测与预警，特别是草原蝗虫和鼠害，力争把可能发生的趋势消灭在萌芽之中。

2. 可以人工种植牧草的地区要根据天气情况，及早整地施肥，及早趁墒播种，争取形成壮苗。

3. 未来10天，西藏地区东部、西北地区中东部、华北西部和东北地区西北部将有小到中雪（雨），北方干旱持续地区要充分利用每次可能出现的降水机会，开展人工增雨作业，增加降水量，做好蓄水、增墒工作，确保人畜用水安全。

注：白灾：是我国牧区冬半年降雪过多，积雪过深，影响牲畜正常放牧活动的一种气象灾害。草原牧区称之为“白灾”或“雪害”。

2008年气象条件略偏好，全国植被生长状况好于2007年

（中国气象局　第20期　2009年2月25日）

摘　要　2008年气象条件略偏好，我国植被长势正常或偏好的面积较2007年增加约8%。其中东北、内蒙古东部、华北、黄淮、江淮、西南地区大部气象条件对农林牧业生产有利，北方草地产草量增加3.3%。

但受2008年初严重低温雨雪冰冻灾害影响，南方地区生态环境受损明显；春夏两季新疆等地因严重干旱导致产草量下降2～5成；秋季滇桂黔湘等地部分地区遭受暴雨洪涝及滑坡、泥石流灾害，部分农田和林地损失严重。

一、2008年我国植被生长状况好于2007年，但部分地区植被生产力下降明显

1. 2008年气象条件略偏好，植被生长状况好于2007年

2008年我国大部地区平均气温与常年同期持平，部分地区偏高；我国大部分地区降水量与常年同期持平，但新疆部分地区偏少2～8成，而内蒙古西部、青海西部、西藏中部和西部、华南南部降水偏多2～5成。总体而言，2008年我国大部分地区水热条件好，适宜植被生长发育。

基于天气气候和卫星遥感资料的气象监测评估模型综合分析（图20-1）表明：东北、内蒙古东部、华北、黄淮、江淮、西南地区大部植被长势正常或偏好，利于生态环境改善。但新疆北部、甘肃部分地区、宁夏大部、内蒙中部等地部分地区植被长势偏差，生态环境恢复受到限制。

2008年我国植被长势正常或偏好的面积约占全国陆地总面积的65%，比2007年增加约8%；而植被长势很差的面积减少16%。2008年我国植被生长状况好于2007年，在植被生产力比较高的中东部地区，植被生产力明显增加，同时在生态环境极端恶劣的西部地区，植被也有明显恢复，植被生长状况有所改善。

2. 2008年受严重气象灾害影响，部分地区植被生产力下降明显

2008年1—2月，我国南方地区发生大范围低温雨雪冰冻灾害，湘鄂赣黔等省生态环境受损较重，农林牧业生产受到严重影响。5—8月，新疆大部、宁夏南部和甘肃部分地区发生了大范围严重的干旱，牧草减产2～5成，载畜能力明显降低。10—11月，滇桂黔湘等地部分地区遭受暴雨洪涝及滑坡、泥石流灾害，部分农田和果树被淹或被冲毁，损失严重。

从植被长势指数逐月变化图(图 20-2)中可以看出,2008 年上半年受不利气象条件影响,植被长势指数迅速下滑,多数月份低于 2007 年同期;下半年,气象条件趋于好转,陆地植被处于恢复性生长阶段,植被生产力回升至正常波动范围之内,除 9 月和 10 月外的其他月份植被长势指数都高于 2007 年同期,这表明下半年陆地植被有了明显恢复。

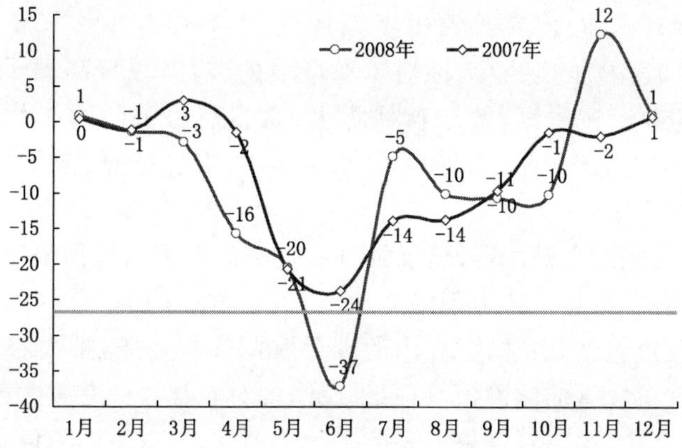

图 20-2　2008 年和 2007 年我国植被长势指数逐月变化图

二、2008 年,我国农田、草地、荒漠、城市植被生产力增加,但森林生产力明显下降

1. 2008 年全国农田植被长势处于正常或偏好等级的面积比 2007 年提高约 6%,供给能力较 2007 年提高

2008 年全国农田植被长势处于正常或偏好等级的面积比例约为 70%,比 2007 年提高约 6%,其中东北、华北、黄淮、江淮、四川盆地等主要农区气象条件对农林牧业生产有利,供给能力增强,使我国粮食持续第五年增产。但江汉、江南、华南等地受低温冰冻、暴雨洪涝、台风等灾害影响较重,农作物长势不如去年。

2. 2008 年北方草地生产力上升,草地牧草单产和总产比 2007 年增加 3.3%,产草量、载畜能力有所提高

2008 年我国北方草地气象条件差异很大,各主要草原区牧草长势差别明显。内蒙古中东部牧草长势好于去年和常年,牧草单产、总产比去年约增 20%,产草量有了明显提高。新疆发生大范围的春夏高温连旱,牧草单产、总产明显低于去年,减产约 25%。综合分析,北方地区草地牧草单产和总产比 2007 年增加 3.3%,草地产草量、载畜能力有所提高。

3. 2008 年荒漠植被生产力增加,保持了 2006 年以来的持续增加状态

全国荒漠(含沙漠)植被生产力较 2007 年增加。2008 年内蒙古西部、青海西部、西藏西部等荒漠地区降水较常年同期偏多 2 成至 1 倍,这些地区植被保持了 2006 年以来持续改善的状态。与此同时,2008 年春季我国沙尘天气过程次数为 2000 年以来春季沙尘第二少,也反映出荒漠地区 2008 年生态质量明显好于往年。但是,荒漠地区是生态环境最为脆弱的地区,年际波动大,合理利用水资源,仍是改善荒漠地区生态质量的关键。

4. 2008 年全国主要城市化区域降水偏多,城市绿化状况明显改善

2008 年我国城市绿化状况较 2007 年出现较大程度改善,这主要是由于我国京津冀、长三角、珠三角等主要城市化区域降水较常年同期偏多,城市绿化状况有所改善。但是城市建筑用地对绿地的占用仍然是影响城市整体绿化状况提升的主要原因。

5. 受低温雨雪冰冻和暴雨洪涝的影响,2008 年各种森林长势均较 2007 年下降,森林生产力明显下降

2008 年 1—2 月,江南、华南北部、西南地区东部等地遭遇大范围低温雨雪冰冻灾害,上述地区森林受损严重。2008 年 10—11 月,西南、江南、华南等地部分地区遭受阴雨寡照、暴雨洪涝及滑坡泥石流等灾害,部分地区甚至出现森林被淹或者损毁现象,导致 2008 年森林生长状况较 2007 年出现明显下降,

森林长势偏差的面积比2007年增加约3.4%。

三、防御气象灾害对我国生态环境影响的对策与建议

1.切实加强基础设施建设，提高农林牧业应对重大气象灾害的防御能力

2008年的气象灾害对我国农林牧业造成重大损失，暴露出我国防御重大气象灾害的基础设施严重不足。需加强农田水利基本建设，完善农田灌溉系统，提高应对重大气象灾害的能力。加强天然林保护工程和水土保持工程，减少风蚀、水蚀对生态环境的破坏，减轻高温干旱、暴雨洪涝对农业、城市的影响。应做好林区基础设施建设，做好森林防火、森林病虫害防治工作。做好牧区退耕还草的工作，适时进行草原禁牧休牧工作，合理利用草原和荒漠区的水资源，恢复植被，防止草原和荒漠区的进一步退化。

2.建立健全农林牧业气象综合观测网络，加强气象灾害的监测预警预报服务

在各种气象灾害导致我国植被生产力下降的地区，农林牧业的生产也会受到严重影响。应在现有农业气象业务的基础上，发展包括"农林牧"在内的现代农业气象业务，扩大农业气象服务领域，建立农林牧综合观测网络，加强气象灾害的监测预警预报服务，把对农林牧业有重大影响的灾害性天气信息迅速传递给各级领导和农民手中，提高对气象灾害的主动防御意识，避免因为信息不及时造成的损失。加强极端天气事件监测、旱涝等气候趋势预测和植被年景气候预测，为农林牧业部门科学规划全年生产活动提供有效的决策服务。

3.合理利用水资源，在北方地区加快人工增雨(雪)工程建设，改善我国北方生态环境

干旱是导致我国北方地区生态质量不高的最主要原因。建议在我国北方地区加快人工增雨(雪)工程建设，充分利用空中水汽资源，增加水资源总量。根据北方水资源状况，"开源"和"节流"并举，合理利用水资源，提高工农业生产和城乡居民生活用水效率和效益，确保在我国建立有效的生态屏障并遏制荒漠化的发生发展。

2月12日四川等地焚风和大风天气属气象事件

(中国气象局　第21期　2009年2月28日)

摘　要　2009年2月12日，四川宜宾南部、古蔺南部及云南昭通北部、贵州毕节北部的部分地方出现高温、大风天气，四川古蔺、筠连日最高气温分别达36.7℃和35.8℃，高温干燥的天气致使川南地区出现多处林火。

这是由于强劲的西南气流越过平均海拔高度达到1900米的云贵高原后，在云贵高原的北坡转为下行风，快速的下沉增温造成了局地气温的急剧升高。这一现象又称为焚风现象，属气象事件。

一、2月中旬，四川局部地区出现焚风

2月12日下午，四川局部地方出现异常高温天气，全省日平均温度较常年同期偏高6.6℃，48个县市(川南23个县市)最高气温突破历史极值，8县市最高温度达到30℃以上，古蔺、筠连的日最高气温分别达36.7和35.8℃(图21-1)。

此次异常气温变化持续时段短，主要发生在四川宜宾南部、古蔺南部及云南昭通北部、贵州毕节北部的部分地方，图21-2中红线区域为发生气温异常变化的区域，时段集中在12日14—19时。

四川筠连气温变化最为显著。16时气温为26℃，1小时后气温骤然升高9.8℃，17时达到35.8℃。之后气温持续下降，在18时又降到了23.1℃。1小时之内的升温和降温幅度都接近或超过10℃。与此同时，筠连地面风速也由16时的2米/秒增大到17时的12米/秒(6级)，局地阵风达27米/秒(10级)，相对湿度也由45%下降到10%。当地居民感觉2小时内，气温从初夏一下子迈入盛夏，接着一场大风又从盛夏刮到了秋天。

2月12日四川南部等地出现的短时气温异常变化天气主要是焚风效应所致，属气象事件。这是由于强劲的西南气流越过平均海拔高度达到1900米的云贵高原后，在云贵高原的北坡转为下行风，快速

的下沉增温造成了局地气温的急剧升高。但发生如此大范围的焚风效应，在四川省属少见(图 21-2)。

焚风造成的影响：由于气温高、湿度低，致使川南地区出现多处林火。18 时 23 分气象卫星监测到四川宜宾、泸州境内有许多异常高温点。四川省森林防火指挥部报告，叙永县白腊乡、赤水镇、后山镇 12 日 14 时左右发现森林火灾，过火面积 750 亩，大都为林地，18 时左右麻城乡起火，至 13 日上午，叙永县森林火灾彻底扑灭。另外，焚风使作物体内的水分消耗很快，造成作物萎黄、枯死提前"枯熟"。泸州市古蔺、叙永等地烤烟和蔬菜地育苗灼伤明显，导致严重减产。

注：焚风是指空气沿山坡快速下沉，造成局地快速增温的一种现象。在中纬度相对高度不低于 800～1000 米的任何山地都会出现焚风现象，甚至更低的山地也会产生焚风效应。焚风可以促进春雪消融，作物早熟；同时，也易引起森林火灾、干旱等自然灾害。

焚风常发生的地区：历史上，"焚风"在世界上很多山区都出现过。著名地区有高加索山、中亚细亚山地、美洲的落基山、欧洲的阿尔卑斯山等。在中国，天山南北、秦岭脚下、川南丘陵、金沙江河谷、大小兴安岭、太行山下、皖南山区都有焚风发生。

1956 年 11 月 13—14 日，太行山麓石家庄气象站曾经观测到在短时间内气温升高 10.9℃的焚风现象。

二、气象部门高度重视服务和宣传工作，及时启动应急预案

时值地震余震期，针对此次气温变化严重异常的现象，中国气象局和四川省气象局高度重视，严密监测当地气温变化情况，组织专家进行会商。中央气象台通过新华社发布焚风的相关气象知识。四川省气象部门及时向当地政府汇报，泸州、宜宾市气象局通过电视、报纸、手机短信、12121 咨询电话向公众发布天气情况，并启动了重大气象服务应急预案。

长江中下游地区持续阴雨天气的影响日益显著，未来一周阴雨天气仍将持续

(中国气象局　第 22 期　2009 年 3 月 1 日)

摘　要　2 月 14 日以来，长江中下游地区持续阴雨天气，累计降水量大，为近 16 年历史同期最大值；持续时间长，区域平均降水日数超过 11 天，为 1951 年以来历史同期次多日数；雷电冰雹等强对流天气来得早、来得多，上海今年初雷日比常年提前近 1 个月，浙江、湖南等地遭受严重冰雹袭击。

2 月 14 日以来的持续阴雨天气已造成长江中下游大部地区土壤墒情偏湿，部分地区出现渍害，并引发了局地滑坡等地质灾害，浙江、湖南部分中小型水库超汛限水位，钱塘江今年首次因水位增高而封航。

未来一周，长江中下游地区仍将持续阴雨天气，3 月 7 日后，阴雨天气有望中断或结束。建议加强农作物田间管理，防范农田渍害和病虫害；加强水资源管理，严密监视水情变化；加强防范，减轻雷电冰雹等局地强对流天气带来的损失；加强巡查排查，防范持续降水和局地强降水可能引发的地质灾害。

一、2 月 14 日以来长江中下游地区累计降水量大，持续时间长，雷电冰雹等强对流天气来得早、来得多

2 月 14 日以来，长江中下游地区持续阴雨天气，江南北部以及苏皖南部、湖北东部等地普遍出现中到大雨，安徽南部以及湖北局部地区降了暴雨，湖南北部、湖北南部、江西北部、浙江中北部、安徽南部等地还出现了雷电冰雹等强对流天气。总结分析表明，长江中下游地区持续阴雨天气有三个特点：

一是累计降水量大。2 月 14 日至 3 月 1 日，长江中下游地区的累计降水量为近 16 年历史同期最大值，江苏南部、上海、浙江北部、安徽南部的降水量较常年同期偏多 2 倍以上，安徽、上海为 1951 年以来

历史同期最大值，江苏为次大值。此时间段内，湖北东部、安徽南部、江苏南部、上海、浙江北部、江西北部等地累计降水量有100～200毫米，安徽南部、浙江中北部局部地区超过200毫米，黄山降水量高达289.8毫米(图22-1)。

二是持续时间长。2月14日至3月1日，长江中下游地区区域平均降水日数为11.4天，为1951年以来历史同期次多，仅次于1990年的12.3天。其中，湖北东部和南部、湖南北部、河南东南部、安徽南部、江西北部、浙江北部、上海等地的降水日数有12～15天，安徽、浙江、湖北的区域平均降水日数也为历史同期次多值(图22-2)。

三是雷电冰雹等强对流天气来得早、来得多。上海2月21日出现初雷，比常年平均初雷日(3月23日)提前了近1个月；2月14日，浙江西部地区出现初雷，14—26日，浙江全省累计发生闪电共5967次，部分地区遭受雷击灾害，23—26日，浙江有19个县市出现了局部冰雹，最大直径达20～30毫米；26日14时至27日14时，湖南全省共监测到闪电3570次，25日晚至26日，张家界全境出现大范围冰雹，26日夜至27日凌晨，长沙等10个气象观测站点出现冰雹。

2月14日以来的持续阴雨天气已造成长江中下游大部地区土壤墒情偏湿，部分地区出现渍害，并引发了局地滑坡等地质灾害；浙江杭州钱塘江出现了罕见的高水位，2月25日钱塘江全线封航，造成大批船只滞留，这也是钱塘江今年首次因水位增高而封航；浙江、湖南部分中小型水库超汛限水位，湖南资水河冷水江站3月1日08时水位为177.5米，超警戒水位1米；安徽安庆等地出现冻雨，当地电力通讯线路倒杆断线；24日，江苏泰兴1人因遭雷击身亡。

二、未来一周长江中下游地区仍将持续阴雨天气，3月7日后有望中断或结束

预计3月1—6日，长江中下游地区仍将持续阴雨天气，部分地区降水量将较常年同期偏多2～5成，气温比常年同期略偏低。具体预报如下：

3月1—3日，汉水下游、江淮、江南、华南以及西南地区东部将出现5～15毫米的降雨，其中，长江中下游的局部地区降雨量有25～50毫米。

3月4—6日，四川盆地、贵州、江汉、江淮、江南及华南地区有5～10毫米的降雨(雪)，长江中下游部分地区的降水量有15～30毫米。

3月7日后，随着南方暖湿气流的明显减弱，长江中下游地区持续多日的阴雨天气将有望中断或结束。

三、关注与建议

目前，长江中下游地区持续阴雨天气已对农业、交通和人民生产生活等带来不同程度的影响，针对未来一周该地区仍将持续出现降雨(雪)的天气趋势，建议：

加强农作物田间管理，防范农田渍害和病虫害。持续阴雨将使沿淮、江淮及江南东北部等地的土壤过湿状况加重，各地要积极开沟排水降湿，避免或减轻农田渍害对油菜、蔬菜等作物带来的不利影响；同时，也须加强作物病虫害的监测与防治工作。

加强水资源管理，严密监视水情变化。近期，长江中下游地区水资源增加较明显，浙江、湖南部分中小型水库已出现超汛限水位，各地须加强水资源管理，严密监视水情变化，合理安排蓄水和排水工作。

加强防范，减轻雷电冰雹等局地强对流天气带来的损失。针对今年南方部分地区局地强对流天气来得早、来得多的特点，各地须进一步加强防范，减轻强对流天气给农业、电力和人民生产生活带来的损失。

加强巡查排查，防范持续降水和局地强降水可能引发的地质灾害。湖南、江西、浙江、安徽等地的山区和丘陵地区，须加强地质灾害隐患点的巡查排查工作，密切关注并加强防范持续降水和局地强降水可能引发的山洪、滑坡、泥石流等地质灾害。

气象部门将继续做好灾害性天气的监测预报，及时为农业、水利、国土、交通等部门提供气象服务，向社会公众发布预警信息，并抓住有利时机积极开展人工防雹作业。

长江中下游地区持续阴雨7日后有望中断或结束，华南地区有降水，气象干旱将缓和

（中国气象局　第23期　2009年3月3日）

摘　要　2月14日以来，长江中下游地区持续阴雨，苏皖南部、湖北东部、浙江北部等地的部分地区农田过湿，当地油菜等作物生长受到渍涝、病虫害等的不利影响。

预计未来5天，长江中下游及其以南地区仍将持续阴雨，华南大部地区将出现明显降雨，对目前华南部分地区出现的旱情将有所缓和。3月7日后，长江中下游地区持续多日的阴雨天气有望中断或结束。

长江中下游各地须继续做好农田管理、作物病虫害监测防治工作；江南南部和华南各地须加强水资源管理，科学蓄水，并根据当地实际情况适时开展人工增雨作业，以利于进一步缓和当地的气象干旱。

另外，3月4日前后，北京地区将出现小雨夹雪，须防范雨雪天气对全国"两会"期间的交通造成不利影响。

一、长江中下游地区持续阴雨，部分地区农作物生长受到不利影响

2月14日以来，长江中下游地区持续阴雨天气，江南北部以及苏皖南部、湖北东部等地普遍出现中到大雨，安徽南部以及湖北的局部地区降了暴雨，湖南北部、湖北南部、江西北部、浙江中北部、安徽南部等地还出现了雷电冰雹等强对流天气。

持续阴雨已给上述地区的农作物生长带来不利影响：苏皖南部、湖北东部、浙江北部等地的部分地区农田过湿，水土饱和，农田渍涝灾害较重，浙江嘉兴春花作物田间积水面积已达70%以上；湖北北部的部分麦田已发生小麦条锈病，武汉城郊大棚蔬菜也出现病害；浙江南部早熟春茶的生长受到影响，采摘期推迟。

二、去年12月以来，福建、广东、广西等地降水明显偏少，目前部分地区出现中度以上气象干旱

2008年12月1日至2009年3月2日，福建、广东、广西三省（区）区域平均降水量为46.6毫米，较常年同期（161.1毫米）偏少7成以上，为1951年以来历史同期最少值。

最新气象旱涝监测显示，目前，江南南部、华南大部等地出现中等程度以上的气象干旱，其中，福建南部、广东东部和北部、广西西部等地为重旱。

三、7日后，长江中下游地区持续多日的阴雨天气有望中断或结束，华南大部将出现明显降雨过程

3月4—6日，长江中下游地区仍将持续阴雨天气，江汉、江淮、江南有小到中雨（雪），其中江南的部分地区有中到大雨，局部地区有暴雨并伴有短时雷雨、大风、冰雹等强对流天气。3月7日后，随着南方暖湿气流的明显减弱，长江中下游地区持续多日的阴雨天气将有望中断或结束。

3月5—7日，华南大部将出现一次较明显的降雨天气过程，降雨量一般有8～20毫米。除广西西部外，华南大部地区有中到大雨，局部地区有暴雨并伴有短时雷雨、大风等强对流天气，其中，广东中南部、广西东南部、福建南部等地的部分地区过程雨量可达25～60毫米。

另外，3月4日前后，北京地区将自西向东出现小雨夹雪天气，冷空气前锋过后，将有4～5级的偏北风，气温将下降3°C左右。

四、关注与建议

长江中下游各地须继续做好农田管理，积极开沟排水、降湿除渍，避免或减轻农田渍害对油菜等作物的不利影响，同时也要做好作物病虫害的监测防治工作。

未来南方地区出现的降水天气过程，对于缓和江南南部、华南大部等地的气象干旱、降低森林火险等级十分有利，相关各地须加强水资源管理，科学蓄水，并根据当地实际情况适时开展人工增雨作业，以利于进一步缓和当地的气象干旱。

另外，须防范4日前后北京地区的雨雪天气对全国"两会"期间的交通带来不利影响。

2009年春季全国大部地区气温偏高，须密切关注主要林区火险动态

（中国气象局　第24期　2009年3月4日）

摘　要　预计2009年春季，全国大部地区气温较常年同期偏高，东部地区降水偏少。主要林区火险形势呈现阶段性，西南林区春季前期火险等级偏高，东北、内蒙古林区春季后期火险等级偏高，建议有关部门密切监视火险动态。

一、春季全国大部地区气温较常年同期偏高，东部地区降水偏少

预计今年春季(3—5月)，除黑龙江中东部、吉林东北部、华南南部气温较常年同期略偏低外，全国其余大部地区气温较常年同期偏高，其中新疆西南部、西北地区东南部、黄淮西部、江汉地区、长江中游部分地区气温偏高明显。

预计今年春季，我国东部地区以少雨为主，其中华南东部、新疆南部降水量较常年同期偏少2～5成；黑龙江和吉林东部、辽宁南部、新疆北部、甘肃西北部、内蒙古西部、华北东部、长江中游、云南西部、四川西南部、西藏东部和青海南部等地区降水量较常年同期偏多，其中黑龙江东部的部分地区偏多2～5成。降水时空分不均，西南大部前期降水偏少，后期偏多。

二、主要林区火险形势呈现阶段性，西南林区春季前期火险等级偏高，东北、内蒙古林区防火期偏晚

1.3—4月份西南林区火险等级偏高。西南林区去冬以来降水持续偏少，气温偏高，预计3－4月这种特征仍将维持，林区春防前期火险等级偏高。

2.东北、内蒙古林区防火期可能开始晚、结束晚。春季，东北、内蒙古林区火险等级总体较常年同期偏高。由于冬季东北地区降水偏多，春防前期，火险等级与常年持平，后期火险等级偏高，防火期可能开始晚、结束晚。同时还要注意大兴安岭林区由于春末夏初高温少雨引发的火灾。

3.其他林区火险等级可能偏高。今年春防期，华北大部、西北地区东南部、黄淮西部、江汉地区、江南和华南大部火险等级偏高。

长江中下游地区持续阴雨天气，油菜等作物生长受到不利影响

（中国气象局　第25期　2009年3月5日）

摘　要　2月14日以来，长江中下游地区持续出现阴雨天气，呈现累计降水量大、持续时间长，最高气温低，强对流天气来得早来得多等特点。持续阴雨天气，已使长江中下游部分地区农田出现渍害，作物遭受低温冻害及冰雹灾害，油菜等作物生长受到影响，预计长江中下游地区油菜籽产量将损失3%左右；部分地区出现滑坡、塌方等地质灾害。

预计未来两天，长江中下游地区的降雨将逐渐减弱，3月7日后，持续多日的阴雨天气将有望中断或结束。

目前，各地仍须加强防范地质灾害和强对流天气灾害，进一步加强作物病虫害的监测与防治，并抓住降水间歇加强田间管理，及时做好农田渍害、低温冻害受灾区的灾后恢复生产工作。

一、2月14日以来长江中下游地区持续阴雨天气特点分析

2月14日以来，长江中下游地区持续出现阴雨天气，主要降雨区一直位于江南地区北部及苏皖南部、湖北东部等地。2月14日至3月3日的气象观测数据统计分析表明，与常年同期相比，此次长江中下游持续阴雨天气具有累计降水量大、持续时间长，最高气温低，强对流天气来得早来得多等特点。

累计降水量大。湖北东部、苏皖南部、上海、浙江北部、江西北部、湖南北部等地的累计降水量有100～200毫米，安徽南部、浙江中北部局部地区超过200毫米，安徽黄山降水量高达316.3毫米(图

25-1)。长江中下游地区的区域平均降水量为1951年以来历史同期第三多，安徽、上海的降水量为历史同期最大值；与常年同期相比，江淮、江汉、江南北部等地降水量偏多5成到2倍，江苏南部、上海、浙江北部、安徽南部的降水量偏多2倍以上。

持续时间长。长江中下游地区区域平均降水日数为13.2天，为1951年以来历史同期次多，仅次于1990年的13.7天；浙江、安徽、湖北的平均降水日数均为历史同期次多值，湖北东部和南部、湖南北部、江西北部、安徽南部、浙江北部、上海等地的降水日数多达15～18天。

最高气温低。长江中下游地区平均气温基本接近常年同期，但平均最高气温则普遍较常年偏低，安徽西南部、湖北东部、湖南东北部的平均最高气温，较常年同期显著偏低2～4℃。

强对流天气来得早来得多。2月14日浙江西部地区出现初雷；2月21日上海出现初雷，比常年提前了近1个月。这期间，长江中下游地区共探测到雷电活动79391次，为2007年和2006年同期雷电次数的5倍、38倍，为2008年同期雷电次数的882倍，其中，湖南、湖北、江西3省的雷电次数均在1万次以上。2月22—28日，长江中下游地区区域平均强对流日数为2.7天，较常年同期的0.4天偏多2.3天。

二、长江中下游持续阴雨天气灾害影响分析

持续阴雨天气，已使长江中下游部分地区农田出现渍害，作物遭受低温冻害及冰雹灾害，部分地区出现滑坡、塌方等地质灾害。据气象部门不完全统计，2月14日至3月3日，安徽、湖南、湖北、浙江等省因持续雨雪及低温冰冻、冰雹、雷暴等灾害，共造成180万人受灾，直接经济损失8.5亿元。

农田渍害与低温冻害。持续阴雨及最高气温偏低造成长江中下游大部地区土壤墒情偏湿，部分地区出现农田渍害，农作物和果林遭遇严重低温冻害。主要表现为：油菜现蕾抽薹推迟，开花授粉、结荚率降低，预计长江中下游地区油菜籽产量将损失3%左右。冬小麦等作物的根系生长发育不良，对后期冬小麦的分蘖成穗和小穗分化不利。部分叶类蔬菜下部出现烂叶、变黄等现象，其产量和品质均将下降。对春茶萌芽，早熟春茶的生长和采摘及柑橘生长均带来不利影响，浙江产茶区春茶生长已受影响，预计部分茶区采茶期将推迟；江西"蜜橘之都"南丰橘树受灾面积达15万亩，预计蜜橘产量将减少3成；赣南脐橙种植区受灾面积近百万亩，占江西赣南脐橙种植总面积的一半，赣南宁都、石城几乎过半的脐橙树将绝收。

另外，受持续阴雨低温的影响，湖北、安徽、湖南、浙江等地的部分高寒山区发生了低温冰冻灾害，给当地农业、交通、电力及群众财产带来较大损失。

降雨引发的地质灾害。安徽、江西、湖北、浙江等地的山区发生多起塌方、滑坡、泥石流灾害。2月中旬以来，浙江杭州、温州、湖州、衢州等地共有63条公路出现塌方、滑坡；2月25日，安徽宁国市遭受滑坡、泥石流灾害；2月27日，湖北赤壁市肖家村煤矿突发来水事故，造成1人死亡，3人失踪；3月2日，江西庐山正街至小天池公路路段上方山体发生重大塌方，交通一度中断。

雷电冰雹等强对流天气灾害。湖南北部、湖北南部、江西北部、浙江中北部、安徽南部等地均出现冰雹天气。2月23—25日，湖北宜昌夷陵及宜都、恩施来凤、洪湖等地的冰雹灾害造成31.4万人受灾，农作物受灾面积3.4万公顷；24日，江苏泰兴1人因遭雷击死亡，同日，安徽宣城等地遭受冰雹灾害；27日，浙江衢州莲花镇遭受雷击灾害。

持续阴雨天气还造成一些江河的支流水位上涨，浙江、湖南部分中小型水库超汛限水位。2月25日因持续降雨造成水位偏高，浙江钱塘江全线封航，近百船只滞留内河航道。

三、未来两天，长江中下游地区的降水将逐渐减弱，3月7日后，持续多日的阴雨天气将有望中断或结束

预计未来两天，长江中下游地区的降水将逐渐减弱，江南、华南等地有小到中雨，其中，江南中南部、华南的部分地区有中到大雨，局部地区有暴雨。上述部分地区还将伴有短时雷雨大风或冰雹等强对流天气。3月7日后，长江中下游地区持续多日的阴雨天气将有望中断或结束。

目前，各地仍须加强巡查排查，继续做好滑坡、泥石流等地质灾害的防御工作；须进一步加强防范，减轻雷电、冰雹等强对流天气给农业、电力和人民生产生活带来的不利影响。

同时，各地也须进一步加强作物病虫害的监测与防治，并抓住降水间歇加强田间管理，及时做好农田渍害、低温冻害受灾区的灾后恢复生产工作。

我国南方大部冬麦区小麦条锈病防控形势严峻，各地须抓住降水天气间歇采取防控措施

（中国气象局　第26期　2009年3月7日）

摘　要　2008年10月以来，我国南方大部及西北地区东南部冬麦区的气象条件有利于小麦条锈病的侵染、发生和蔓延。目前，小麦条锈病已在四川、云南、贵州、重庆、湖北北部、陕西和甘肃南部等地持续发展，据农业部统计，截至3月4日，全国小麦条锈病发病面积已达1658万亩。

预计未来十天，我国西南地区大部及江汉、江淮地区的雨日较少，但气温偏高，空气湿度较大，有利于小麦条锈病的发生发展。建议各地应密切关注天气变化，抓住降水天气间歇，及时采取有力措施，进一步加强小麦条锈病的防控，有效减轻病虫危害。

一、2008年10月以来，我国南方大部冬麦区气象条件利于小麦条锈病的发生和蔓延

2008年10—11月，南方大部及西北地区东南部冬麦区气象条件有利于小麦条锈病病菌浸染、蔓延。2008年10—11月，我国西南地区大部、江汉、江淮及甘肃南部、陕西南部等地出现了长时间的阴雨寡照天气，四川盆地西部、重庆大部、贵州西部、云南西南部、江汉南部、江淮及甘肃南部、陕西南部等地的麦田持续处于高湿状态，光照不足，冬小麦长势偏弱，为小麦条锈病病菌秋季侵染、蔓延提供了有利条件。

2008年12月至2009年1月，西南地区大部及西北地区东南部气象条件有利于小麦条锈病病菌的繁殖与传播。去年初冬至隆冬，我国西南地区大部及甘肃、陕西等地平均气温较常年同期偏高，麦田土壤湿度大，雾天气多，麦田结露时间长，利于小麦条锈病病菌的繁殖与传播。

2009年2月以来，南方大部及西北地区东南部冬麦区气象条件非常有利于小麦条锈病的发生、蔓延。今年2月以来，江汉、江淮地区冬小麦开始进入返青生长阶段，与此同时，小麦条锈病病菌也开始复苏扩展。2月14日以来，江汉、江淮地区持续出现阴雨天气，导致麦田土壤湿度长时间处于饱和状态，部分田块出现渍害，非常利于小麦条锈病的发生、蔓延。另外，今年2月以来，甘肃南部、陕西南部等地的降水偏多，气温偏高，有利于小麦条锈病的发生、蔓延。

二、目前，我国南方大部冬麦区的小麦条锈病防控形势十分严峻

前期有利于小麦条锈病侵染、繁殖、蔓延和传播的气象条件，导致目前我国南方大部冬麦区的小麦条锈病发病程度重、发生面积大、发病时间早、发展速度快，小麦条锈病防控形势十分严峻。

农业部全国小麦产区病虫测报站监测显示，小麦条锈病已在四川、云南、贵州、重庆、湖北北部、陕西和甘肃南部等地持续发展，其中四川、云南、贵州等地小麦条锈病病情重，扩展快。

据农业部统计，截至3月4日，全国小麦条锈病发病面积达到1658万亩，西南地区已呈现病害流行的苗头。四川、重庆等地的发病程度相当于往年3月底流行期的发病程度。

三、未来10天，西南地区大部及江汉江淮气象条件有利于小麦条锈病的发生发展

预计未来10天，我国西南地区大部及江汉、江淮地区的雨日较少，但气温偏高，空气湿度较大，有利于小麦条锈病的发生发展。

针对目前南方大部冬麦区小麦条锈病严峻的防控形势及未来天气趋势，建议各地应抓住降水天气间歇，选择无风或风小时段，及时喷施农药进行病害防治；江汉、江淮等地须抓紧过湿田块的清沟理墒，降低田间湿度，力争控制、减轻小麦条锈病的扩展和蔓延；各地要进一步加强麦田管理，适时、适量施肥，促进植株健壮生长，增强小麦抗病能力，有效减轻病虫危害。

强冷空气将影响我国大部地区，须防范对冬小麦油菜等农作物的不利影响

（中国气象局　第 27 期　2009 年 3 月 10 日）

摘　要　预计 3 月 11—13 日，受一股强冷空气的影响，我国大部地区将出现大风、降温和雨雪天气，内蒙古中西部等北方部分地区将有沙尘天气。

此次天气过程将对冬小麦和油菜生长造成一定程度的不利影响。长江中下游部分地区的冬麦田和油菜产区可能发生渍害，对冬小麦和油菜生长发育不利；部分油菜产区可能发生冻害，对抽薹至开花期的油菜造成一定影响。另外，西南地区的冬小麦和油菜及江南南部的油菜等作物不会受到影响。

有关各地须加强田间管理，注意防范雨雪、降温、风沙等给冬小麦和油菜生长及畜牧业、设施农业和交通运输等带来的不利影响；黄河内蒙古段须密切关注开河流凌情况变化，加强监视防范；12 日的阵雨对降低云南西南部的森林火险气象等级无明显作用，仍须加强防火工作。

一、3 月 11—13 日，一股强冷空气将影响我国大部地区

3 月 11—13 日，一股强冷空气将自西北向东南先后影响我国大部地区。

我国大部地区将出现大风，北方部分地区将有沙尘。西北、华北、黄淮、东北等地将先后出现 5～7 级的偏北风，淮河以南的大部地区将出现 4～6 级的偏北风。内蒙古中西部、甘肃西部、宁夏北部、陕西北部等地的部分地区将有沙尘天气。

我国大部地区将出现明显降温。西北、华北、黄淮、东北及淮河以南的大部地区气温将下降 6～10℃，其中，内蒙古中东部、华北大部、东北、黄淮、江淮以及江南东部等地的降温幅度可达 8～12℃。

我国大部地区将出现雨雪天气，长江中下游部分地区有中到大雨。青藏高原东部、西北地区东部偏北地区、华北北部、东北将有小到中雪或雨夹雪，累计降雪量一般有 1～4 毫米，其中，西藏东部、青海东南部、甘肃东部、内蒙古东南部以及东北地区中部等地局地有大到暴雪，累计降雪量有 5～12 毫米；西南地区东部、西北地区东南部、华北中部及其以南的大部地区有小到中雨或雨夹雪，累计降水量有 2～15 毫米，其中，长江中下游的部分地区有中到大雨或雷阵雨，累计降水量有 15～40 毫米（图 27-1）。

我国大部海域将有大风。12 日，东海、黄海大部有 7～9 级的偏南风；13—14 日，渤海、黄海将有 7～9级的偏北风，东海、台湾海峡、南海北部海域将有 6～8 级的偏北风。

另外，11 日夜间至 12 日中午前后，北京地区将有小雨，降雨量一般有 3 毫米，雨后将有 4～5 级的偏北风，气温有所下降，13 日白天的最高气温预计在 6℃左右。

二、此次强冷空气天气过程将对冬小麦和油菜生长造成一定程度的不利影响

目前，我国北方冬麦区的冬小麦普遍进入返青生长阶段，黄淮南部的冬小麦进入拔节期。甘肃西北部和东南部、陕西东北部、山西中西部、河北南部等冬麦区的表层（10 厘米）土壤轻度缺墒，淮河以北其余大部冬麦区的土壤墒情较为适宜，光温条件好，利于冬小麦的返青生长和苗情升级；江淮、江汉、江南北部的农田土壤湿度有利于当地冬小麦和油菜的生长发育。预计 3 月 11—13 日的强冷空气天气过程将对冬小麦和油菜生长造成一定程度的不利影响。

降温对冬小麦影响不大，降雨对长江中下游部分地区的冬小麦有影响。14 日早晨，我国北方冬麦区的最低气温将降至 0～3℃，降温对冬小麦不会造成明显的冻害，但部分丘陵地小麦的叶片可能受冻；11—13 日，长江中下游部分地区将有中到大雨，部分冬麦田可能转湿或发生渍害，对冬小麦的生长发育不利。

降温、降雨对长江中下游部分地区的油菜有影响。14 日早晨，我国油菜主产区的最低气温将降至 3～5℃，部分地区可能发生冻害，将对抽薹至开花期的油菜造成一定影响，易导致花朵脱落，并出现分段结荚现象，开花数量减少；长江中下游部分油菜产区可能发生的农田渍害，将对当地的油菜生长发育不利。

雨雪天气有利于改善北方部分地区土壤墒情；西南地区的冬小麦和油菜及江南南部的油菜等作物不会受到影响。11—13日，西北地区东部、华北地区北部、东北将有小到中雪或雨夹雪，西藏东部、青海东南部、甘肃东部、内蒙古东南部以及东北地区中部等地局地有大雪，上述地区的雨雪天气有利于当地农田的土壤增墒。另外，此次强冷空气天气过程不会对西南地区的冬小麦和油菜及江南南部的油菜等作物造成影响。

14日开始，我国北方及长江中下游冬麦区和油菜产区的气温将快速回升。

三、关注与建议

加强田间管理，注意防范雨雪、降温等对冬小麦和油菜生长带来的不利影响。北方冬麦区各地应根据墒情和苗情，做好麦田的水肥管理，促进小麦健壮生长；冬小麦已拔节的地区，要及时进行中耕培土，以提高地温，防御晚霜冻危害。前期土壤过湿的长江中下游地区要进一步清沟埋墒，排湿降渍，确保冬小麦和油菜的正常生长发育；同时也须加强病虫害的监测与防治。华南各地要及时进行早稻浸种催芽，抓住“冷尾暖头”的有利天气适时播种，避免烂种烂秧。

北方各地须注意防范不利天气对畜牧业、设施农业和交通运输等带来的影响。北方牧区和设施农业地区须提前对户外设施设备进行加固检修，做好防雪、防风沙、防冻工作；各地也须及时采取处置措施，防范局地强降雪、大风沙尘等天气对公路、铁路、民航和海上运输带来的不利影响。

黄河内蒙古段须加强监视开河流凌情况变化，加强防范。10日夜间至12日，黄河内蒙古段大部将有雨夹雪或雪；12—13日，内蒙古全区大部的气温将下降6～8℃，其中中西部偏北地区的降温可达10℃以上。黄河内蒙古段各地须密切关注开河流凌情况变化，加强监视，做好防凌防汛工作。

降雨对降低云南西南部的森林火险气象等级无明显作用，仍须加强防火工作。12日，持续多日无明显降雨的云南西南部地区将有阵雨，但雨量较小，对降低当地的森林火险气象等级无明显作用，仍须加强防火工作，严禁野外用火，确保林区安全。

干旱少雨和沙源输入是沙特阿拉伯强沙尘暴主因，目前我国北方地区已进入沙尘暴多发季节

（中国气象局　第28期　2009年3月12日）

摘　要　3月10日，沙特阿拉伯首都利雅得遭遇强沙尘暴袭击，当地气象部门称，沙尘暴强度为20年来最大值。分析表明，前期干旱少雨和外地沙源输入，是导致沙特阿拉伯发生强沙尘暴的主要原因。

春季是我国北方地区沙尘多发的季节。3月9—11日，我国新疆出现了大范围沙尘天气，柯坪出现强沙尘暴；青海柴达木盆地、内蒙古西部、甘肃西部等地也先后出现了沙尘天气，青海诺木洪、甘肃酒泉和金塔等地出现了沙尘暴。

前期我国北方部分地区出现的严重气象干旱，可能已对当地植被的生长及其防沙治沙生态作用的发挥造成了一定影响。预计今明两天，新疆南疆盆地、甘肃西部、内蒙古西部等地的部分地区有扬沙或浮尘天气，局地有沙尘暴；3月中下旬，我国北方部分地区沙尘天气的出现将较为集中。有关部门须充分做好应对准备，及时采取处置措施。

一、3月10日，沙特阿拉伯首都利雅得遭遇强沙尘暴袭击

3月10日16时05分（北京时）风云3号气象卫星沙尘监测显示，沙特阿拉伯、科威特等国出现沙尘天气，沙尘区呈东北—西南向带状分布，逐渐向东、向南输送蔓延，并已开始影响科威特市，其前锋也已到达利雅得市北部（图28-1）。

3月10日，沙特阿拉伯首都利雅得遭遇强沙尘暴袭击，导致利雅得北郊的哈立德国王国际机场被迫关闭，所有航班停飞；居民生活受到较大影响。当地气象部门称，此次沙尘暴的强度为20年来的最大值。

二、前期温高少雨和外地沙源输入，是导致沙特阿拉伯发生强沙尘暴的主要原因

每年冬季是沙特阿拉伯的主要降水期，进入3月后，降水迅速减少，夏季该国几乎没有降水。3月10日沙特阿拉伯强沙尘暴发生的主要原因是，前期的干旱少雨和外地沙源输入。

前期温高少雨。2008年12月至2009年2月，沙特阿拉伯中部地区的气温较常年同期异常偏高4℃左右，降水异常偏少5～8成，撒哈拉沙漠地区的冬季降水也较常年同期异常偏少5～8成。2009年3月以来，沙特阿拉伯降水偏少，大部分地区的降水量不足1毫米。

外地沙源输入。最近5天，强劲的西南气流将沙特阿拉伯上游撒哈拉沙漠地区的沙尘输入到了该国上空，是此次强沙尘暴发生的另一个主要原因。

三、目前，我国北方地区已进入沙尘暴多发季节；3月中下旬，北方部分地区沙尘天气的出现将较为集中

3月9—11日，我国新疆等地出现沙尘天气。春季是我国北方地区沙尘多发的季节。受强冷空气的影响，3月9—11日，新疆出现了大范围沙尘天气，柯坪、若羌等11个县(市)均出现了浮尘或扬沙，在大风的共同影响下，部分县(市)一度出现了“天空落土”现象；3月9日20时，柯坪出现特强沙尘暴，整个城区的能见度不足50米。另外，随着冷空气的东移，青海柴达木盆地、内蒙古西部、甘肃西部等地也先后出现了沙尘天气，其中青海诺木洪、甘肃酒泉和金塔等地出现了沙尘暴。

3月中下旬，我国北方部分地区沙尘天气的出现将较为集中。预计今明两天，新疆南疆盆地、甘肃西部、内蒙古西部等地的部分地区有扬沙或浮尘天气，局地有沙尘暴；3月中下旬，受我国北方地区近期降水偏少、气温偏高及冷空气活动较为频繁的共同影响，华北西部、西北地区东部等地沙尘天气的出现将较为集中。

四、关注与建议

前期，我国西北地区东部、华北等北方地区出现了严重的气象干旱，可能已对当地植被的生长及其防沙治沙生态作用的发挥造成了一定影响，对沙尘天气的抑制作用会有所减弱。另外，3月11日气象干旱监测显示，目前，宁夏、内蒙古中东部等地仍有轻到中度气象干旱。

针对3月中下旬我国北方部分地区沙尘天气出现将较为集中的趋势，建议有关部门须充分做好应对准备，及时采取处置措施，减轻沙尘天气对人民生产生活、畜牧业、交通运输等造成的不利影响。

气象部门将继续密切关注北方气象干旱旱情的变化，加强对大风及沙尘暴等灾害性天气的监测预报预测工作，及时提供气象服务信息。

今年我国南方早稻春播育秧气象条件总体较好

（中国气象局　第29期　2009年3月14日）

摘　要　2009年2月中旬后期起，我国华南地区自南向北陆续进入早稻春播育秧期，与常年相比稍有提前。目前，华南地区早稻春播育秧进展基本顺利。预计在华南北部、江南地区早稻春播育秧期间，降水、气温等气象条件较好，仅在个别时段会出现不利天气，不会造成大面积的烂种、烂秧现象。

总体而言，今年我国南方早稻春播育秧气象条件较好。建议南方早稻产区仍须密切关注天气变化，采取有效措施防御不利天气的影响，确保早稻适时播种，力争培育壮秧。

一、华南地区早稻春播育秧进展基本顺利

2009年2月中旬后期起，我国华南地区自南向北陆续进入早稻春播育秧期，与常年相比稍有提前(图29-1)。

2月中旬后期，华南南部日平均气温均在12℃以上，光热充足，降水偏少，对早稻春播育秧十分有利。进入3月以来，华南中北部地区主要以低温阴雨天气为主，大部分时段的日平均气温低于12℃，致使露地育秧早稻春播推迟，已播秧苗的生长放缓，但对薄膜保温育秧的影响不大。近期华南中北部各地气温明显回升，早稻春播进度加快。

二、预计华南北部、江南地区早稻春播育秧期间气象条件较好

1.未来7天,华南北部、江南南部多晴好天气,春播气象条件较好

预计3月14—19日,华南北部、江南南部早稻春播区为晴到多云天气,气温回升,春播气象条件较好;3月20日前后,将出现短暂阴雨天气,日平均气温一般不低于12℃,对春播影响不大。

2.3月下旬至4月上旬,江南早稻春播区降水偏少,气温偏高,对春播较为有利

3月下旬至4月上旬,江南中北部地区早稻将普遍进入适播期。预计3月下旬,江南早稻春播区的降水较常年同期偏少,其中江南南部地区的降水偏少2成左右;气温较常年同期偏高,其中江南东部地区的气温偏高将比较明显;有利于早稻春播;4月上旬,江南北部地区的降水接近常年同期略偏少,气温较常年同期偏高,对早稻春播较为有利。

三、关注与建议

总体而言,今年我国南方早稻春播育秧气象条件较好。预计在华南北部、江南地区早稻春播育秧期间,降水、气温条件较好,仅在个别时段会出现不利天气,不会造成大面积的烂种、烂秧现象。

建议南方早稻产区仍须密切关注天气变化,采取有效措施防御不利天气的影响,确保早稻适时春播,力争培育壮秧。

早稻已出苗地区须做好秧田护苗工作。在遇到低温阴雨天气时,须及时盖好薄膜或灌水护秧,并采取增施热性磷、钾肥等措施来提高秧苗抗寒能力,避免烂种、烂秧;另外,在遇到晴热天气时,须及时揭膜通风,以防烧苗。

尚未春播地区须抓住有利时段,加快春播进度。华南北部和江南等早稻尚未春播地区,须避开冷空气天气过程,抓住"冷尾暖头"和晴好天气有利时段,加快春播进度,避免延误农时。

另外,南方早稻产区各地也须注重蓄水和计划用水,及时犁耙沤田,以保证早稻适时移栽。

江南华南春播区将有一次大范围降水过程

(中国气象局　第30期　2009年3月25日)

摘　要　预计,3月26—30日,我国中东部地区将有一次大范围雨雪天气过程。其中,江南、华南早稻春播区降雨较强,并伴有短时雷雨大风等强对流天气,累计降雨量一般有20～30毫米,局部有40～60毫米。27—31日,湖北东部、安徽南部、江苏南部、浙江北部、江西北部等地将有2～3天日平均气温低于12℃的天气。

气温下降将对南方春播产生不利影响。建议早稻产区密切关注天气变化,抢晴播种,已经播种地区应根据气温冷暖变化做好田间管理。

一、江南华南春播区将有一次大范围降水过程

受冷暖空气的共同影响,预计3月26—30日,我国中东部地区自西向东将有一次大范围雨雪天气过程,青藏高原东部、西北地区东部有小到中雨(雪),降水量一般有1～5毫米,局部有10～15毫米;西南地区东部、黄淮西部、江淮、江汉、江南、华南等地将有小到中雨,降雨量一般有5～15毫米;其中长江中下游、江南、华南的部分地区大雨,降雨量有20～30毫米,江南、华南的局部地区有暴雨,降雨量有40～60毫米(图30-1),并伴有短时雷雨大风等强对流天气。

27—31日,受间歇性冷空气补充南下影响,长江以北地区气温将先后下降6～8℃,局地10～14℃;长江以南至南岭以北地区气温也将先后下降4～6℃,局地8～10℃。27—29日,湖北东部、江西北部等地将出现2天日平均气温低于12℃的低温天气;27—31日,江苏南部、安徽南部、浙江北部等地将出现3天左右日平均气温低于12℃的低温天气。4月初,我国东部地区气温将逐渐回升。

二、目前,华南早稻播种基本结束,江南进入春播期

3月15—22日,江南、华南气温回升明显,大部时段日平均气温在12℃以上,光照充足,对早稻播种和秧苗生长发育较有利,早稻播种育秧进度加快。23—24日,江南大部出现低温阴雨天气,日平均气温为8～12℃,致使部分地区早稻播种有所推迟。但由于大部地区秧田一般都采用软盘育秧并薄膜覆盖,

有利于防御低温阴雨和倒春寒危害，低温阴雨天气对早稻播种影响不大。目前华南早稻播种基本结束，江南南部早稻播种由南往北进入高潮。

三、关注与建议

建议南方早稻产区仍须密切关注天气变化，抢晴播种，已经播种地区应根据气温冷暖做好田间管理。

日平均气温低于12℃不适宜播种。27—31日，江南北部和沿江地区将先后出现日平均气温低于12℃的低温天气，湖北东部、江西北部、江苏南部、安徽南部、浙江北部等地将持续2～3天左右，可能对局部地区早稻播种有不利影响。江南南部各地要根据早稻品种的特性，要抓住"冷尾暖头"抢晴播种。

根据冷暖变化做好田间管理。播后要加强田间管理，防御低温天气的影响，当有冷空来临，要及时盖好薄膜或灌水保暖，防御烂种、烂秧；如遇晴热天气，及时揭膜通风，避免高温烧苗。华南各地要加强秧田水肥管理，注意以水调温，力争培育壮秧。华南南部要抓紧沤田，为早稻适时移栽做好准备。

今年以来强对流天气发生早频次多地点集中，须做好防雷防雹防风等工作

（中国气象局　第31期　2009年3月27日）

摘　要　今年以来，我国强对流天气发生早、频次多、地点集中。截至3月26日，因雷击死亡5人、直接经济损失约6亿元。

预计未来10天，南方春播区有两次较为明显的降水过程，并伴有短时雷雨大风等强对流天气。

建议各地及有关部门关注天气变化，检修、增补防雷设备和装置，采取有效措施做好防雷防雹防风等工作，以减少人员伤亡和损失。

一、今年以来我国雷暴、冰雹等局地强对流天气呈发生早、频次多、地点集中的特点

发生早。今年1月21日，河南省洛阳市嵩县出现全国首次冰雹天气，比常年（平均出现在2月上旬）偏早10多天，比2008年（2月19日四川米易县出现冰雹）提早近一个月。

频次多。据统计，今年2、3月全国平均雷暴日数均比常年同期偏多，其中2月共探测到雷电85324次，远大于以往同期的探测数据。3月1—22日共探测到雷电43776次，表现出2009年雷电活动频繁，较往年明显增强的趋势；3月全国平均雷暴日数1.9天，比常年同期（1.0天）偏多近1倍，为2000年以来最多。

地点集中。近期雷电活动主要集中在湖南、贵州、云南、江西、海南等区域（图31-1），其中发生在湖南和贵州两省的雷电约占全国总雷电的78%左右，湖北、福建、广东、广西等地区多为局地零星的雷电活动。

二、江西、安徽、湖南、贵州、海南等地灾情较重

今年以来，我国有10多个省（区、市）先后遭受雷雨大风和冰雹袭击，其中江西、安徽、湖南、贵州、重庆、湖北、海南等省局地受灾较重。截至3月26日，雷击导致5人死亡，因灾直接经济损失约6亿元，损失比往年同期偏重。

2月26日，贵州省开阳、平坝等16个县（市、区）不同程度遭受了风雹灾害，农作物受灾面积4145公顷，直接经济损失2813万元。

3月21—23日，江西南昌、九江、景德镇、鹰潭、宜春等地因灾直接经济损失1.9亿元，其中农业经济损失1.4亿元；安徽全省受灾人口总计6.85万人，因灾直接经济损失1.08亿元；湖南浏阳市直接经济损失6800万元。

三、未来10天天气预报

预计未来10天，我国东部地区冷空气较为频繁，气温起伏多变，南方地区冷暖空气交汇将导致强对

流天气增加。其中，3 月 27—30 日，南方地区将出现一次较明显的降雨过程，江南部分地区将有短时雷雨大风等强对流天气。4 月 2—4 日，我国中东部地区将出现一次降水和降温过程，长江中下游地区降雨相对较明显，局部地区将出现强对流天气。

四、建议

雷雨、大风、冰雹等强对流天气具有局地性强的灾害特征。各地和有关部门需关注天气变化，做好防雷电、防雹、防风工作。

检修、增补防雷设备和装置。冬季大风和雨雪天气可能导致防雷设备和装置受损，存在隐患。汛期前须做好检查、增补、维修工作。

做好春播等农忙季节的防雷、防雹、防风等宣传工作。雷击导致人员死亡事件多发生在田间地头。春播期间，田间工作特别是早稻产区需做好防范强对流天气的知识普及和宣传工作。

春播区应做好防雹防风等工作。应注意采取覆盖、消雹等措施减少冰雹对早稻及其他春播作物秧苗的伤害。简易建筑应进行防风加固。

青海西藏出现明显降雪，今明两天降雪仍将持续，“清明节”期间北方森林火险等级较高须加强防范

（中国气象局　第 32 期　2009 年 3 月 31 日）

摘　要　27 日以来，青海、西藏、云南局地出现明显降雪，最新监测表明，青海南部、西藏中部及云南西北部局地积雪厚度 2～5 厘米，青海玉树、果洛州局地及西藏错那积雪厚度超过 10 厘米。

预计未来两天，青海东南部、西藏东北部、川西高原西北部有中到大雪，局部地区有暴雪；西藏东南部、云南西北部和东南部的部分地区有中到大雨。此次降水对缓和云南前期气象干旱和降低高森林火险气象等级将起到积极作用，但青海、西藏、川西高原降雪明显，须加强防范降雪给农牧业、道路交通等带来的不利影响。

“清明节”期间北方森林草原火险等级高，南方森林草原火险气象等级略低。由于“清明节”正值踏青和扫墓高峰期，各地须加强节日期间防火工作，确保用火安全。

一、近期我国西部地区降雪及森林火险情况

1. 青海、西藏出现明显降雪

27 日以来，青海东部、西藏中东部、云南大部、四川大部出现雨雪天气，青海东部、西藏中东部及云南西北部局地降小到中雪，局地大到暴雪；过程降雪量一般有 1～10 毫米，其中青海玉树（17 毫米）、西藏聂拉木（24 毫米）降雪量较大（图 32-1）。监测表明，青海南部、西藏中部及云南西北部局地积雪厚度 2～5厘米，其中青海玉树州的玉树县、杂多县、称多县和曲麻莱县及果洛州的玛沁县、甘德县、久治县和玛多县以 5～10 厘米积雪为主，果洛州的达日县和班玛县积雪厚度超过 10 厘米。另外，西藏聂拉木、错那积雪厚度分别有 7 厘米和 14 厘米。截至目前，尚未收到上述地区的灾情报告。

2. 西南、华南、江南、华北等地火点数偏多，部分地区相继发生森林火灾

卫星遥感资料显示，今年以来，林区火点主要分布在西南、华南、江南、华北等地（图 32-2），与 2002 年以来同期相比，上述地区的火点频次分别偏多 1.5 倍、9 成、6 成和 2 倍，东北、内蒙古地区火点数偏少，仅为近年同期的 1 成。

进入 3 月以来，四川、河北、西藏、山西等地相继发生森林火灾，其中四川森林火灾较重。

四川省：3 月 11 日，凉山州冕宁县、木里县和甘孜州理塘县出现森林火情，经过 2000 余人连续十几天奋力扑救，于 22 日全部扑灭，过火面积约 270 公顷。3 月 17 日，甘孜州康定与雅江两地交界处发生森林火灾，截止 3 月 20 日 09 时 20 分，火场过火面积约为 50 公顷。3 月 26 日 13 时 57 分，凉山州冕宁县周家山发生森林火情，在扑火过程中有 1 人死亡。

二、未来两天中西部地区降水明显，北方地区降水少气温高

1. 未来两天西南地区降水明显

受冷暖空气的共同影响，未来两天，我国中西部地区将有一次较明显的降水天气过程。3月31日至4月2日，青海大部、西藏中东部、甘肃南部、陕西西南部、湖北西南部、湖南中西部、广西中西部、海南以及西南地区大部等地将有小到中雨（雪），降水量一般有1～5毫米，其中，青海东南部、西藏东北部、川西高原西北部有中到大雪，局部地区有暴雪，降水量有6～15毫米；西藏东南部、云南西北部和东南部的部分地区有中到大雨，云南西北部和海南东部的局部地区有暴雨，降雨量有20～50毫米（图32-3）。

2. 北方地区降水少气温偏高

预计4月上旬，影响我国的冷空气活动较弱，北方大部分地区降水少，平均气温比常年同期偏高1～2℃。南方大部分地区气温基本与常年同期持平。“清明节”期间，北方大部分地区将以晴为主，气温偏高，华北地区东部、东北地区还伴有4级左右偏北风，风干物燥，注意防火。

三、关注与建议

青海、西藏、川西高原降雪明显，上述地区可能出现短时积雪及道路结冰，须加强防范降雪给农牧业、道路交通等带来的不利影响。降水过程对缓和前期气象干旱将起到积极作用，但云南须加强防范强降水引发的局地地质灾害。

“清明节”期间北方森林草原火险等级高，南方森林草原火险气象等级略低。由于“清明节”正值踏青和扫墓高峰期，各地须加强节日期间防火工作，确保用火安全。

重庆云阳地区将有明显降水，须加强监测预防地质灾害发生

（中国气象局　第33期　2009年4月9日）

摘　要　重庆是地质灾害多发地区。预计未来4天，重庆云阳地区将有一次明显降水过程。经中央气象台、国土资源部相关部门、重庆市气象台会商，预计重庆云阳地区地质灾害气象条件等级为4级。建议加强监测、预防地质灾害发生。

气象部门将严密监视天气变化并及时上报相关信息。

一、重庆云阳地区将有明显降水过程

受南支槽和西南涡的共同影响，4月9—13日，重庆市云阳县将有一次明显的降雨过程。日降雨量一般为小到中雨，主要降雨时段集中在11—12日，日降雨量有10～18毫米（表33-1）。该地区此次过程累计降雨量有25～40毫米（图33-1）。

具体预报如下：

表33-1　重庆云阳地区未来4天降雨预报

日期	天气现象	降雨量（毫米）
4月10日	阴有小雨	2～4
4月11日	中雨	10～18
4月12日	中雨	10～13
4月13日	小雨转多云	1～2

另外，9—13日，四川汶川地震灾区以阴天为主，但多阵性降雨，过程降雨量有2～10毫米；甘肃和陕西地震灾区将有一次小到中雨过程，过程降雨量有10～20毫米。请有关地区防范不利影响。

二、预计未来4天，重庆市云阳县故陵镇地质灾害气象条件将升至4级，易发生滑坡、泥石流等地质灾害

重庆是我国地质灾害多发地区。自今年3月以来，云阳县故陵镇凉水井滑坡体变形进一步加剧，至4月初出现重大险情。据监测，滑坡体纵长300米，横宽600米，平均厚度为20米，面积18万平方米，总体积约360万立方米。

3月份，故陵镇总降水量6.3毫米，以小雨为主，未出现中雨及其以上量级的降水，4月1—6日累计降水量为5.2毫米。

经中央气象台、国土资源部相关部门、重庆市气象台会商，根据前期天气实况与未来4天预报，结合目前滑坡区的实际情况，预计此次降水过程将可能导致该地区地质灾害气象条件等级升至4级，易发生滑坡、泥石流等地质灾害。

三、关注与建议

3月以来，重庆故陵镇地区已多次出现弱降水过程，而未来4天的降水过程进一步增加了滑坡体滑动的可能。相关部门须加强监测、预防灾害发生。

重庆市云阳县气象局已经启动相应应急预案并在滑坡险情区域附近设立了自动气象站。气象部门将严密监视天气变化并及时上报相关信息。

我国将出现今年以来最大范围强降雨过程，重庆云阳地质灾害等级高，须加强监测与防范

（中国气象局　第34期　2009年4月16日）

摘　要　预计17—20日，黄淮及其以南地区将迎来一次范围较大的强降雨过程，四川东部、重庆以及江汉、黄淮、江淮西部、江南中西部和华南地区将有大到暴雨，湖南南部、湖北、河南南部、安徽西部等地部分地区的过程雨量可超过100毫米。

17—19日，重庆云阳将有较强降雨，云阳地区地质灾害气象条件等级较高，须加强对滑坡体的监控，防范地质灾害的发生。另外，四川汶川地震灾区也将有中到大雨或雷雨天气过程，须加强防范。

这次降雨将是今年以来黄淮及其以南地区最强的一次降雨过程，各地要注意防范局地强降水及其可能引发的山洪、滑坡、泥石流等灾害，同时注意防范雷雨大风冰雹等强对流天气的危害。

一、黄淮及其以南地区将有大范围强降雨过程

预计17—20日，我国中东部地区将迎来一次范围较大的强降雨过程，主要降雨区位于黄淮以南地区。其中四川东部、重庆以及江汉、黄淮、江淮西部、江南中西部和华南地区有大到暴雨，湖南南部、湖北、河南南部、安徽西部等地部分地区过程雨量可超过100毫米（图34-1），上述地区并可能伴有短时雷雨大风等强对流天气。

预计21日，这次较强降雨过程将结束。

新疆将有大风降温和降雪天气。预计16—18日，受冷空气影响，新疆大部地区的气温将下降6～8℃，其中新疆北部的部分地区降温幅度可达10℃左右；新疆北部和天山地区以及青藏高原中东部有小到中雨（雪）或雨夹雪，伊犁河谷和天山地区雨（雪）量可达15～30毫米，新疆北部和南疆盆地等地有5～6级偏北风，新疆山口地区阵风可达8～10级；南疆盆地的部分地区有扬沙或沙尘暴。

二、预计重庆市云阳地区地质灾害等级较高，须防范滑坡、泥石流等地质灾害

17—19日，重庆云阳县和四川汶川地震灾区将有一次较强降雨过程。其中重庆云阳有大到暴雨，过程雨量40～65毫米，降雨主要在18日前后；汶川地震灾区过程雨量15～35毫米。

针对这次降雨过程，经气象部门与国土资源部等相关部门会商，结合目前滑坡体的实际情况，预计

此次降雨过程将可能导致该地区地质灾害气象条件等级上升。17日，地质灾害等级为四级，发生滑坡、泥石流等地质灾害的可能性大。18—19日，地质灾害等级为五级，发生滑坡、泥石流等地质灾害的可能性很大。重庆市云阳县气象局已经启动相应应急预案并在滑坡险情区域附近设立了自动气象站。另外，四川地震灾区也要注意防范雷电、局地强降水等可能引发的灾害。

气象部门将严密监视天气变化并及时上报相关信息。

三、关注与建议

南方地区须注意防范强降水和强对流天气灾害。这次降雨过程将是今年以来最大范围的强降雨过程，四川、重庆、贵州、陕西南部、湖北、河南、安徽、湖南、江西、广西、广东等地需注意防范局地强降水可能引发的山洪、滑坡、泥石流等次生灾害，同时注意防范雷雨大风冰雹等强对流天气的危害。

长江中下游地区须防农田渍涝和病虫害。此次降雨过程将有利于增加土壤水分，北方部分地区旱情将会得到缓解。但江汉东南部、江淮西南部、江南中西部，西南地区东部的土壤将过湿或持续过湿，冬小麦抽穗扬花和油菜开花结实将会受到影响，建议农田要及时清沟排渍，防范渍涝发生；同时田间湿度过大，易诱发病虫害，要加强病虫害的监测与防治。

17—18日黔粤琼等地出现暴雨，未来两天鲁皖赣浙闽粤等地将有暴雨

（中国气象局　第35期　2009年4月19日）

摘　要　4月17—18日，贵州中东部出现大范围暴雨，云南、重庆、湖北、湖南、广东、海南的局部地区出现暴雨。

预计19—20日，山东、安徽、江西、浙江、福建、广东等地将有暴雨，局地大暴雨。21日，此次强降水过程趋于结束。

各地要注意防范局地强降水及其可能引发的山洪、滑坡、泥石流等灾害，同时注意防范雷雨大风冰雹等强对流天气的危害。

一、17—18日，贵州广东海南等地出现暴雨

17—18日，青藏高原东部及其以东地区出现大范围降水过程。其中，贵州中东部出现大范围暴雨，云南、重庆、湖北、湖南、广东、海南等省（市）也出现局地暴雨。累计降水量超过100毫米的站点有：广东徐闻222毫米、海南海口116毫米，贵州余庆106毫米、都匀101毫米（图35-1）。重庆云阳地区的降水量有10～16毫米。汶川震区的降水量一般小于10毫米。昨晚，北京地区出现小到中雨，降水量一般有5～10毫米，东南部局部地区有11～13毫米。

二、19—20日，鲁皖赣浙闽粤等地将有暴雨

19—20日，黄淮、江淮、江南中东部、华南东部等地有大雨，其中山东半岛东部、安徽南部、江西、浙江、福建北部、广东东部等地的部分地区有暴雨，局地有大暴雨，降水量一般有50～110毫米（图35-2），上述地区并可能伴有短时雷雨大风等强对流天气。湖南西北部和东北部、湖北东南部、江西西北部和东部、浙江西南部以及福建西北部的部分地区发生地质灾害的可能性较大，其中，江西西北部、福建西北部等地的局部地区发生地质灾害的可能性大，须加强防范。

20—21日，辽宁大部、吉林西部、福建东南部、台湾西部等地有大雨天气。21日，此次强降水过程趋于结束。

另外，19—20日，我国东部沿海地区有4～6级阵风7级的偏南转偏北大风，渤海、黄海、东海北部海区有7～8级，阵风9～10级的偏南转偏北大风。西北地区有4～6级偏北风，南疆盆地、甘肃西部、内蒙古中西部有浮尘或扬沙天气，局地有沙尘暴。

汶川震区：19—21日，晴到多云天气；21—22日，局部地方有阵雨或雷雨，降水量有1～3毫米。

重庆云阳：19—20日，阴有阵雨转多云，降水量有1～3毫米；21—22日，多云。

气象部门将严密监视天气变化并及时上报相关信息。

三、关注与建议

各地须注意防范强降水引发的灾害。重庆、山东、安徽、江西、浙江、福建、广东等地需注意防范局地强降水可能引发的山洪、滑坡、泥石流等次生灾害。

长江中下游地区须防农田渍涝和病虫害。江汉东南部、江淮西南部、江南中西部,西南地区东部的土壤将过湿或持续过湿,建议农田要及时清沟排渍,防范渍涝发生;同时田间湿度过大,易诱发病虫害,要加强病虫害的监测与防治。

我国出现今年以来最大范围的强降水过程,南方局部发生洪涝,北方部分地区旱情缓解

(中国气象局　第36期　2009年4月21日)

摘　要　17—20日,我国出现一次范围广、强度大的降雨过程;南方部分地区雨量较大,累计雨量超过50毫米的范围约有72.2万平方千米,超过100毫米的约有10万平方千米。强降水造成南方局地出现洪涝、山体滑坡等灾害,部分地区土壤过湿,春播作物的适时播种受到影响。但此次降水有效缓解了北方大部地区以及云南西部的旱情,对春耕生产和作物生长较为有利。

预计,22—25日,东北地区中南部和长江中下游地区将再次出现明显降水过程,重庆、湖北、安徽、浙江、湖南、江西等地须加强防范洪涝及地质灾害,同时还须做好防雷工作。另外,南方已出现土壤过湿的部分地区须及时清沟排渍,并加强病虫害的监测与防治。

由于西北地区东部无明显降水,宁夏、甘肃等地的气象干旱将持续,上述地区须继续做好抗旱工作。

一、17—20日我国出现今年以来最大范围的强降雨过程

4月17—20日,青藏高原东部及其以东地区出现大范围降水过程。江南、江汉、华南东部以及贵州中东部、辽宁南部、山东局部等地降大雨或暴雨,局地大暴雨。上述地区累计雨量一般有50～80毫米,江西中北部、广东中部等部分地区及安徽南部、贵州东南部、湖南西部、福建西北部、海南北部等局部地区雨量为100～140毫米,以广东徐闻249毫米为最大。重庆云阳地区的降水量有20～25毫米,汶川震区的降水量为10～20毫米(图36-1)。上述部分地区还伴有短时雷雨大风等强对流天气。

本次降水过程具有覆盖范围广、强度大的特点。

1.覆盖范围广

新疆北部和青藏高原东部及其以东地区出现了不同程度的降水天气,覆盖面积约574万平方千米,约占全国陆地面积的60%。

2.强度大

除西北地区和青藏高原降水较弱外,东北南部、华北东部、黄淮、江淮、江汉、江南和华南东部地区普降中到大雨,南方部分地区降暴雨或大暴雨。过程雨量超过50毫米的范围约有72.2万平方千米,其中雨量超过100毫米的范围达10万平方千米。

二、降水影响分析

1.强降水引发南方局地出现洪涝、山体滑坡等灾害

南方部分地区的较强降水导致湖南、贵州、江西、重庆等省(市)部分房屋倒塌,水利、交通、电力、通讯设施部分受损,农田被淹,城市积水,局地发生滑坡等灾害。据初步统计,此次强降水过程造成贵州、湖南、湖北、江西四省73万人受灾,直接经济损失2.2亿元,其中贵州、湖南损失较大。具体情况如下:

湖南:湘潭、常德、怀化等地12个县(区)发生洪涝灾害,部分农田被淹,水利、交通、电力、通讯设施

部分受损；湘潭市城市积水严重，一度引起交通阻塞；怀化市芷江 1 人因房屋倒塌死亡。

贵州：全省共有 13 个县市受灾，受灾人口 35 万人，失踪 1 人；损坏房屋近 1300 间；雷山县多处公路损坏，其中西江公路损坏中断 2 小时，雷舟公路损失严重，近期内无法修复；麻江县龙山乡复兴村出现山体滑坡，紧急转移人员 20 人；都匀市 52 间民房进水。

湖北：十堰、荆州、恩施等地的部分地区因暴雨洪涝导致 19.3 万人受灾，转移 114 人，农作物受灾面积 0.55 万公顷。

江西：婺源县因连续暴雨，乐安河水猛涨，有 18.6 万人受灾。

重庆：忠县黄金镇由于降雨和土体失衡等因素出现滑坡险情，滑坡体内部分农房出现开裂现象，险情危及当地 500 余人居住安全。

江苏：20 日凌晨，如皋市遭受风雹袭击，初步统计受灾人口 1800 余人，紧急转移安置 63 人。

2. 南方部分地区土壤过湿，春播作物的适时播种受到影响

监测显示，湖北中部和东南部、安徽西南部、浙江西部、江西北部、湖南北部、四川盆地东北部、重庆中北部、贵州中部及山东西南部和半岛东部、河南中部、陕西南部等地土壤过湿或持续过湿，冬小麦抽穗扬花、油菜开花结荚以及棉花等春播作物的适时播种受到一定影响。

3. 北方旱区春雨有效缓解旱情；西北部分地区干旱维持

本次降水使云南西部、内蒙古东南部、辽宁、吉林南部和东北气象干旱基本缓解，另外，天津、河北东部、山东、河南和陕西南部的降水有效增加了土壤湿度，对农作物生长较为有利。

西北地区东部、华北西部仍无有效降水出现，宁夏中部干旱带和南部山区大部分地区旱情进一步发展，人畜饮水困难进一步加重，区域也进一步扩大；中部干旱带除扬黄灌区和部分秋覆膜地外，其他地区无法下种；南部山区冬麦返青死苗率加大，春播出苗困难。甘肃东北部、山西西部等地存在中至重度气象干旱，甘肃冬小麦总体差于去年同期，特别是庆阳市北部地区冬小麦偏差，苗弱、缺苗断垄现象突出。

三、东北地区中南部和长江中下游地区将有明显降水过程

预计，23—25 日，内蒙古中东部、河北中北部、京津地区、辽宁、吉林、黑龙江南部将有小到中雨、局部大雨，其中，内蒙古中东部、河北北部、辽宁中北部、吉林大部、黑龙江南部降雨量有 10～30 毫米，吉林东部、辽宁东北部的局部地区有 40～60 毫米（图 36-2）。上述局部地区并将伴有雷雨大风。

22—25 日，长江中下游地区将有一次明显降雨过程，其中湖北、安徽中南部、江苏中南部、浙江、福建北部、江西、湖南、贵州、广东北部、广西、重庆、四川中东部等地降水量有 10～40 毫米，湖北东部和南部、安徽南部、浙江西部、湖南东北部、江西北部降水量可达 50～80 毫米（图 36-2）。上述局部地区并将伴有雷雨大风或冰雹等强对流天气。

四、建议与关注

预计未来一周，西北地区东部仍无明显降水，宁夏、甘肃等地的气象干旱将持续。建议西北地区东部要抓紧造墒，适时查苗补种，确保苗齐苗壮，同时做好冬麦区田间管理工作，适时浇好拔节、孕穗水，以促进冬小麦产量形成；华北西部尚未完成播种的地区要抓住降水时机，趁墒播种，以免延误农时。

针对长江中下游地区将再次出现明显降雨过程，建议农田要及时清沟排渍，防止作物根系早衰，同时须加强病虫害的监测与防治。

南方部分地区由于近日降水较多，土壤含水量高，土质疏松，如再遇较强降水，极易引发地质灾害，重庆、湖北、安徽、浙江、湖南、江西等地须加强防范，同时还须做好防雷科普宣传工作，以减少雷击灾害的发生。

我国北方部分地区遭受今年以来最强沙尘暴袭击

（中国气象局　第37期　2009年4月24日）

摘　要　4月23日凌晨至24日早晨，我国出现今年以来第六次沙尘天气过程，也是今年以来最强沙尘暴天气，具有影响范围广、强度大、持续时间长特点。沙尘天气覆盖我国范围约有73万平方千米，受影响人口近2000万人，其中沙尘暴影响的区域约29.2万平方千米。截至目前，今年沙尘次数比去年同期少1次，比2000年以来平均11.3次明显偏少。

本次沙尘暴天气造成西北地区等地空气污染、局地农业受损，其中甘肃省受灾较重。各级气象部门对此次沙尘天气及时、准确地发布了预报预警信息。

24日上午，新疆南疆盆地、甘肃中东部、山西大部、河北西部和河南西南部等地有浮尘或扬沙天气。预计25日这次沙尘天气过程将结束。

预计4月28—30日，西北地区等地还将有一次沙尘天气，须加强防范沙尘天气对农业、交通及人民生活等带来的不利影响。

一、我国出现第六次沙尘天气，范围广、强度大、持续时间长

4月23日凌晨至24日早晨，内蒙古中西部、甘肃中西部、宁夏、陕西北部、山西中北部、新疆南疆盆地等地出现扬沙或沙尘暴，甘肃中西部、内蒙古中西部的局部地区出现了强沙尘暴，其中甘肃敦煌出现特强沙尘暴（图37-1）。这是今年我国出现的第六次沙尘天气过程。

今天上午，新疆南疆盆地、甘肃中东部、山西大部、河北西部、河南西南部等地仍有浮尘或扬沙天气。预计，明天这次沙尘天气过程将结束。

本次沙尘天气具有影响范围广、强度大、持续时间长特点。

1.范围广

本次沙尘天气覆盖我国范围约有73万平方千米，其中被沙尘暴覆盖的面积约为29.2万平方千米，特强沙尘暴达3.1万平方千米。是今年我国出现的影响范围最大的一次沙尘天气过程。

2.强度强

本次沙尘天气，以甘肃西部和内蒙古中西部等地的区域性沙尘暴天气为主，局地出现了强沙尘暴和特强沙尘暴，甘肃敦煌能见度仅有20米，最大风力达9级（24米/秒）。

3.持续时间长

本次区域性沙尘暴天气主要出现在23日凌晨至24日早晨，历时约27小时。

二、沙尘影响评估

本次沙尘暴天气，造成西北地区等地空气污染、局地农业受损，教育和旅游业遭受不利影响，其中甘肃省受灾较重。具体情况如下：

1.近2千万人口遭受空气污染影响。本次沙尘天气主要影响我国西北地区、内蒙古及山西等地，沙尘天气造成上述地区空气质量严重下降，部分地区达重度污染。遭受本次沙尘影响的人口约1980.8万人，其中沙尘暴影响约1512.6万人，强沙尘暴达58.4万人。

2.局地农作物生长遭受较大损失。截止4月24日08时统计，甘肃敦煌、瓜州两地农作物受灾面积1.1万公顷，成灾面积0.42万公顷，绝收面积535公顷；损失牲畜230头；树木损失2.5万棵；其余灾情仍在收集中。

3.教育与旅游受到不利影响。23日，甘肃敦煌市部分小学临时停课一天；同日，莫高窟景区也因此全天关闭。

此外，4月16—19日，新疆南疆盆地、内蒙古西部、甘肃大部、青海柴达木盆地、宁夏、陕西北部及辽宁西北部等部分地区出现了扬沙或沙尘暴，局地出现强沙尘暴。新疆阿克苏地区因大风吹倒广告牌、树木等造成1人死亡、6人被砸伤；温宿县因大风刮断大树致1人死亡；柯平县棉苗和瓜菜等因大风不同程度受损，造成经济损失约8.8亿元。

2009年1—4月我国沙尘天气过程有6次，比2000年以来平均11.3次明显偏少，比2008年同期少1次；其中，沙尘暴和强沙尘暴过程有3次，比2000年以来平均次数少3.3次，比2008年同期少1次。

三、预报服务情况

从4月22日早晨开始，中央气象台多次发布了沙尘天气预警信息，预报从22日夜间至23日，西北地区东部、华北西部将有4～6级、阵风7级大风，内蒙古中西部、南疆盆地东部的部分地区有沙尘暴；23日发布沙尘暴橙色警报，再次明确提出内蒙古中西部、甘肃中西部、宁夏西北部、南疆盆地东部的部分地区有沙尘暴，局地有强沙尘暴。同时中央气象台和甘肃、内蒙古、宁夏、新疆等地气象部门通过媒体和手机短信等方式及时发布了大风、沙尘、降温等预警信息，并提醒相关部门做好防风、防沙及防火工作，提醒公众注意添衣保暖，并建议中小学校推迟上学或放学，以躲避风沙袭击。

四、关注与建议

预计4月28—30日，新疆南疆盆地、甘肃中西部、内蒙古中西部、宁夏、陕西北部、山西北部等地的局部地区还将有一次沙尘天气。

新疆、甘肃、内蒙古、宁夏、陕西、山西等地须加强防范沙尘天气对农业、交通及人民生活等带来的不利影响。

"五一"前后我国中东部将出现大范围降水，北方将有大风降温和沙尘天气

（中国气象局　第38期　2009年4月28日）

摘　要　预计4月28日至5月1日，西北、华北、东北等地自西向东将出现一次大风降温和沙尘天气过程；期间，西北大部、华北西部将有浮尘或扬沙天气，南疆盆地和内蒙古西部局地有沙尘暴。

4月30日至5月3日，我国中东部大部地区自西向东将出现一次大范围的降水天气过程，其中黄淮南部、江淮、江汉、江南北部和西部以及四川盆地东部、贵州、广西和海南等地的部分地区有大雨，局地有暴雨并伴有短时雷雨大风等强对流天气。

由于正值"五一"假期前后，各地相关部门须防范大风、降温和沙尘天气对旅游、交通等的影响，强降水地区要防范局地地质灾害发生，同时做好防雷电知识的宣传工作。

另外，目前在我国南海海域有热带对流云团活动，5月1日以后有可能发展成为今年第1号热带低压。中国气象局将密切关注其后期的发展，及时报告最新信息。

一、"五一"前后将有冷空气大风沙尘影响北方地区；中东部地区将有大范围降水天气过程

1.北方地区自西向东将有一次大风降温和沙尘天气

受一股中等强度冷空气的影响，4月28—29日，新疆北部将有5～7级偏北风，山口地区风力可达8～9级、阵风10～11级，新疆大部地区气温将下降6～8℃，局地10～12℃；新疆北部有小到中雨，伊犁河谷、天山附近地区将有大雨或大到暴雪，降水量有10～25毫米。4月29日至5月1日，受东移冷空气影响，淮河以北大部地区有4～5级风，气温将下降4～6℃、局地8～10℃；期间，南疆盆地、甘肃西部、内蒙古中西部、宁夏北部、陕西北部和山西北部等地的部分地区将先后有扬沙或浮尘天气，其中南疆盆地局地有沙尘暴或强沙尘暴，内蒙古西部局地有沙尘暴。

2.中东部地区将有一次大范围的降水天气过程

预计4月30日至5月3日，我国中东部大部地区自西向东将出现一次大范围的降水天气过程，西北地区东部、华北、东北、黄淮、江淮、江汉、江南、华南西部和北部以及西南地区东部将有小到中雨，其中黄淮南部、江淮、江汉、江南北部和西部以及四川盆地东部、贵州、广西和海南等地的部分地区有大雨，局地有暴雨，降雨量有25～55毫米，并伴有短时雷雨大风等强对流天气。

另外，4月29日，北京地区多云转阴，北部山区有零星小雨或阵雨；4月30日白天，多云转阴；4月

30 日晚上至 5 月 1 日上午，阴有小雨；5 月 1 日下午至 3 日，晴到多云天气。

二、关注与建议

此次天气过程正值“五一”假期前后，各地相关部门须防范大风、降温和沙尘天气对旅游、交通等的影响，特别是新疆各地以及西北地区东部、内蒙古、华北等地要做好防风、防沙准备；西南地区东部、黄淮南部、江南北部和西部、华南中西部等地，须防范强降水可能引发的局地山洪和山体滑坡、泥石流等地质灾害以及雷雨大风等强对流天气灾害，做好防雷电知识的宣传工作。

另外，根据最新监测，目前在我国南海海域有热带对流云团活动，5 月 1 日以后，有可能发展成为今年第 1 号热带低压，中国气象局将密切关注其后期的发展，及时报告最新信息。

未来 3 天黑龙江逊克县林火区森林火险气象等级仍偏高

（中国气象局　第 39 期　2009 年 4 月 30 日）

摘　要　4 月 27 日以来，黑龙江西北部和内蒙古东北部的部分地区相继出现不同程度森林火灾，其中黑龙江省逊克县森林火灾最为严重。昨天 16 时 22 分的气象卫星火情监测显示，逊克县火区上空有明显烟雾向偏东方向蔓延，明火面积约 62 公顷，火区影响范围东西约 30 千米，南北约 17 千米，呈显著扩大态势；今天 02 时 54 分，逊克县火区仍能监测到明火，表明火情严重。

未来 3 天，森林火灾区虽然将有弱降雨天气过程，但过程降雨量不足 4 毫米，且该地区风力偏大，气象条件总体上不利于林火抑制和扑火行动展开。

中国气象局紧急部署气象服务保障工作，在密切监视火情及天气变化的同时，已紧急协调跨区域人工增雨作业准备，调用飞机和地面增雨火箭设备支援火区，并成立专家组奔赴扑火一线开展人工增雨作业指导。一旦火区具备有利天气条件，将全力实施增雨作业。

中国气象局将密切关注火情发展和天气变化，继续加强火情监测和天气预报服务工作。

一、黑龙江省逊克县森林火灾呈显著扩大态势

气象卫星火情监测资料显示：

27 日 13 时 08 分，在黑龙江省逊克县(东经 128 度 19 分、北纬 48 度 35 分)发现火点，经证实该火点为森林火灾(图 39-1)。

28 日 10 时 35 分，逊克县火点较 27 日有所扩大，明火面积约 18 公顷。

29 日 10 时 15 分，逊克县火情较 28 日显著扩大，火区上空有明显烟雾向偏东方向蔓延，明火面积约 26 公顷。有约 125 平方千米的区域植被信息明显下降，其中约 18 平方千米区域的植被信息显著下降，表明这一区域过火较重。

29 日 12 时 47 分，逊克县火区较上午有所扩大，明火面积约 60 公顷，火区影响范围东西约 25 千米，南北约 15 千米。

29 日 16 时 22 分，逊克县火情较中午又有扩大(图 39-2)，火区上空有明显烟雾向偏东方向蔓延，明火面积约 62 公顷，火区影响范围东西约 30 千米，南北约 17 千米。

30 日凌晨 02 时 54 分，逊克县火区仍能监测到明火，表明火情严重。

近一个月来，黑龙江西北部和内蒙古东北部持续温高雨少，降雨量较常年同期偏少 3～8 成，气温偏高 1～3℃，森林火险气象等级持续偏高。4 月 27 日以来，黑龙江西北部和内蒙古东北部的部分地区相继出现不同程度森林火灾。4 月 29 日 16 时 22 分，气象卫星还监测到黑龙江省黑河市和内蒙古自治区鄂伦春旗各有一处火点(图 39-3)，明火面积分别有 1.4 公顷和 1.5 公顷。

二、未来 3 天，黑龙江省逊克县火区森林火险气象等级仍偏高

预计 4 月 30 日至 5 月 2 日，黑龙江省逊克县火区将有一次大风降温和弱降雨天气过程，过程降雨量不足 4 毫米。具体预报如下：

4 月 30 日白天，多云，西南风转西北风 4～5 级，最高气温 22℃；夜间，晴有时多云，西北风 4～5 级，最低气温 8℃。

5 月 1 日白天，多云转阴有小雨，降雨量 0～3 毫米，西南风 5～6 级，阵风 7 级，最高气温 19℃；夜间，微量小雨转多云，西南风 5～6 级，最低气温 7℃。

5 月 2 日白天，多云，偏西风 4～5 级，阵风 6 级，最高气温 16℃；夜间，多云，偏西风 4～5 级，最低气温 6℃。

5 月 3 日白天，多云，西南风 4～5 级，阵风 6 级，最高气温 20℃；夜间，晴，西南风 3～4 级，最低气温 5℃。

未来 3 天，森林火灾区虽然将有降雨过程，但强度偏弱，加上该地区风力偏大，气象条件总体上不利于林火抑制和扑火行动展开。

三、气象部门密切监视火情变化，及时做好气象服务保障

中国气象局高度重视黑龙江逊克县森林火灾情况，紧急部署气象服务保障工作。

密切监视火情及天气变化情况，及时发布预报预警信息。4 月 27 日起，国家卫星气象中心密切监视火情变化，中央气象台、黑龙江省气象局加强对林火区天气变化情况的监测和预报会商，黑龙江省气象局在当天发布了黑龙江西北部高森林火险气象等级预报；28 日黑龙江省气象局与省森林防火指挥部联合发布了森林火险橙色预警信号；29 日又将橙色预警上升为最高级别的红色预警。

加强森林扑火气象服务保障，及时提供决策服务信息。4 月 27 日至今，中国气象局及时将气象卫星火情监测、天气实况及预报等信息传送至国家林业局森林防火指挥部、农业部草原防火办、武警森林指挥部司令部等单位；同时将相关内容以《中国气象局值班快报》的形式上报党中央、国务院。黑龙江省气象局及时启动应急保障预案，向当地政府和有关部门报送决策服务信息。

充分做好人工增雨扑火各项准备工作。4 月 29 日，针对严峻的扑火形势，中国气象局已要求黑龙江、吉林两省气象部门和中央气象台、中国气象局人工影响天气中心等单位，全力以赴做好人工增雨扑火各项准备工作。目前，黑龙江省人影作业飞机已在黑河机场待命，吉林、辽宁两省人影作业飞机也将前往火区支援，准备实施跨区域增雨作业，15 部火箭车、51 枚增雨火箭正在集结待命。中国气象局已成立专家组奔赴扑火一线开展人工增雨作业指导，一旦火区具备有利天气条件，将全力实施增雨作业。

中国气象局将密切关注火情发展和天气变化，继续加强火情监测和天气预报服务工作。

未来一周东北林火区无明显降水，森林火险气象等级仍然偏高

（中国气象局　第 40 期　2009 年 5 月 3 日）

摘　要　未来一周，黑龙江逊克县和内蒙古牙克石林火区无明显降水过程，风力偏大。黑龙江北部、内蒙古东北部森林火险气象等级较高，局部地区具有高森林火险气象等级。气象条件对黑龙江、内蒙古林区的防火及林火扑救工作不利，须加强防范。

中国气象局将密切关注火情发展和天气变化，继续加强火情监测和天气预报服务工作。

一、未来一周黑龙江和内蒙古林火区天气预报

黑龙江省逊克县沾河林业局伊南河林场，目前无明火，但仍有几处烟点。内蒙古牙克石图里河林业局南沟林场林火仍在燃烧，分为三个火场。

预计未来一周，黑龙江逊克县和内蒙古牙克石林火区无明显降水过程，基本以晴到多云天气为主，多大风，相对湿度在 20%～40% 之间，气温起伏较大，其中 5 月 5—6 日，气温上升明显，7 日，将有明显降温。未来一周，内蒙古东北部和黑龙江北部森林火险气象等级较高，局部地区具有高森林火险气象等级。气象条件对黑龙江、内蒙古林区的防火及林火扑救工作不利，须加强防范。具体预报如下：

表 40-1　黑龙江逊克县林火区天气预报

时间	天气	风向风力	气温(℃)
3 日白天	晴	偏西风 5～6 级　阵风 7 级 傍晚偏西转西北风 5～6 级　阵风 7 级	19
3 日夜间	多云	西北风 3～4 级	1
4 日白天	晴	西北风 3～4 级	16
4 日夜间	晴	西北风前半夜转偏东风 3～4 级	−2
5 日白天	晴	东南转偏南风 5～6 级　阵风 7 级	24
5 日夜间	晴	西南风 4～5 级　阵风 6 级	8
6 日白天	晴转多云	西南风 5～6 级　阵风 7 级	25
6 日夜间	多云有小阵雨，1 毫米以下	西南风转偏西风 5～6 级　阵风 7 级	9
7 日白天	多云	偏西风转西北风 5～6 级　阵风 7 级	17
7 日夜间	多云转晴	西北风 5～6 级	3
8 日	晴转多云	西南转偏西风 5～6 级	20～7
9 日	晴到多云	西北风 4～5 级	18～3

表 40-2　内蒙古牙克石林火区天气预报

时间	天气	风向风力	气温(℃)
3 日白天	晴间多云	西北风 5 级　阵风 6 级	16
3 日夜间	晴	偏西风 4～5 级	1
4 日白天	晴	偏南风 4～5 级	21
4 日夜间	晴间多云	偏南风 4 级	5
5 日白天	多云间晴	西南风 5～6 级	26
5 日夜间	多云间晴	西南风 4～5 级	10
6 日	多云转晴	偏西风 4～5 级	21～3
7 日	晴间多云	西北风 4 级	18～2
8 日	晴转多云	西北风 4 级	14～0
9 日	多云间晴	偏西风 4～5 级	15～1

应高度关注极端天气对国庆六十周年北京庆典活动的影响

（中国气象局　第 41 期　2009 年 5 月 3 日）

摘　要　极端天气对重大户外活动影响非常大，甚至关乎活动的成败。国庆六十周年庆典户外活动对天气状况的要求很高。庆典活动期间，北京气候条件总体比较有利，但历史上也曾出现过降雨、阴天、低能见度以及雷暴、大风等不利天气，特别是强降雨、极低能见度等极端天气出现的可能性较大，对阅兵、观礼、游行和飞行表演等产生严重影响，应给予高度关注。气象部门将全力以赴做好气象服务保障。

一、国庆庆典活动期间北京气候背景

北京平均气候条件分析显示，国庆庆典活动期间(9 月 30 日至 10 月 2 日)北京平均气温为 16.9℃，降水量为 5.1 毫米，降水日数 1 天；10 月 1 日，平均气温为 17.1℃，降水量为 1.0 毫米。

总体上看，国庆庆典期间北京温度比较适宜，降水量不大，雨日不多，气候条件比较有利于各种活动的举行。但历史上也曾出现过降雨、阴天、低能见度以及雷暴、大风等不利天气，其中，出现可能性较大的不利天气是降雨(出现概率26%)、高湿天气(30%)、阴天(27%)和低能见度天气(18%);出现可能性相对较小的不利天气是雷暴(7%)、大风(2%)、低温(2%),高温和冰雹天气历史上都仅出现过1次。

二、国庆庆典活动期间北京极端天气事例及影响评估

1.连续降雨天气

1976年9月30日至10月2日,北京连续降雨3天,过程降雨量40.5毫米,这是历史上降雨量最大、降雨日数最多的1次;1959年、1979年和1996年也出现过连续3天降雨的情况。

1999年国庆五十周年大庆前夜,北京出现降雨,一直持续到10月1日早晨,两天雨量共计32.1毫米,给活动的前期准备工作造成影响。

2.阴天和极低能见度天气

天空全部有云覆盖的阴天对飞行表演和观礼极为不利。历史上10月1日天空全部有云覆盖的情况共有11次。

另外,能见度小于100米的极低能见度天气对阅兵、观礼影响非常大。1980年10月2日、1984年10月1日、1991年9月30日、1995年10月1日、2000年10月2日,北京均曾出现过极低能见度天气。

3.其他高影响天气

大风、雷暴、强降雨等高影响天气对庆典活动也有很大影响。1983年10月1日,曾出现过最大风速16.7米/秒(风力7级)的大风天气;1958年、1959年、1976年和1983年的10月1日当天均曾出现雷暴天气;1956年10月1日出现了最大降雨量29.8毫米的大雨天气。

此外,历史上北京还曾出现过高温和低温天气,室外人群会感觉很不舒适。2006年10月2日,北京白天最高气温高达30.3℃;2004年10月2日,夜间最低气温低至2.5℃。

三、关注与建议

国庆庆典活动期间最可能出现的不利天气是降雨、高湿、阴天和低能见度天气,其中,最可能出现的、甚至关乎庆典活动成败的极端天气是强降雨、阴天和极低能见度天气,将对阅兵、观礼、游行和飞行表演等产生严重影响,应给予高度关注。

各有关部门须充分认识和高度重视可能出现的极端天气给庆典活动带来的不利影响,特别是针对强降雨、极低能见度等极端天气,须提前拟定有针对性的应急预案,及时采取有效措施,确保庆典活动顺利举行。

气象部门将继续加强极端天气的监测,做好长、中、短期预测预报,做好人工影响天气的准备工作,及时提供服务信息,为国庆庆典活动做好气象保障服务。

热带风暴"鲸鱼"和"灿鸿"先后生成,"灿鸿"将给南海中南部海域带来不利影响

(中国气象局　第42期　2009年5月4日)

摘　要　5月3—4日,今年西北太平洋第1号热带风暴"鲸鱼"和第2号热带风暴"灿鸿"先后在菲律宾以东洋面和我国南海海域生成。预计,"鲸鱼"将向东偏北方向移动,对我国海域无影响;"灿鸿"未来向东北方向移动,强度逐渐加强,将给南海中南部海域带来不利影响,海上作业和船舶航行须注意防范。

中国气象局将密切监测"鲸鱼"和"灿鸿"移动和发展情况,及时做好预报服务和信息发布工作。

一、今年第1号热带风暴"鲸鱼"加强为强热带风暴

今年西北太平洋第1号热带风暴"鲸鱼"于5月3日在菲律宾以东洋面上生成,并于3日晚上加强为强热带风暴。今天(4日)08时强风暴中心位于菲律宾以东海面上(北纬15.4度,东经127.6度,图42-1),中心附近最大风力有10级(25米/秒)。预计,"鲸鱼"中心将以每小时15千米的速度向东偏北方

向移动，强度逐渐加强。“鲸鱼”对我国海域无影响。

二、今年第2号热带风暴“灿鸿”今天凌晨生成

今年第2号热带风暴“灿鸿”于今天凌晨在南海南部南沙群岛附近海域生成，今天08时风暴中心位于南沙群岛以西海域（北纬10.5度，东经112.1度，图42-2），中心附近最大风力有8级（18米/秒）。预计，“灿鸿”中心将以每小时5千米左右的速度向东北方向移动，强度逐渐加强。受其影响，未来3天南海南部和中部海面将有8～9级大风，阵风可达10～11级。“灿鸿”将给我国南海中南部海域带来不利影响，但对南海北部海域及其以北地区无明显影响。

7—9日北方降雨有利于缓解旱情，川渝黔须防范局地强降雨引发地质灾害

（中国气象局　第43期　2009年5月6日）

摘　要　7—9日，北方地区将有一次明显降雨过程。降雨对于缓解西北地区东南部、华北西部的干旱十分有利。建议西北地区东南部和华北西部农区要利用此次降雨过程，做好肥水管理，查苗补种，保证春播作物和冬小麦正常生长。

另外，四川盆地特别是汶川地震灾区以及重庆、贵州等地须注意防范局地强降雨可能引发的地质灾害。内蒙古东北部和黑龙江北部的森林火险气象等级依旧偏高，干旱也将持续。

一、7—9日西北、华北、西南地区将有一次明显降雨过程

7—9日，西北地区东部、内蒙古中东部大部地区、华北、东北地区大部、黄淮、西南地区东部将出现一次明显的降雨过程，雨量一般有5～15毫米（图43-1），其中西北地区东南部、华北地区中南部、黄淮、四川盆地东部、重庆中北部、贵州中东部、湖北西部、湖南西部等地的部分地区有20～40毫米，局地有50～80毫米，并伴有短时雷雨大风或冰雹等强对流天气。

二、此次降雨过程利弊分析

1.降雨对于缓解西北地区东南部和华北地区西部的旱情十分有利

4月以来，西北地区大部、华北西部及黑龙江西北部、内蒙古东北部的降水量不足20毫米。与常年同期相比，上述地区降水量偏少3～8成，局部偏少8成以上。同时，平均气温偏高2～4℃。甘肃中东部、宁夏中部和南部、陕西中北部和山西中南部等地20厘米土壤相对湿度持续下降，部分地区已降至40%以下。持续高温少雨，致使西北地区东部、华北西部及内蒙古东北部、黑龙江西北部气象干旱持续发展。此次降雨过程将对缓解西北地区东南部和华北地区西部的旱情十分有利，对当地春播作物生长和冬小麦籽粒充分灌浆十分有利。

2.四川、重庆、贵州局地强降雨可能引发地质灾害

预计四川盆地、重庆、贵州降水量一般有20～40毫米，四川盆地东部、重庆北部局部有50毫米以上，主要降雨时段为8—10日。局地强降雨导致上述地区特别是汶川地震灾区发生地质灾害的可能性增大。

3.内蒙古东北部、黑龙江北部无明显降水，森林火险气象等级依旧偏高

此次降雨过程中，内蒙古东北部、黑龙江北部无明显降水，上述地区森林火险气象等级依旧偏高，干旱也将持续。

三、关注与建议

西北地区东南部和华北西部农区要利用这次有利的降雨天气过程，适时增施穗粒肥；降雨不足地区要抓住有利条件及时开展人工增雨工作，抓紧做好肥水管理。同时，要根据出苗情况及时查苗补种或改种，保证春播作物和冬小麦正常生长。

四川盆地特别是汶川地震灾区以及重庆、贵州等地须防范局地强降雨可能引发的地质灾害。

内蒙古东北部、黑龙江北部应继续做好森林防火以及抗旱工作。

华北黄淮出现历史同期罕见区域性暴雨，须加强防御极端天气事件引发的灾害

（中国气象局　第44期　2009年5月12日）

摘　要　5月9—10日，华北南部和黄淮北部出现今年首次区域性暴雨过程，其中山东北部出现区域性大暴雨，我国北方出现如此大范围的暴雨在5月份极为罕见。此次降雨过程具有历时短、强度强、极值多、范围广等特点。陕西、山西、河北的前期旱情得到有效缓解或解除，但暴雨造成部分地区农作物倒伏、农田渍涝，部分城镇遭受内涝。

近年来，随着气候变暖，大气环流常出现与季节不相符合的异常，导致极端天气事件频发，此次发生在5月份华北南部和黄淮北部的区域性暴雨属于极端天气事件。应重视并加强防御极端天气事件引发的气象及其次生衍生灾害，建立灾害防御长效机制。进入夏季，强降雨天气过程将呈增多趋势，须及时开展强降雨及其可能引发的次生衍生灾害隐患普查和排险工作。

一、华北南部黄淮北部出现历史同期罕见的区域性暴雨

5月9—10日，华北南部和黄淮北部出现今年首次区域性暴雨过程（图44-1），其中山东北部出现区域性大暴雨。过程降雨量一般有50～100毫米，部分地区达110～200毫米，最大降雨出现在山东高青，为225.5毫米。此次降雨过程具有历时短、强度强、极值多、范围广等特点。

历时短。此次降雨主要集中在9日下午至10日早晨。其中河北邢台，山东禹城、济阳、齐河、邹平、博兴、羊角沟、高青等地12小时降雨量有100～170毫米，占过程总降雨量的60%～80%。

强度强。山东全省过程平均降雨量达49.3毫米，有27个气象观测站降雨量超过100毫米，其中有9个测站降雨量超过150毫米，以高青225.5毫米为最大。河北邢台市区、巨鹿、南宫、任县部分地区也出现超过100毫米的大暴雨天气，邢台降雨量达178毫米，超过了邢台历年的5月总降雨量。

极值多。5月9日，山东济南、淄博、滨州等地有20个站的日降雨量超过历史上5月份日降雨量最大值。5月10日，河北邢台日降雨量达175.5毫米，是历史同期日降雨量极值（1958年5月10日，52毫米）的3.4倍，同时也超过了月总降雨量的最高值（1964年5月，133毫米）。山西长治、晋城，晋中和太原市北部、阳泉市南部，吕梁、运城、忻州共有50个县市出现历史同期降雨量最大值。

范围广。累计降雨量超过50毫米的覆盖区域为14.8万平方千米；100毫米的覆盖范围为3.14万平方千米。我国北方出现如此大面积的暴雨在5月份极为罕见。

二、此次强降雨过程利弊分析

此次强降雨缓解了北方大部冬麦区的旱情，但造成部分地区农作物倒伏、农田渍涝，部分城镇遭受内涝。总体分析，此次降雨过程利大于弊。

利：陕西、山西、河北前期旱情得到有效缓解或解除。目前，北方冬小麦正处于抽穗、开花期，是小麦产量形成的关键时期，春播作物处于苗期，作物需水量大。前期西北地区东南部和华北西部又出现了中度气象干旱。此次降雨对需水关键期的冬小麦灌浆非常有利，同时也有利于农林作物的生长、水库蓄水和地下水的补充；各地森林草原火险气象等级有效降低，减轻了森林草原防火压力，并对净化空气有利。

弊：部分地区农作物倒伏、农田渍涝，局部城镇遭受内涝。强降雨和伴随的大风天气，致使山东、河北和山西部分地区冬小麦出现不同程度的倒伏，棉田积水。特别是山东前期遭受冻害的小麦植株瘦弱，倒伏比较严重，强降雨冲走部分春播作物幼苗。此次降雨过程也给部分县市的城市交通带来了不利影响。河北邢台和山东惠民等地出现城镇内涝。初步统计，此次降雨过程造成山东东营、滨州、淄博、德州等地136万人受灾，作物受灾37.5万公顷，直接经济损失约7.2亿元；河北邢台市有38万亩冬小麦倒伏，3万亩棉田被淹。

三、须高度重视并加强防御极端天气事件引发的灾害

暴雨洪涝灾害防御的重要时段往往是夏季，人们关注的焦点也在6—8月。此次华北南部和黄淮北

部的区域性极端暴雨事件发生在5月份，降雨强度之大为历史同期罕见。近年来，随着气候变暖，大气环流常出现与季节不相符合的异常，导致极端天气事件频发。由于极端天气事件具有突发性，如果没有充分的准备，容易造成灾害链的放大效应，产生较大损失。因此，须重视并加强防御极端天气事件引发的气象及其次生衍生灾害，建立灾害防御长效机制。

进入夏季，强降雨天气过程将呈增多趋势，有关部门须及时开展强降雨及其可能引发的次生衍生灾害隐患普查和排险工作，做到早发现、早预防。另外，须科学确定城乡不同地域的暴雨洪涝防御标准，合理规划城市和农村防洪排水管网，加强灾害防御基础设施建设。

13—15日我国中部地区将有较强降雨，陕川渝鄂须防范降雨引发的地质灾害

（中国气象局　第45期　2009年5月13日）

摘　要　预计5月13—15日，西北地区东部、华北南部、黄淮、江淮、汉水流域以及四川盆地、重庆等地将出现一次明显的降雨过程。降雨对于缓解西北地区东部的干旱十分有利。建议西北地区东部农区要利用此次降雨过程，做好肥水管理，以促进春播作物和冬小麦正常生长。山东北部、河北南部等地前期降雨较多，要及时排除田间积水，做好农田设施的修补和加固工作。

另外，陕西、四川、重庆以及湖北等地区须注意防范降雨可能引发的地质灾害。内蒙古东北部和黑龙江北部森林火险气象等级依然偏高，干旱也将持续。

一、西北地区东部、黄淮、江淮、汉水将有一次明显降雨过程

5月13—15日，西北地区东部、华北南部、黄淮、江淮、汉水流域以及四川盆地、重庆等地将出现一次明显的降雨过程(图45-1)，上述大部地区将有中雨，其中，甘肃东部和南部、陕西南部、四川东北部、重庆中北部、湖北中西部、河南、安徽北部、江苏北部、山东南部等地的部分地区有25～45毫米的大雨，陕西南部、四川东北部、重庆北部、湖北西部以及河南西部、安徽北部、江苏北部、山东南部等地的局部地区有50～80毫米的暴雨，并将伴有短时雷雨大风或冰雹等强对流天气。

二、西北地区东部的旱情将得到进一步缓解，陕川渝鄂降雨可能引发地质灾害

1.降雨对缓解西北地区东部的旱情十分有利

5月上旬，西北地区东北部降水量不足10毫米，加之气温高、光照强，致使土壤失墒迅速，甘肃东部、宁夏中南部、陕西北部部分农田10～20厘米土壤相对湿度降至40%以下，上述地区气象干旱持续发展。8—12日出现的降雨过程，使西北地区东部前期旱情得到缓解，但不足以解除旱情。此次降雨过程将对进一步缓解西北地区东部的旱情十分有利，农田土壤墒情将继续得到改善。

西北地区东部要利用这次有利的降雨天气过程，适时增施穗粒肥；降雨不足地区要抓住有利条件及时开展人工增雨作业，并做好肥水管理，以促进春播作物和冬小麦正常生长。

另外，山东北部、河北南部等地前期降雨较多，部分地区存在农田渍涝，受灾地区要及时排除田间积水，抓紧查苗、补苗，做好农田设施的修补、加固工作。

2.陕西、四川、重庆和湖北降雨可能引发地质灾害

预计5月14—15日，陕西东南部、四川东部、重庆北部和湖北西部的部分地区发生地质灾害的可能性较大，须注意防范降雨引发的滑坡、泥石流等地质灾害，特别是陕西东南部、重庆北部和湖北西南部尤须加强地质灾害隐患点的巡查和排险工作。

3.内蒙古东北部和黑龙江北部无明显降水，森林火险气象等级依然偏高

预计5月16日前，内蒙古东北部、黑龙江北部无明显降水，森林火险气象等级依然偏高，干旱也将持续；云南省玉龙县、四川省巴塘县有阵性降雨，森林火险气象等级较高。须继续做好森林防火以及抗旱工作。

我国主要降雨带将移至江南华南地区，南方已进入主汛期，须加强防汛工作

（中国气象局　第46期　2009年5月15日）

摘　要　预计5月15—17日，西北地区东部、黄淮、江淮和西南地区大部将出现一次较明显的降雨天气过程。5月17日起，主要降雨带将南压至江南和华南地区，总降雨量一般有80～180毫米，局部地区降雨量将超过250毫米，有出现局地洪涝的可能；强降雨时段大致在17—20日和23日前后。

建议各地要落实防洪应急预案，密切关注江河库湖的雨情和水情变化，加强病险水库和地质灾害隐患点的巡查和排险工作，加强防洪、防涝和防雷工程的建设，做好防汛减灾工作。

一、主要降雨带将移至江南和华南地区，局地有可能出现洪涝

预计5月15—17日，西北地区东部、黄淮、江淮、西南地区大部将出现一次较明显的降雨天气过程，降雨量一般有15～35毫米，其中四川盆地、黄淮及贵州等地的局部地区有40～80毫米。

目前位于汉水流域、黄淮、江淮等地的降雨区将逐渐南压，5月17日起，强降雨区将主要出现在江南和华南地区。

未来10天，江南、华南地区雨水较多，总降雨量一般有80～180毫米，局部地区降雨量将超过250毫米，有出现局地洪涝的可能；强降雨时段大致在17—20日和23日前后，在此期间，上述部分地区将出现短时雷雨大风等强对流天气。

另外，未来10天影响我国北方地区的冷空气活动较频繁，受其影响，华北、东北等地多阵性降雨，雨量分布不均，降雨量一般有3～15毫米。

二、关注与建议

随着主要降雨带移至南方地区，各地要落实防洪应急预案，密切关注江河库湖的雨情和水情变化，加强病险水库和地质灾害隐患点的巡查和排险工作，加强防洪、防涝和防雷工程的建设，注意防御强降水可能引发的局地山洪、山体滑坡、城乡积涝等次生灾害，做好防汛减灾准备工作。同时要广泛宣传暴雨洪涝等的避险方法和措施，提高民众的防御意识和安全意识。

另外，北方地区近期冷空气活动频繁，早晚天气较凉，应适时调整着装，以防感冒。

5月下旬气象条件总体利于冬小麦成熟和收获

（中国气象局　第47期　2009年5月20日）

摘　要　5月中旬，北方冬麦区降雨丰沛，光照充足，气温适宜，气象条件利于冬小麦充分灌浆、提高粒重。预计今年长江以北大部地区冬小麦成熟收获期将比常年略偏早，昨天夏收工作已由长江流域向北逐渐展开。预计未来10天，除24—26日汉水流域、江淮等地降雨明显，23—24日华北等地有干热风外，气象条件总体利于冬小麦成熟与收获。气象部门将认真做好麦收气象服务工作。

一、5月中旬北方冬麦区气象条件利于小麦充分灌浆和提高粒重

5月中旬，北方冬麦区大部出现大范围降水，麦田土壤墒情明显改善，前期旱情缓解或解除；各地光照充足，气温适宜；气象条件对冬小麦充分灌浆、提高粒重非常有利。

5月18—19日，河北大部、北京、天津、河南北部和山东北部冬麦区大部地区出现了轻至中度干热风天气[注]。由于上述地区麦田土壤墒情较好，故干热风天气对冬小麦灌浆影响较轻。

根据目前冬小麦生长发育状况和近期天气条件，预计今年长江以北大部地区冬小麦成熟收获期将比常年略偏早。5月下旬，新疆、西北地区东南部、华北、黄淮、江淮和江汉冬小麦将处于灌浆、乳熟期；西南地区、江汉和江淮南部将进入成熟收获阶段（图47-1）。

二、5月下旬气象条件总体利于冬小麦成熟与收获

干热风影响不大。5月23—24日，河北、北京、天津、山东北部等冬麦区将有干热风天气，日最高气温33℃左右；27日前后，华北地区还将出现高温天气。由于目前大部麦田土壤墒情较好，且21—22日将有降雨过程，因此干热风对上述地区冬小麦灌浆总体影响不大。

降雨过程影响不大。5月24—26日，汉水流域、江淮等地将有明显降雨，降雨将对已成熟的冬小麦适时收晒不利。但5月下旬其余时段为晴到多云天气，总体影响不大。

气象部门将继续严密监视天气变化，全力做好麦收气象服务工作。

三、建议

目前，夏收工作已由长江流域向北逐步推进，安徽中南部、江苏中南部、湖北大部、河南和陕西南部冬小麦将陆续进入成熟收获期。建议：

1.各地要抓住降水间隙及时收割、晾晒已成熟的小麦，避免降雨天气导致"烂麦场"，造成产量损失。

2.干热风出现期间，黄河以北处于灌浆乳熟的冬麦区要在中午前后对麦田进行洒水喷灌，以增加麦田空气湿度，预防或减轻干热风天气对小麦灌浆的影响。

注：小麦干热风灾害是指在小麦扬花灌浆期间出现的一种高温低湿并伴有一定风力的灾害性天气，可使小麦千粒重明显下降，导致小麦显著减产。

4月以来汶川地震灾区雨量明显偏多，灾区雨季将提前到来防御不可松懈

（中国气象局　第48期　2009年5月21日）

摘　要　4月以来，四川地震重灾区降水量达150～250毫米，偏多2～5成。预计汶川地震灾区有可能提前进入主雨季，夏季四川盆地边缘的地震重灾区降水量将有550～900毫米，降水量大，时空分布不均，发生雨涝和雷暴灾害的可能性很大，地质灾害发生的风险较大，须加强防范。

中国气象局在今年全国汛期气象服务动员电视电话会议上专门就做好地震灾区气象服务工作提出要求，四川、甘肃、陕西等省气象部门已从人员、组织、技术、装备等方面做好应对灾区各种复杂天气的准备，中央气象台和有关地区每天针对地震灾区天气进行会商。中国气象局将加强地震灾区天气的实时监测和及时预报，全力做好灾害性天气的预报预警工作。

一、4月以来四川汶川地震灾区降水普遍偏多2～5成

4月以来（4月1日至5月20日），四川中西部、甘肃东南部降水量一般有100～150毫米，四川东部、陕西南部降水量一般有150～250毫米。与常年同期相比，陕西南部、四川北部等地震灾区降水量偏多2～5成。

4月以来，甘肃东南部、陕西南部地震灾区降水日数一般有15～25天，四川地震灾区一般有25～30天。与常年同期相比，除四川东北部、陕西南部地震灾区降水日数偏多2～6天外，其余地震灾区降水日数接近常年同期。

二、汶川地震灾区有可能提前进入主雨季

就气候平均而言，汶川地震灾区大部（四川北部至甘肃南部）在6月6—20日之间进入主雨季，6月中下旬长江中下游自南向北逐渐进入梅雨期，汶川地震灾区主雨季开始时间要略早于长江中下游的梅雨期。由于今年长江中下游有可能提前进入梅雨期，因此，汶川地震灾区也有可能提前进入主雨季。

三、夏季汶川地震灾区降水量分布不均，发生地质灾害风险较大

预计今年6月，四川地震灾区月降水量有70～130毫米，接近常年同期略偏少。在地震重灾区，位于山区的茂县和汶川有70～80毫米，盆地边缘的绵竹、都江堰和北川有110～130毫米。

预计今年夏季(6—8月),西南地区的青藏高原东部、云贵高原大部、川西高原和四川南部降水量较常年同期偏多,其中川、藏、滇三省交界处偏多2～5成。汶川地震灾区降水量略偏多,其中汶川、茂县为230～280毫米,都江堰、绵竹、青川为550～700毫米,北川为800～900毫米。汛期期间,地震灾区有降水相对集中期,7月上旬和8月下旬有强降水时段出现。

诱发四川地质灾害的主要因素有暴雨、地震和人类工程活动。根据四川汛期降水趋势预测,结合四川地质环境条件(地震灾区地质灾害隐患多、人类工程活动多、防范风险大)的实际情况,今年汛期除川东和川西北外,四川其余大部地区由降雨、洪水引发的地质灾害范围和强度较常年同期偏重,其中汶川地震灾区地质灾害发生的风险极大(图48-1)。

四、对策建议

1.须防范汶川地震灾区可能提前进入主雨季所带来的不利影响。由于4月以来降水量偏多,加之今年主雨季开始期有可能提前,暴雨引发的山洪、泥石流和滑坡等地质灾害发生的风险极大,须防范对灾区人民生命财产安全的危害。

2.须预防夏季汶川地震灾区雨涝及雷暴灾害。夏季四川地震灾区出现暴雨洪涝约3～5年一遇,雷暴日数为20～30天。由于盆地边缘的地震重灾区降水量大,局地暴雨和强对流天气带来的雷暴天气出现的可能性也较大,要谨防雷击事件的发生。

3.须防御盛夏四川盆地可能出现的夏旱或伏旱。由于盛夏有降水偏少时段,加之气温偏高,四川盆地可能会出现夏旱或伏旱,要做好防暑抗旱工作。

中国气象局在今年全国汛期气象服务动员电视电话会议上,专门就做好地震灾区气象服务工作提出要求,四川、甘肃、陕西等省气象部门已从人员、组织、技术、装备等方面做好应对灾区各种复杂天气的准备,中央气象台和有关地区每天针对地震灾区天气进行会商。中国气象局将加强地震灾区天气的实时监测和及时预报,全力做好灾害性天气的预报预警工作。

黑龙江省旱情将加重,须加强抗旱防火工作

(中国气象局　第49期　2009年5月24日)

摘　要　4月份以来,黑龙江省大部地区降水量较常年同期严重偏少、气温偏高,加之大风日数多,致使旱情迅速发展,土壤失墒严重。目前,黑龙江全省农区有60个县市土壤处于干旱状态,干旱面积为528万公顷,其中龙江、甘南、齐齐哈尔等14个县市旱情严重。

预计未来两周,黑龙江省仍无有效降水,干旱将继续加重。干旱对春播作物种子发芽、出苗及幼苗生长和森林防火都将有严重不利影响,建议进一步加强抗旱防火工作。

一、4月份以来黑龙江大部持续高温少雨,旱情发展

4月1日以来,黑龙江省平均降水量为33.7毫米,与历史同期相比偏少3～4成,其中松嫩平原北部、三江平原北部及大兴安岭南部、黑河、伊春等地较历史同期偏少5～9成,仅黑龙江东南部降水量与历史同期接近或略偏多;黑龙江大部地区气温较常年同期偏高2～4℃,各地大风日数也明显多于常年同期。尤其是5月1日以来,松嫩平原及三江平原西部降水量不足10毫米,致使旱情发展迅速。

二、土壤墒情监测表明黑龙江大部分农区处于干旱状态

黑龙江大部地区降水持续偏少、气温偏高和大风日数多,加剧了该省农区土壤失墒。土壤墒情监测表明,5月21日,黑龙江省农区有60个县市土壤处于干旱状态,其中龙江、甘南、齐齐哈尔市、杜尔伯特、泰来、明水、兰西、庆安、依兰、汤原、鹤岗、桦川、同江、鸡西共14个县市旱情严重(图49-1)。截至5月24日,全省农区干旱面积为528万公顷,其中重旱面积达206万公顷。

三、未来两周黑龙江省仍无有效降水,干旱将继续加重

预计5月25—31日,黑龙江全省仍无有效降水,其中27—29日,全省将出现高温天气,各地最高气温在30～34℃;30日前后,部分地区将有不足3毫米的小阵雨天气,但降水强度较弱,不足以缓解旱情。

预计6月上旬，黑龙江省仍无明显降水天气过程。预计6月份，黑龙江全省降水量将比常年同期偏少2～3成。

受降水持续偏少的影响，黑龙江省干旱将继续加重，对春播作物种子发芽、出苗及幼苗生长和森林防火都将有严重不利影响。

黑龙江省是我国重要粮食生产基地，持续干旱将对粮食产量产生重要影响。建议进一步加强抗旱防火工作，减轻干旱对粮食生产、森林防火带来的不利影响。

孟加拉湾风暴将对印度和孟加拉国造成较严重影响，我国西藏南部将有中到大雨(雪)局部有暴雨(雪)

（中国气象局　第50期　2009年5月25日）

摘　要　孟加拉湾风暴“爱拉”于5月24日下午在孟加拉湾北部海面生成，今天14时位于印度加尔各答以南大约150千米的海面上，中心附近最大风力有12级。

预计，“爱拉”将于今天傍晚在印度东北部到孟加拉国西部一带沿海登陆，将对印度和孟加拉国造成较严重的风雨影响，并有可能出现风暴潮灾害。受“爱拉”外围云系影响，今明两天，我国西藏南部将出现中到大雨(雪)，局部地区有暴雨(雪)。降水对缓和西藏南部地区的旱情将非常有利，但须防范局地山洪、山体滑坡、泥石流及雪崩等灾害。

一、孟加拉湾风暴“爱拉”实况与预报

孟加拉湾风暴“爱拉”(AILA)于5月24日下午在孟加拉湾北部海面生成，今天14时(北京时间)，其中心位于印度加尔各答以南大约150千米的海面上(北纬21.2度，东经88.3度)(图50-1)，中心附近最大风力有12级(33米/秒)，强度已达到台风等级。

预计，“爱拉”将以每小时15千米左右的速度向偏北方向移动，将于今天傍晚在印度东北部到孟加拉国西部一带沿海登陆，对印度和孟加拉国将造成较严重的风雨影响，并有可能出现风暴潮。

受其影响，未来两天，印度东北部、孟加拉、尼泊尔、不丹等国将先后出现大到暴雨，局部地区将有大暴雨或特大暴雨；孟加拉湾北部海面、印度东北部沿海、孟加拉国沿海将出现7～10级大风，阵风可达11～13级；印度及孟加拉国恒河三角洲低洼地带还可能遭受较强风暴潮袭击。

受“爱拉”外围云系影响，今明两天，我国西藏南部将出现中到大雨(雪)，局部地区有暴雨(雪)。降水量一般有10～25毫米，部分地区可达30毫米以上。西藏北部的那曲和昌都地区也将有中等强度降雨。今天中午，西藏气象局已发布强降雨蓝色预警信号。

二、“爱拉”登陆强度将弱于2008年造成缅甸重大人员伤亡的超强台风“纳尔吉斯”，但其降水影响仍不可忽视

2008年5月2日，在孟加拉湾生成的风暴“纳尔吉斯”袭击缅甸，造成近14万人死亡或失踪。“纳尔吉斯”登陆时达到超强台风强度，是上世纪以来登陆缅甸最强的风暴，而“爱拉”登陆时的强度预计将仅达到台风强度。另外，“纳尔吉斯”直接向东移动，登陆缅甸；“爱拉”生成后向偏北方向移动，即将在印度和孟加拉国之间登陆。

尽管“爱拉”登陆时强度相对较弱，但由于近期正值西南季风加强时期，云系水汽充足，“爱拉”带来的强降水影响将不可忽视。同时，登陆时适逢天文大潮期，有可能出现较严重的风暴潮灾害。

“爱拉”带来的降水对缓和目前我国西藏南部地区的旱情将非常有利，但须做好防范局地山洪、山体滑坡、泥石流及雪崩等灾害措施。

6月份内蒙古东部和黑龙江西部气象干旱将持续，华北东部和黄淮大部等北方麦收区降水将偏多

（中国气象局　第51期　2009年5月27日）

摘　要　预计6月份，内蒙古东部和黑龙江西部气象干旱将持续发展，将对当地农业生产造成不利影响，森林草原发生雷击火灾的风险将增大，须加强农业抗旱和森林草原防火工作。气象部门将抓住有利天气条件积极组织开展人工增雨作业，缓解旱情，降低森林草原火险等级。

6月份，北方麦收区出现严重连阴雨天气的可能性较小，但华北东部、黄淮大部等北方麦收区降水将偏多，须密切关注天气变化，合理安排麦收时间，减少阴雨天气给小麦收晒带来的不利影响。5月26日起，中国气象局已开始为农业部定期提供《夏收农用天气预报》专题气象服务材料。

一、内蒙古东部和黑龙江西部气象干旱将持续发展

预计6月份，内蒙古东部和黑龙江降水量有50～100毫米，其中黑龙江大部降水量将比常年同期偏少1～2成，内蒙古东部和黑龙江西北部偏少2～5成；内蒙古东部和黑龙江西北部平均气温为13～21℃，将比常年同期偏高1～3℃。未来高温少雨的天气气候状况将导致内蒙古东部和黑龙江西部气象干旱持续发展，并将对当地农业生产造成不利影响。同时，森林草原区发生雷击火灾的风险将增大。

二、华北东部、黄淮大部等北方麦收区降水将偏多

预计6月份，华北东部和南部、黄淮、西北地区东部麦收区降水量有50～100毫米。河北东部、天津、山东、河南东部、安徽北部、江苏北部、陕西中北部、甘肃陇东地区的降水量较常年同期偏多，其中山东东部和江苏北部将偏多2成左右。北京、河北大部、河南大部、山西大部、陕西南部、甘肃东南部等麦收区降水偏少。今年6月份北方麦收区出现严重连阴雨天气的可能性较小。

三、对策建议

加强抗旱和农业生产管理。黑龙江省是东北地区重要粮食生产基地，气象干旱的持续发展将给夏种和作物生长带来严重影响，并影响粮食产量。建议要全力组织人工浇灌，力争保苗；继续做好查田补种工作，对缺苗断垄或不能出苗的玉米等作物地块，要及时、合理选择早熟品种，施行催芽坐水补种；要强化田间管理措施，做到抗旱保苗与田间管理两手抓，对墒情适宜的地块，做到松土保墒，增强禾苗抗旱能力。

加强东北地区和内蒙古森林草原防火工作。受持续干旱影响，东北地区和内蒙古森林草原可燃物含水量明显偏低，加之6月是上述地区雷电多发期，易引发火灾，须加强火情监测和防火工作。气象部门将抓住有利天气条件积极组织开展人工增雨作业，缓解旱情，降低森林草原火险等级。

北方冬麦区须密切关注天气变化，合理安排麦收时间。1956年、1971年和1989年，我国北方冬麦区均曾出现过严重连阴雨天气事件，导致冬小麦产量损失严重；20世纪90年代以来，北方冬麦区没有发生过严重的连阴雨天气事件，但仍须密切关注并防范今年6月份华北东部、黄淮地区降水偏多可能对当地小麦收晒带来的不利影响。华北东部、黄淮各地要合理安排麦收时间，抓住晴好天气抢收抢打，及时晾晒；另外，各地还要充分利用降水天气，积极抢墒播种夏玉米等作物，播后注意及时查苗、补苗，以确保苗全、苗壮。

5月26日起，中国气象局已开始为农业部定期提供《夏收农用天气预报》专题气象服务材料。我局将严密监视麦收区天气变化，继续做好夏收气象保障服务工作。

长江中下游地区将有强降雨，对鄂豫苏皖冬小麦收晒不利

（中国气象局　第52期　2009年5月31日）

摘　要　预计6月1—4日，长江中下游及其以南地区将有强降雨，其中，湖北东南部、安徽南部、浙江北部、江西北部、贵州南部、湖南西南部、广西北部等地有大暴雨。

湖北、河南、江苏、安徽等地的降雨将对该地区冬小麦收获不利。强降雨地区须加强防范山洪、泥石流等地质灾害及城市内涝等灾害。

一、长江中下游及其以南地区将有强降雨

预计6月1—4日，湖北中南部、安徽南部、江苏南部、浙江、福建北部、江西、湖南、贵州、广西、广东等地自西向东、自北向南将有一次强降雨过程，一般有中到大雨（15～40毫米），部分地区将有暴雨（50～80毫米），其中，湖北东南部、安徽南部、浙江北部、江西北部、贵州南部、湖南西南部、广西北部的局地有大暴雨（100～140毫米）（图52-1），上述局部地区并将伴有短时雷雨大风或冰雹等强对流天气。

二、关注与建议

鄂、豫、苏、皖等冬小麦收晒区须密切关注天气变化，合理安排麦收时间。此次强降雨过程将对湖北大部、河南南部、江苏南部、安徽南部等地冬小麦的收晒产生不利影响，上述地区须合理安排麦收时间，抓住晴好天气及时抢收、晾晒。

须注意防范山洪、泥石流等地质灾害及城市内涝等灾害。湖北东南部、安徽南部、浙江北部、江西北部、贵州南部、湖南西南部、广西北部等地，须加强防范强降雨可能引发的山洪、泥石流、滑坡等地质灾害及城市内涝等灾害，加强防范短时雷雨大风和冰雹等强对流天气带来的灾害。

河南安徽等地遭遇罕见强飑线天气袭击，损失严重

（中国气象局　第53期　2009年6月5日）

摘　要　6月3日12时到4日05时，山西、河南、山东、安徽北部、江苏北部先后出现了雷暴大风等强对流天气，其中河南郑州、开封、商丘等地出现了强飑线天气。本次强飑线天气具有风力强、移速快、范围广、灾害重的特点，是一次罕见的强飑线天气过程，河南商丘的永城出现1957年有气象记录以来的最大风速。这次灾害天气过程损失严重，造成河南22人死亡（商丘18人、开封2人、济源2人），仅商丘市受灾人口就达到241.92万人。

飑线影响地区气象部门及时发布了雷电、大风预警信息。其中河南省气象台及12个地市气象台共发布雷电、大风预警20次，通过手机发布预警信号589.32万人次。灾情发生后，中国气象局和河南省气象局及时派出工作组赴现场进一步调查灾害成因和影响。

一、河南安徽等地遭遇罕见强飑线灾害性天气袭击

6月3日12时开始到4日05时，山西、河南、山东、安徽北部、江苏北部先后出现了雷暴大风等强对流天气，其中3日15时46分到23时，河南郑州、开封、商丘等地先后出现了强飑线天气。飑线长约140千米，并以每小时50～60千米的速度快速向东南方向移动。随后波及安徽北部以及山东菏泽地区。

如此强烈的飑线过程具有如下特点：

风力强。这次飑线过程于3日21时左右在河南商丘境内发展到最强。商丘的宁陵、睢县、永城等地出现8～10级、阵风达11级大风。永城风速出现1957年有气象记录以来的最大值，达29米/秒（风力11级）。

移速快。强飑线系统移速达50～60千米/小时，在灾情最重的商丘市持续时间达2小时19分钟。

范围广。此次飑线过程影响山西东南部、河南中北部、山东西南部、安徽北部和江苏西北部，总受灾

面积达7万平方千米。

灾害重。截止到6月4日18时统计,灾害已造成22人死亡(商丘18人、开封2人、济源2人),仅商丘市受灾人口就达到241.92万人,小麦大面积倒伏297.84万亩,树木刮倒、折断713.3万棵,电线杆折断、倒伏9292根,房屋倒塌4142间,农业直接经济损失达9.45亿元。

此次灾害性天气过程主要是大风刮倒树木和房屋造成人员伤亡和财产损失。大风造成小麦倒伏影响收割,但对小麦产量影响不大。

飑线天气产生的原因。本次飑线天气过程是由于东北地区存在高空冷涡,高空冷涡西南部的冷空气与近地面太阳晴空辐射增温的共同作用,在河南省北部、东部激发出飑线天气。

二、气象部门预报预警及服务情况

飑线影响地区气象部门及时发布了雷电、大风预警信息。其中河南省气象台及12个地市气象台共发布雷电、大风预警20次,通过手机发布预警信号589.32万人次,其中商丘54.49万人次、开封21.57万人次、济源14.27万人次。

灾情发生后,中国气象局和河南省气象局及时派出工作组赴现场进一步调查灾害成因和影响。

名词解释

飑线:由许多雷暴单体排列成带状的狭窄云带,宽度约20～50千米,长度为几十至几百千米,维持时间为4～18小时。飑线过境处风向急转,风速剧增,气压陡升,气温骤降,常伴有雷暴、暴雨、大风、冰雹和龙卷等剧烈天气现象。

黑龙江和内蒙古出现持续降雨,旱情进一步缓和

(中国气象局　第54期　2009年6月5日)

摘　要　继5月28—31日黑龙江、内蒙古东部出现降雨后,6月1—5日,上述地区持续出现阵雨天气,黑龙江大部地区累计降雨10毫米以上,旱情进一步缓和。6月5日农业干旱综合监测结果表明:黑龙江东北部和西南部、内蒙古东部偏西和偏南地区、吉林西部等地仍存在轻度旱情,局部地区存在中度旱情,黑龙江、内蒙古的其他地区旱情缓解。

预计未来一周,黑龙江、内蒙古地区仍有降雨,但雨量分布不均,总降雨量一般有10～25毫米,局部地区有30毫米以上,降雨将对继续缓解旱区的旱情有利,但由于降水分布不均,部分地区的旱情仍将持续。

建议农区加强田间管理,适当调整重旱区的作物种植,开发水源抗旱,以及加强病虫害的监测和防治工作。同时应加强防范森林火灾。气象部门将继续加强旱情监测,抓住有利天气条件实施人工增雨作业。

一、6月1—5日黑龙江、内蒙古东部的降雨使旱情进一步缓和

继5月18—31日黑龙江、内蒙古东部出现降雨后,6月1—5日,上述地区持续出现阵雨天气。黑龙江大部以及内蒙古东部的呼伦贝尔市和兴安盟东部地区累计雨量有10～25毫米,其中,黑龙江的部分地区降雨量有26～40毫米,佳木斯的累计雨量达到了57毫米(图54-1)。

二、持续降雨进一步缓和了前期旱情,局部地区旱情得到缓解

6月5日08时农业干旱综合监测结果表明:黑龙江东北部和西南部、内蒙古东部偏西和偏南地区、吉林西部等地仍存在轻度旱情,局部地区存在中度旱情,黑龙江、内蒙古的其余地区旱情缓解。

黑龙江:根据6月3日各地最新土壤墒情观测结果(图54-2、图54-3),目前黑龙江省部分县(市)旱情有所缓解。与5月31日墒情相比,偏旱县(市)减少了15个,其中重旱县(市)减少了7个,重旱县(市)仍有17个。据估算,目前黑龙江省总干旱面积5637万亩,其中重旱面积2513万亩;分别比5月31日减少1968万亩和873万亩。旱区主要分布在松嫩平原西部、三江平原北部、伊春大部及牡丹江市。

内蒙古:目前干旱严重的农区主要出现在呼伦贝尔市大部、兴安盟北部、通辽市南部和赤峰市中东部;干旱较严重的牧区主要出现在锡林郭勒盟北部。

三、气象部门积极实施人工增雨作业，取得较好效果

黑龙江：6月1—5日，黑龙江省有13个市地及农垦部门开展了人工增雨作业，共计使用增雨火箭弹609枚，炮弹6063发，增雨效果显著。6月4日组织飞机增雨作业1架次，累计飞行2小时16分，发射碘化银焰弹200枚。6月5日晨有2架飞机在西部和东部作业。

内蒙古：6月1—5日，共实施地面火箭增雨作业11点次，发射增雨火箭弹58枚，作业后出现小雨，增加了有效降水，最大限度地降低了因干旱给农业生产带来的损失。

四、预计未来一周，黑龙江、内蒙古多阵性降雨

未来一周，黑龙江、内蒙古地区多阵性降雨天气，雨量分布不均，总降雨量一般有10～25毫米，局部地区有30毫米以上；对缓解上述旱区的旱情有利。具体预报如下：

5—6日，内蒙古东部、东北地区有分散降雨，降雨量一般有1～5毫米，其中黑龙江中部的局部地区有8～15毫米。

7—8日，内蒙古中东部、黑龙江中部有3～10毫米的降雨。

9—11日，内蒙古、黑龙江气象干旱区仍将有阵雨或雷阵雨，降雨量一般有5～15毫米，其中黑龙江南部和东部局部地区降雨量可达20毫米以上。

五、农业生产建议

前期干旱的地区需要抓住降水的有利机会，对于尚能补种粮食作物的地区要合理选择生育期相对短的早熟品种，后期热量条件不足的地区改种蔬菜等经济作物，尽量减轻干旱的影响。

农区及时除草和滑锄保墒，加强田间管理，注意做好农作物病虫害的防治工作。草原牧区应及时解除休牧，同时要积极预防蝗虫、草地螟等虫害的发生。

另外，6月份仍是森林火灾高发期，尤其东北原始林区要加强雷击火灾的预防工作。

气象部门将继续加强旱情监测，抓住有利天气条件实施人工增雨作业。

9—15日江南大部和华南将持续强降雨天气，须加强防范暴雨洪涝及滑坡等灾害

（中国气象局　第55期　2009年6月9日）

摘　要　6月7日以来，江南、华南以及西南地区东部出现大范围强降雨，部分地区暴雨或大暴雨，重庆武隆县出现中雨。预计9—15日，江南大部和华南大部将持续强降雨天气，部分地区将有暴雨或大暴雨。10—11日，重庆武隆县天气以多云到阴为主。

鉴于江南南部和华南地区降雨持续时间较长，部分地区降雨强度大，各地要注意防御流域性暴雨洪涝、城乡积涝和雷雨大风等灾害。黔桂湘闽粤等地要加强防范山体滑坡、崩塌、泥石流等地质灾害。

一、6月7日以来江南华南以及西南地区东部等地出现大范围强降雨

6月7日以来，四川东部、重庆、贵州南部、湖北大部、湖南北部、安徽南部、江苏东部、广东西部以及广西部分地区出现大到暴雨（图55-1），局部大暴雨天气，累计雨量一般有50～180毫米，以广东阳江290毫米为最大。重庆武隆县出现中雨，累计雨量有23毫米。

另外，河北东部和天津南部、山东北部、辽宁南部局部地区降了暴雨，河北南皮降了大暴雨。

二、9—15日江南大部和华南将持续强降雨天气

预计江南中北部的降雨过程将于11日结束。9—15日，江南南部、华南大部持续降雨天气，预计降雨过程将于16日结束。江南中南部、华南大部的过程雨量一般有80～150毫米，其中湖南南部、江西南部、福建中部、广西大部、广东北部和西南部等地可达200～280毫米，广西中北部和广东西南部沿海局地将达300～350毫米（图55-2）。

具体预报如下：

9—10日，贵州南部、安徽南部、湖南中南部、江西、浙江、福建、广西、广东北部和西南部沿海等地有中到大雨，部分地区有暴雨(50～80毫米)，其中，广西中北部、贵州东南部、湖南西南部、广东南部沿海的局部地区有大暴雨(100～150毫米)。

11—13日，雨区维持在江南南部、华南一带，其中，广西、广东、湖南南部、江西中南部、福建有中到大雨(15～40毫米)，广西中南部、广东、福建中南部的部分地区有暴雨(50～80毫米)，局部地区有大暴雨(100～120毫米)。

9日夜间至13日，贵州南部、广西北部和东部、湖南南部、福建西北部、广东西北部等地发生地质灾害可能性较大，其中，广西北部和东部、湖南南部的部分地区发生地质灾害可能性大。

14—15日，雨区将略有南移，广西中南部、广东、江西南部、福建中南部有中到大雨(15～40毫米)，广西南部、广东、福建中南部的部分地区有暴雨(50～80毫米)。

另外，10—11日，重庆武隆县天气以多云到阴为主，有时有小阵雨，雨量一般不足5毫米；12—14日，多云间晴；15日，有中雨，雨量10～15毫米。

三、关注与建议

鉴于江南南部、华南地区降雨持续时间较长，部分地区雨量集中，降雨强度大，且伴有雷暴、雷雨大风等强对流天气，建议做好流域性暴雨洪涝的防御工作，加强对山塘、水库等设施的安检，同时注意防御城乡积涝、局地山洪和雷雨大风等灾害。

另外，贵州、广西、湖南、福建、广东等地要注意防御强降水可能引发的滑坡、崩塌、泥石流等地质灾害。

未来10天江南南部和华南将持续降雨天气，须谨防流域性暴雨洪涝灾害

(中国气象局　第56期　2009年6月12日)

摘　要　6月7日以来，西南地区东部、汉水流域、江淮、江南、华南等地先后出现强降雨天气，部分地区降大到暴雨、局部大暴雨。此次过程降雨时间主要集中在8—9日。重庆西南部局部地区以及贵州南部、湖南北部和南部、广西中北部、广东西部等地部分地区累计雨量一般有100～200毫米，广东西南部、广西北部、湖南西南部等地局部累计雨量超过250毫米。贵州、重庆、湖北、湖南、广西、广东等地发生暴雨、雷雨大风、滑坡等灾害。

未来10天，主要降雨区将位于江南南部和华南。主要降雨时段在6月12—15日，预计江南地区中南部、华南、西南地区东部的部分地区将出现60～120毫米降雨，其中江南南部和华南等地的部分地区超过200毫米，并伴有短时雷雨大风等强对流天气。南方各省须注意防御暴雨洪涝、城乡积涝、滑坡和雷雨大风等灾害，广西、广东两省(区)须加强对江河水库的雨情、水情监测工作，确保安全度汛。

一、7日以来南方大部出现较强降雨，各地遭受不同程度灾害

6月7—12日早晨，西南地区东部、汉水流域、江淮、江南、华南等地先后出现强降雨天气(图56-1)，贵州南部、重庆西南部、湖北东部、湖南北部和西部、安徽南部、江西中北部、浙江南部、广西中北部、福建西部以及广东部分地区降了暴雨到大暴雨，局部特大暴雨。此次过程降雨时间主要集中在8—9日。重庆西南部局部地区以及贵州南部、湖南北部和南部、广西中北部、广东西部等地部分地区累计雨量一般有100～200毫米，广东西南部、广西北部、湖南西南部等地局部累计雨量超过250毫米。

期间，河南南部、河北东部、京津地区、黑龙江中西部、辽宁的部分地区也出现了50～100毫米降雨。

另外，6月6日夜间至11日早晨，重庆武隆山体垮塌区累计雨量52.9毫米，降水主要集中在8日03—12时，降了35.8毫米，其后转为阴天有阵雨的天气。

此次强降雨过程具有范围广、局地降雨强度大、灾情重等特点。

(1)范围广。重庆大部以及贵州、湖北、湖南、江西、广西、广东等地部分地区累计雨量超过50毫米，50毫米以上降雨区覆盖面积为98.4万平方千米；100毫米以上降雨区覆盖面积为16.9万平方千米；200毫米以上降雨区覆盖面积为2.8万平方千米。

(2)局地降雨强度大。广东、广西、湖南等地局部降雨强度大。广西平南县赤马乡白马村过程雨量达332.4毫米；广东阳西县沙扒盐场气象站过程最大雨量达551.3毫米，其中沙扒盐场气象站7日出现401.7毫米的特大暴雨；6月9日，湖南绥宁县红岩10小时降雨量达228.3毫米。

(3)灾情重。截至11日20时，6月7日以来的降水过程致使贵州、重庆、湖北、湖南、广西、广东、浙江等地出现不同程度的暴雨洪涝、雷雨大风、滑坡等灾害，共有807万人受灾，因灾死亡18人，失踪4人；农作物受灾面积7.4万公顷；直接经济损失31.92亿元。湖南、贵州两省受灾较重，湖南：邵阳、张家界、怀化、湘西、岳阳等地396万人受灾，因灾死亡7人，失踪3人；贵州：铜仁、毕节、黔西南、安顺、黔南、黔东南等地97万人受灾，因灾死亡8人。

二、未来10天江南南部和华南将持续降雨天气

预计未来10天，主要降雨区将位于江南南部和华南，主要降雨时段在12—15日；西南地区东部、青藏高原东部以及东北地区多降雨天气(图56-2)。

具体预报如下：

12—15日，江南中南部、华南以及西南地区东部的部分地区有60～120毫米降雨，其中江南南部、华南等地的部分地区将超过200毫米，局地并伴有短时雷雨大风等强对流天气；16—17日，降雨逐渐减弱。18—21日，中东部地区还将有一次较大范围的降雨天气过程。

另外，重庆武隆县12日白天有小雨(2～5毫米)；12日夜间至14日多云；15—17日有阵雨或雷阵雨；18—20日，将有一次较明显降雨过程。

三、未来3天珠江流域面雨量预报

未来3天，珠江流域面雨量一般有10～30毫米，局部有40～50毫米。具体预报如下：

12日08时至13日08时，珠江流域中下游地区面雨量有20～35毫米，其中西江流域下游和北江的部分流域超过35毫米。

13日08时至14日08时，珠江流域大部面雨量有10～20毫米，其中西江流域下游、珠江三角洲河口的部分流域有25～35毫米。

14日08时至15日08时，珠江流域大部面雨量有10～20毫米，其中西江流域下游、珠江三角洲河口、北江有30～35毫米。

四、关注与建议

近期江南南部、华南地区降雨持续，部分地区雨量集中，降雨强度大，且伴有雷暴、雷雨大风等强对流天气，建议上述地区要继续做好流域性暴雨洪涝的防御工作，并加强防御城乡积涝、局地山洪和雷雨大风等灾害，及时做好田间排涝管理等工作。

另外，广西、广东等地前期降雨较多，土壤水分充分饱和，广西中小河流水位较高，广西部分水库特别是中小型水库已处于高水位运行甚至蓄满排洪，未来十天华南地区降水仍然较多，须密切关注珠江流域的雨情、水情变化，做好相应防范工作，确保安全度汛。

中国气象局将密切监视天气变化情况，及时上报监测预警信息。

今年1—5月我国北方沙尘天气过程偏少

(中国气象局　第57期　2009年6月12日)

摘　要　今年1—5月，我国北方地区共出现8次沙尘天气过程，为2000年以来最少。我国北方地区平均沙尘日数为1.3天，为1954年以来历史同期最小值。沙尘过程多出现在3月和4月份，其中4月23—25日的沙尘暴过程为今年以来最强的一次沙尘天气过程，新疆、甘肃受灾严重。春季，影响我国的主要沙源区和沙尘多发区的降水偏多、北方冷空气活动较弱是沙尘天气明显偏少的主要气候原因。

一、今年以来我国北方沙尘天气特点

2009年1—5月，我国北方沙尘天气呈现出沙尘过程和沙尘日数明显偏少、沙尘影响总体偏弱的特点。

1—5月，我国北方地区共出现8次沙尘天气过程(5次沙尘暴，3次扬沙过程)，其中2月份1次，3月份3次，4月份3次，5月份1次。沙尘天气过程次数比2000—2008年平均值(15.7次)明显偏少，较2008年同期偏少4次，为2000年以来最少(图57-1)。

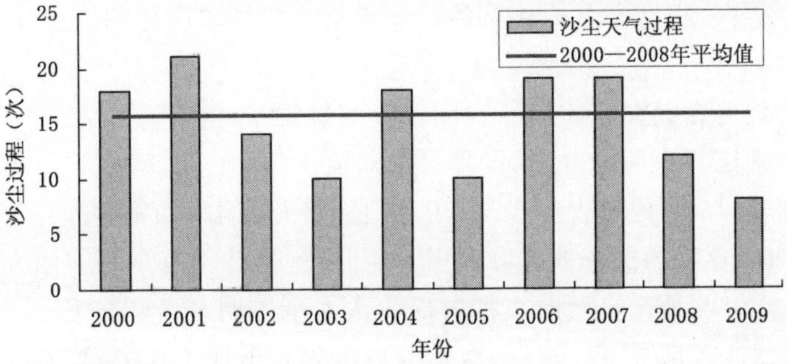

图57-2　2009年以来1—5月我国北方沙尘天气过程次数变化图

1—5月，我国北方平均沙尘日数为1.3天，比常年同期偏少5.7天，为1954年以来历史同期最小值。从空间分布来看，我国北方大部分地区沙尘日数较常年同期偏少，其中华北大部、东北地区西南部及新疆西南部、青海大部、内蒙古中部等地偏少5～12天，局部地区偏少12天以上。

今年以来，我国北方沙尘影响总体偏弱，但局地的灾害影响依然较重。4月23—25日，我国出现今年以来最强的一次沙尘天气过程，覆盖范围约有73万平方千米，受影响人口近2000万人，其中沙尘暴影响的区域约29万平方千米。此次沙尘天气造成西北地区空气污染，农业受损，其中新疆、甘肃受灾较重。

二、今年以来我国北方沙尘天气偏少的气候成因

今年以来，特别是春季期间，我国北方地区沙尘天气过程和沙尘日数均较常年同期明显偏少，特别是5月份，未出现明显的沙尘天气过程，主要有两方面原因：

2009年春季，中亚地区、蒙古国东部及我国新疆北部、内蒙古中东部、华北等区域降水较常年偏多，这些地区是我国沙尘天气的主要沙源区，也是沙尘天气多发区。偏湿的下垫面状况不利于沙尘天气的出现。

2009年春季，我国北方冷空气活动较弱，不利于沙尘形成和输送。

18—20日北方地区将有一次大范围明显降雨过程，须加强防范局地强降雨可能引发的灾害

(中国气象局　第58期　2009年6月16日)

摘　要　6月1日以来，我国北方地区降水主要集中在新疆沿天山一带、内蒙古东部、东北和华北地区，宁夏降水稀少，气象干旱严重。预计18—20日，长江以北地区自西向东将出现一次大范围明显降雨过程，西北地区东南部、四川盆地东部、华北南部、内蒙古东北部、东北南部、黄淮等地部分地区有大雨或暴雨。

此次降雨将是北方地区入夏以来范围最大、强度最强的一次降雨过程，因降雨量集中，降雨强度大，北方地区要注意防御城乡积涝、局地山洪和地质灾害；海河、黄河流域要加强河道、水库等设施的安检和巡查工作，防御局地性暴雨洪涝灾害；各麦收区一定要抓住降雨间歇，抢收抢晒冬小麦；四川汶川地震灾区须注意防御降水可能引发的滑坡、崩塌、泥石流等地质灾害。

一、6月以来北方地区降水概况

6月1—16日，我国北方地区降水主要集中在新疆沿天山一带、内蒙古东部、东北和华北地区，上述

地区以及陕西中部、黄淮中南部等地累计雨量一般有20～80毫米,其中黑龙江中南部、吉林南部、辽宁东部、河北东部、河南东部及南部等地雨量为90～140毫米,黑龙江、辽宁局地达180～200毫米。

宁夏气象干旱严重。自今年3月以来,宁夏大部地区气温普遍较常年偏高1.2～2.5℃,中部干旱带降雨普遍偏少5～8成,大部地区旱情严重蔓延。截至6月14日,宁夏有11个县区、71个乡镇、739个行政村受灾,农作物受旱面积达476.3万亩,有255.1万亩夏粮绝收,宁夏中南部地区水窖干涸达10万余眼,导致76.03万人、25.01万头大家畜和136.5万只羊缺水,灾情较重乡村的群众靠拉水度日。鉴于旱情的严重程度,6月15日,宁夏回族自治区气象局干旱气象应急响应已从2月7日以来的Ⅳ级上升为Ⅲ级。

二、18—20日北方地区自西向东将有一次明显降雨过程

1.18—20日,北方地区将有明显降雨,局地有强对流天气

预计16—17日,华北大部、内蒙古中东部、东北地区将有阵雨或雷阵雨,其中河北中部、北京、天津、辽宁南部以及黑龙江西部等地的部分地区有大雨,局部有暴雨并伴有短时雷雨大风或冰雹。

预计18—20日长江以北地区自西向东将出现一次大范围明显降雨过程。西北地区东部、华北、黄淮、东北地区以及四川盆地东部、江汉、江淮、江南等地将先后出现小到中雨,其中西北地区东南部、四川盆地东部、华北南部、内蒙古东北部、东北南部、黄淮、江淮、湖北东部等地部分地区有大雨或暴雨,局部地区大暴雨并伴有短时雷雨大风或冰雹等强对流天气。

2.汶川地震灾区将有中到大雨

预计16—17日白天,多云间阴天,局部地方早晚有阵雨。17日晚上到18日白天,小到中雨,绵阳以北地区有中到大雨,局部地方伴有短时雷雨。

3.重庆武隆和湖北秭归山体滑坡区预报

重庆武隆:预计16日夜间,阴天;气温22～31℃;17日,多云,气温21～34℃;18日,多云转阴,气温21～33℃。

湖北秭归:预计16日,多云,气温22～33℃;17日,小雨,气温24～32℃;18日,多云转小阵雨,气温24～33℃。

三、关注与建议

鉴于北方地区将出现一次较明显降雨过程,部分地区雨量集中,降雨强度大,注意防御城乡积涝、局地山洪和地质灾害;海河、黄河流域要加强河道、水库等设施的安检和巡查工作,防御局地性暴雨洪涝灾害。

此次降水过程持续天数较多,将对夏播、夏种有利,但对麦收不利,各麦收区一定要抓住降雨间歇,抢收抢晒冬小麦,避免造成发芽、霉变,降低产量和品质。

近期华北、黄淮等地雷暴、雷雨大风等强对流天气频繁,须防范大风、雷电和冰雹对人身安全的危害。

四川汶川地震灾区将有中到大雨,须注意防御强降水可能引发的滑坡、崩塌、泥石流等地质灾害。另外,重庆武隆和湖北秭归须加强对滑坡险区的监测工作,以防降雨诱发更大的灾害。

宁夏大部地区由于无解除旱情的有效降水,建议加强抗旱和水源的调配工作,确保人、畜用水。

东北地区前期干旱及近期低温阴雨使主要作物生长缓慢,须加强田间管理,争取稳产丰产

(中国气象局　第59期　2009年6月18日)

摘　要　今年4月28日至5月28日,黑龙江和内蒙古东北部降水偏少、气温偏高,旱情持续发展,致使春播推迟,缺苗断垄现象严重。5月29日以来,东北地区出现低温阴雨天气,降水增多,使旱情解除,但持续低温阴雨寡照使东北地区中北部农作物生长缓慢,苗情偏差。

预计未来30天,东北地区大部降水偏多、气温偏低,将继续对农作物生长发育不利,给今

年东北地区农业生产夺取丰收埋下隐患，须加强田间管理，争取稳产丰产。

一、前期干旱使黑龙江和内蒙古东北部春播受阻，苗情偏差

2009年4月28日至5月28日，黑龙江和内蒙古东北部降水偏少、气温偏高，土壤失墒迅速，干旱持续发展。严重的旱情导致黑龙江及内蒙古东北部玉米和大豆的播期延迟，部分地区错过适播期而改种生育期较短的作物；已播地区出现缺苗断垄现象，甚至毁种；进入苗期的作物植株矮小、细弱，部分作物凋萎、死亡。缺水严重的地区水稻移栽延迟，移栽后生长缓慢，甚至出现禾苗干枯现象。

二、近期持续低温阴雨寡照使东北地区中北部农作物生长缓慢，大豆、水稻发育偏晚

5月29日至6月16日，东北地区大部出现持续降水天气，旱情解除。但气温较常年同期偏低1～3℃（图59-1），黑龙江大部、吉林东部和内蒙古东部日平均气温低于作物生长适宜温度（17℃）的天数有9～16天（图59-2）。

持续低温阴雨寡照使农作物生长缓慢、植株矮小，发育期延后，抗病虫害能力下降。其中，水稻受到的影响较大，返青期延长，分蘖迟缓，后期成穗率将受到影响。目前，东北大部地区大豆发育期比常年偏晚2～7天，黑龙江东南部、吉林大部水稻偏晚2～6天。

由于播种早，受低温影响较小，东北地区中南部的玉米发育期比常年略早。

三、东北地区须加强田间管理，争取农业稳产丰收

预计未来10天，东北地区冷空气活动频繁，将多阴雨天气，平均气温将比常年同期偏低1～2℃。未来30天，东北地区降水量仍将比常年同期偏多2成左右，平均气温比常年同期偏低。低温、多雨天气将不利于东北地区农作物的健壮生长，作物发育期仍可能偏晚，给今年东北地区农业生产夺取丰收埋下隐患，须加强田间管理，争取稳产丰产。

各地要及时查苗补种或改种生育期较短的早熟作物品种，确保种植面积，防止因面积减少造成减产。对于大豆、玉米等旱地作物，要及时中耕松土，提高土温，及时追肥，加快作物生育进程，促进苗情转化。对于水稻，应采取浅水灌溉措施，提高水温，及时施分蘖肥或喷施叶面肥，促进禾苗生长。

今年第3号热带风暴“莲花”已于今天下午生成

（中国气象局　第60期　2009年6月18日）

摘　要　今年第3号热带风暴“莲花”已于6月18日14时在南海北部海面生成，将逐渐向我国台湾省南部海面靠近。受其影响，未来3天，南海中北部、巴士海峡、巴林塘海峡将先后有6～8级大风，部分海域阵风可达9～10级。19—20日，台湾省南部和东部的部分地区将有大到暴雨。气象部门将密切监测“莲花”未来动向，及时发布预警服务信息，做好防台减灾气象服务工作。

一、今年第3号热带风暴“莲花”已于今天下午生成，逐渐向我国台湾省南部海面靠近，强度增强

南海热带低压已于今天14时在南海北部海面发展成为今年第3号热带风暴“莲花”（Linfa），15时，其中心位于东沙岛以南大约290千米的海面上（北纬18.0度，东经116.6度），中心附近最大风力有8级（18米/秒）（图60-1）。

预计未来12小时内，“莲花”将在原地迴旋少动，以后将转向东北方向移动，逐渐向我国台湾省南部海面靠近，强度还将有所加强，其峰值强度估计可达20～23米/秒（中心最大风力可达8～9级）；20日晚上以后，“莲花”的强度将趋于减弱（图60-2）。

二、受“莲花”影响，南海中北部等海域将有大风，台湾省南部和东部的部分地区将有大到暴雨

受“莲花”影响，预计18—20日，南海中北部、巴士海峡、巴林塘海峡将先后有6～8级大风，部分海域阵风可达9～10级；南海南部、台湾以东洋面将有5～7级大风；19—20日，台湾省南部和东部的部分地区将有大到暴雨。

提请在南海、巴士海峡、巴林塘海峡等海域的渔船、作业船只、运输船只和人员，应注意接收最新气象预报警报，及时采取躲避绕行等措施。气象部门将密切监测“莲花”未来动向，及时发布预警服务信息，做好防台减灾气象服务工作。

“莲花”可能于明天中午到夜间在闽粤沿海登陆，重庆武隆、湖北秭归及贵州晴隆将有较强降雨

（中国气象局 第61期 2009年6月20日）

摘 要 今天10时，热带风暴“莲花”的中心位于东沙岛东偏南方大约60千米的南海北部海面上。预计“莲花”将逐渐向福建南部到广东东部沿海靠近，并有可能于明天中午到夜间在这一带沿海登陆。受其影响，21—22日，广东东部和福建南部将有大到暴雨，局地大暴雨。今天09时，中国气象局已启动台风Ⅲ级应急响应，中央气象台发布了台风橙色警报。

未来3天，重庆武隆、湖北秭归及贵州晴隆将有中到大雨，须进一步加强地质灾害的监测防范，做好雷雨大风、冰雹等强对流灾害性天气的防范工作。

一、今天上午，“莲花”位于东沙岛东偏南方约60千米的海面上，将逐渐向闽粤沿海靠近

今年第3号热带风暴“莲花”(LINFA)的中心，今天10时位于东沙岛东偏南方大约60千米的南海北部海面上（北纬20.5度，东经117.5度），中心附近最大风力有9级（23米/秒）。

预计，“莲花”将以每小时10千米左右的速度向偏北方向移动，逐渐向福建南部到广东东部沿海靠近，并有可能于明天中午到夜间在这一带沿海登陆，强度缓慢减弱。受其影响，今天中午到明天中午，南海中北部、巴士海峡、巴林塘海峡、台湾海峡、广东东部沿海、福建中南部沿海、台湾南部沿海将有6～8级大风，风暴中心经过的附近海面有9级大风、阵风可达10～11级（图61-1）。

受“莲花”影响，21—22日，广东东部、福建南部将有大到暴雨（降雨量30～70毫米，下同），局地有大暴雨（100～180毫米）。

二、未来3天，重庆武隆、湖北秭归及贵州晴隆将有较强降雨

重庆武隆：20日白天有中雨（10～25毫米），夜间小雨（5～10毫米）；21日中到大雨（15～35毫米）；22日，小雨。

湖北秭归：20日白天有小到中雨（5～15毫米），夜间小雨（3～8毫米）；21日中到大雨（15～30毫米）；22日，多云。

贵州晴隆：20日白天有中雨（10～25毫米），夜间中雨（10～20毫米）；21日中到大雨（15～40毫米）；22日，中雨（10～25毫米）。

三、关注与建议

针对“莲花”的最新变化情况，今天09时，中国气象局已启动台风Ⅲ级应急响应，中央气象台发布了台风橙色警报。

福建、广东等地要按照防台应急预案，提前部署做好各项防御工作。沿海养殖的网箱、鱼排应注意加固，近海作业船只须尽快回港避风，山区要加强防范强降雨可能引发的山洪、滑坡、泥石流等地质灾害，远洋船舶应注意避开台风影响区域绕道行驶。

重庆武隆、湖北秭归及贵州晴隆等地，须进一步加强地质灾害的监测防范，做好雷雨大风、冰雹等强对流灾害性天气的防范工作。

6月下旬后期西藏东部降雨将增多对缓解旱情十分有利，西北地区东部及山西北部仍无有效降雨，旱情持续

（中国气象局 第62期 2009年6月21日）

摘 要 入春以来，西藏东部及西北地区东部和山西中北部降水偏少，气温偏高，干旱持续发展，农作物及牧草生长受到较大影响。近期降雨未能有效缓解上述地区旱情。预计6月

下旬前期西藏东部地区无明显降雨，旱情将持续，下旬后期，西藏东部降雨量呈增多趋势，对缓解当地旱情十分有利。6月下旬，西北地区东部和山西旱区仍无有效降雨，各地须继续立足抗旱，并做好病虫害的监测与防治工作。

气象部门将密切关注天气变化，积极实施人工增雨作业，为打赢抗旱战役做好保障工作。

一、入春以来西藏东部及西北地区东部等地土壤墒情差，旱情持续

入春以来，西藏东部及西北地区东部、山西中北部等地降水量较常年偏少3～8成，气温偏高1～2℃，持续高温少雨使部分地区干旱不断发展。6月18日测墒结果表明，西藏农区大部、宁夏中南部、甘肃陇东、陕北西北部干土层达10～25厘米，20厘米土壤相对湿度在40%以下；甘肃陇南部分地区、陇中大部、山西部分地区干土层为3～10厘米，土壤相对湿度在60%以下，土壤处于缺墒状态，旱情严重。

6月18日以来，西藏东部、宁夏中南部、甘肃东部、陕西北部、山西北部等地大部旱区出现5毫米以上降雨，其中宁夏中部偏西地区、甘肃陇中西部、山西北部局部地区降雨量有10～20毫米，旱情有所缓和；而西藏拉萨和日喀则地区无降雨，旱情持续。

6月21日08时农业干旱综合监测结果表明，西北地区东部的旱区范围较18日有所减小，干旱程度有所减轻，但甘肃陇中和陇东北部、宁夏中南部、山西部分地区、陕北西北部以及西藏拉萨、日喀则和山南地区依然存在旱情，部分地区达到中旱(图62-1)。

二、持续干旱给藏甘宁晋部分地区农业生产造成较大影响

持续干旱已使藏甘宁晋部分地区农作物及牧草正常生长受到较大影响。其中，受旱较重的地区作物叶片萎蔫、夏播无法适时进行；牧草矮小、长势偏差；夏粮出现减产，秋粮生产形势也不容乐观。

西藏：5月份以来旱情不断发展，截至6月17日，拉萨、山南、日喀则、昌都等地受旱面积共计49.7万亩，占播种面积的15.3%，绝收面积1.2万亩。上述地区森林、草地旱情也比较严重，产草量比去年下降3.3～50千克/亩，干旱造成牲畜死亡1.36万头(只)，部分村庄人畜饮水困难。

另外，6月12—13日，拉孜县持续晴热无雨天气致使锡钦乡、曲下镇、拉孜镇的退耕还林区及部分农田发生大面积蝗灾，灾情较重；山南河谷农区病虫害也有所发生，给冬小麦和油菜造成了一定的危害。

甘肃：陇中、陇东北部作物干旱致使夏粮减产。截至6月19日，永登县受旱67.5万亩，粮油减产1901.2万千克；东乡县受旱24万亩，减产3成。

宁夏：截至6月14日，中部干旱带和南部山区农作物受旱面积达476.3万亩，其中255.1万亩夏粮绝收。

山西：干旱使北部部分地区春玉米无法及时下种，播期延迟，已播作物苗情较差。截至6月8日，岢岚县20万亩耕地因干旱无法播种；阳高县受旱53万亩，已播作物受旱46.5万亩，农业经济损失9300万元；繁峙县66%的耕地因旱无法播种。

三、6月下旬后期西藏东部降雨增多

1.西藏东部6月下旬后期降雨将增多

6月25日之前，西藏东部仍无明显降雨，旱情持续或发展。25日之后，降雨将呈增多趋势。25—30日，西藏东部气象干旱区偏北和偏西地区降雨量一般有10～25毫米，东南部地区降雨量一般有30～70毫米，对缓解当地旱情十分有利。

2.西北地区东部无有效降雨过程

6月下旬，西北地区东部无区域性有效降雨过程。甘肃东部偏南地区、陕西南部总降雨量一般有20～35毫米，接近常年同期，陕西北部、甘肃东部偏北地区、宁夏降雨量为3～15毫米(常年同期8～20毫米)，雨量分布不均，主要降雨过程将出现在26—27日和29—30日；另外，下旬，山西北部也无明显降雨过程。气象条件不利于上述地区旱情解除。

四、关注与建议

6月下旬前期，西藏东部地区无降雨，旱情持续，建议有条件的地区及时采取应急抗旱措施，增大抗旱供水和灌溉能力，扩大灌溉面积；同时注意做好森林防火工作。下旬后期西藏东部降雨增多，建议抓住有利时机做好水库蓄水工作。

6月下旬，甘肃东部、宁夏、山西北部等地仍无有效降雨，旱情将持续或进一步发展。建议上述地区加大抗旱力度，根据春播作物生长和夏播情况，做好查苗、补种和改种工作，确保粮食和经济作物种植面积。有条件的地区要积极开发水源，开展节水灌溉，促进作物苗情转化，采取有力措施，以减轻干旱对农牧业的不利影响。气象部门将密切关注天气变化，积极实施人工增雨作业，为打赢抗旱战役做好保障工作。

另外，干旱易引发多种病虫害，上述旱区要做好病虫害的监测与防治工作，防御病虫害的发展蔓延。

今年春季太湖蓝藻明显减轻，多举措有效治理是重要原因

（中国气象局　第63期　2009年6月23日）

摘　要　近3年来的春季(3—5月)，气象条件对太湖地区蓝藻生长的影响基本相同。卫星监测结果表明，与2007年、2008年同期相比，2009年春季，太湖蓝藻水华出现时间偏晚、频次减少，影响范围明显减小、程度明显减轻。

在气象条件对太湖地区蓝藻生长影响基本相同的背景下，当地政府及相关部门所采取的清淤、打捞、调水、人工增雨和限制污染源排放等多种有效治理措施，是2009年春季太湖蓝藻明显减轻、生态环境有效改善的重要原因。

今年6月以来，太湖地区气温偏高、降水偏少，蓝藻范围有所扩大。预计6月26日以后，太湖地区将转入多雨时段，对蓝藻生长将起到明显的抑制作用。建议抓住有利时机，继续采取多种有效措施，进一步做好蓝藻治理工作。

一、近3年春季气象条件对太湖地区蓝藻生长的影响基本相同

2009年春季，太湖地区平均气温为16.2℃，较常年同期偏高1.9℃，但较2007年、2008年春季气温分别偏低0.6℃、0.2℃；太湖地区降水量为191毫米，较常年同期的282毫米偏少91毫米，较2007年、2008年春季分别偏少36毫米、30毫米；日照时数为575小时，比常年同期469小时偏多2成，与2007年、2008年同期持平。

总体而言，2007年、2008年及2009年的春季，气温、降雨、日照等3个气象条件对太湖地区蓝藻生长的影响基本相同。

二、近3年春季太湖蓝藻水华气象卫星监测对比

太湖蓝藻古已有之，近年来，随着太湖富营养化程度的增加，太湖蓝藻水华出现时间提早、范围扩大。气象卫星监测结果表明，2007年、2008年太湖蓝藻范围大、影响重，2007年5月29日，太湖蓝藻的暴发曾一度引发了水危机事件，经采取应急措施，蓝藻水华面积逐渐缩小，直至2008年1月初，太湖蓝藻才彻底消失。

综合监测分析表明：与2007年、2008年同期相比，2009年春季，太湖蓝藻水华出现时间偏晚、频次减少，影响范围明显减小、程度明显减轻(图63-1、图63-2和图63-3)。

出现时间偏晚、频次减少。2009年，最早监测到太湖地区出现蓝藻水华的时间为4月21日，较2008年和2007年的出现时间(分别为4月18日、3月9日)偏晚；2009年春季，气象卫星共监测到太湖蓝藻水华13次，少于2007年同期的23次、2008年同期的21次。

影响范围明显减小、程度明显减轻。2009年春季，太湖蓝藻水华累计总面积为607平方千米，约为2008年同期的10%、2007年同期的11%，范围明显减小，特别是梅梁湾、贡湖、竺山湖、太湖中西部和西南部等水域的蓝藻水华范围显著减小；太湖地区中重度蓝藻水华累计总面积为158平方千米，约为2008年同期的6%、2007年同期的8%，程度明显减轻。

三、当地政府及相关部门的多举措有效治理，是今年春季太湖蓝藻明显减轻的重要原因

太湖蓝藻的轻重，关键取决于气象条件和治理举措。在气象条件影响基本相同的背景下，2009年春季太湖蓝藻明显减轻、生态环境有效改善，当地政府及相关部门所采取的清淤、打捞、调水、人工增雨和限制污染源排放等多种有效治理措施，应当是重要原因。

今年6月以来，太湖地区气温偏高、降水偏少，蓝藻范围有所扩大。预计6月26日以后，太湖地区将转入多雨时段，对蓝藻生长将起到明显的抑制作用。建议抓住有利时机，继续采取多种有效措施，进一步做好蓝藻治理工作。

"浪卡"将登陆广东中部到福建南部沿海，须提前做好各项防台准备工作

（中国气象局　第64期　2009年6月25日）

摘　要　今年第4号热带风暴"浪卡"今晨已进入南海东部海域，可能于27日白天在广东中部到福建南部一带沿海登陆，登陆时强度可达强热带风暴，福建、广东要提前做好各项防台准备工作。

气象部门将密切监测"浪卡"未来动向，及时发布预警服务信息，做好防灾减灾气象服务工作。

一、"浪卡"今晨已进入南海东部海域，可能于27日白天在广东中部到福建南部一带沿海登陆

今年第4号热带风暴"浪卡"(Nangka)已于今天凌晨进入我国南海东部海域，今天10时风暴中心位于东沙岛南偏东大约650千米的南海东部海面上(北纬15.1度，东经118.8度)，中心气压995百帕，中心附近最大风力有8级(20米/秒)。

预计，风暴中心将以每小时15～20千米的速度向西北方向移动，之后逐渐转向偏北方向移动，逐渐向我国广东中部到福建南部一带沿海靠近(图64-1)，强度逐渐加强，可能于27日白天在广东中部到福建南部一带沿海登陆，登陆时强度可达强热带风暴，中心附近最大风力可达10级(25～28米/秒)。

受其影响，25—27日，南海大部海面、巴士海峡、巴林塘海峡、台湾海峡、广东沿海、福建南部沿海将先后有6～8级大风，"浪卡"中心经过的附近海面或地区的风力可达9～10级。26—28日，广东中东部、福建东部和南部有大到暴雨，其中广东东部、福建东南部的部分地区有大暴雨，局部有特大暴雨。

二、关注与建议

福建、广东等地要提前做好各项防台工作。注意接收最新气象预报警报，加强防范强降雨可能引发的山洪、滑坡、泥石流等地质灾害，海上航行和作业船舶应注意避开台风影响区域绕道行驶。

气象部门将密切监测"浪卡"未来动向，及时发布预警服务信息，做好防灾减灾气象服务工作。

近日北方地区出现入夏以来最大范围高温天气，28日之后长江以北地区高温天气将趋于结束

（中国气象局　第65期　2009年6月26日）

摘　要　入夏以来，我国中东部大部以及内蒙古西部和新疆等地普遍出现35℃以上高温天气，23—25日北方地区高温天气范围为入夏以来最大，涉及17个省(区、市)，35℃以上高温覆盖面积约350万平方千米，北京(39.6℃)、河北石家庄(42.1℃)、河南郑州(41.9℃)和安阳(43.2℃)等地日最高气温之高为当地建站以来历史同期(6月1—25日)前三位。

预计明天华北北部及西北地区东部的高温天气将缓和，28日之后长江以北地区大范围高温天气将趋于结束。北方地区仍要继续采取防暑降温措施，防范因高温天气带来的不利影响。

一、北方地区出现入夏以来最大范围高温天气，局地最高气温超过40℃

入夏以来(6月1—25日)，我国中东部地区以及内蒙古西部和新疆等地普遍出现35℃以上高温天

气(图 65-1),部分地区有 38～40℃。河北南部、河南中北部、湖北南部、湖南东北部、江西北部、新疆南部等地高温日数普遍有 5～10 天,新疆局部地区在 10 天以上。

6 月 23—25 日北方地区出现入夏以来最大范围高温天气,此次过程具有范围广、强度强的特点。范围广:高温范围涉及 17 个省(市、区),35℃以上高温覆盖面积约 350 万平方千米。强度强:河北南部、河南北部以及新疆东部等地局部最高气温达 40～43℃,40℃以上高温覆盖面积约 21.5 万平方千米。北京、河北石家庄、河南郑州和安阳等地日最高气温之高为当地建站以来历史同期(6 月 1—25 日)前三位,其中北京日最高气温为 39.6℃,是 1951 年历史同期第 3 高;河北石家庄达 42.1℃,为 1955 年以来历史同期第 2 高;河南郑州为 41.9℃,居 1952 年以来历史同期第 3 高;河南安阳为 43.2℃,居 1951 年以来历史同期最高(属于 50 年一遇)。另外,山东济南 6 月 25 日也出现 40.2℃的高温天气。

异常高温天气对北方地区居民的健康和城市用电、用水等造成一定影响。此次高温天气造成河南郑州 4 人猝死,4 人中暑,市区发生多起汽车火灾;同时,用水量骤增,23 日的供水量为 82.35 万立方米,比 5 年来日用水最高纪录还高出 6 万多立方米。6 月 24 日,北京最大用电负荷达到 1184 万千瓦,比去年同期增长 19.8%,河北石家庄 24 日 11 时 30 分用电负荷达到 454.5 万千瓦,同比增长 7.29%,均创今夏以来用电负荷新高。

二、明天华北北部及西北地区东部高温将缓和,28 日之后长江以北地区大范围高温天气趋于结束

今日白天,华北大部、黄淮、江淮、江汉、江南北部及陕西大部、宁夏大部、甘肃北部、内蒙古中西部和新疆南疆盆地仍将有 35℃以上的高温,其中,河北中南部、京津地区、山西大部、山东大部、陕西东部、河南大部以及新疆南疆盆地东部等地最高气温可达 37～39℃,河北南部、河南北部、山东西部及新疆南疆盆地等地局部最高气温可达 40℃。

27 日,受弱冷空气影响,西北地区东部、华北北部部分地区高温天气将有所缓和,但华北中南部至长江以北地区仍维持 35℃以上的高温天气。

28 日,受较强冷空气东移南下影响,长江以北地区将出现一次大范围降雨过程,届时,长江以北地区大范围高温天气趋于结束。

三、关注与建议

今明两天,北方大部地区的高温天气仍将持续,有关单位和人员要继续做好防暑降温工作,尽量避免高温时段的户外活动,并加强防范高温对食品、人体健康、电力设施等方面的不利影响。

另外,华北、黄淮麦收工作已基本结束,高温晴热天气对小麦晾晒非常有利,但高温加剧地表蒸发,不利于夏播作物出苗;甘肃东部、宁夏中南部和山西旱情将进一步发展,上述地区仍要立足抗旱,注意雨后天气补种生育期短的作物,减轻干旱的影响,还要注意利用即将到来的降水过程蓄水保墒。

气象部门将密切监测高温天气变化情况,及时发布预警服务信息,做好防灾减灾气象服务工作。

淮河流域长江中下游将有持续暴雨,
须防范可能产生的洪涝灾害和汛情

(中国气象局　第 66 期　2009 年 6 月 27 日)

摘　要　预计,6 月 28 日至 7 月 2 日,淮河流域、长江中下游地区将有暴雨,其中,安徽南部、湖北东部和南部、江西北部、湖南北部、贵州东部和南部的部分地区雨量可达 200～300 毫米。另外,6 月 28—30 日,东北地区也将出现较强降雨天气。

淮河和长江中下游地区进入防汛关键期,请注意防范因持续强降雨引发的局地洪涝、汛情和城市内涝。四川、贵州、重庆、湖北以及黑龙江、吉林等地须注意防范局地洪涝以及山洪、泥石流等地质灾害。

一、淮河流域以及长江中下游地区将有暴雨天气过程

淮河流域、长江中下游地区将有暴雨。预计,6 月 28 日至 7 月 2 日,淮河流域、长江中下游地区到西

南地区东部一带将出现强降雨，雨带自北向南移动。6 月 28—30 日，雨带主要位于江淮、湖北到四川东部一带；7 月 1—2 日，雨带将南压到江南到贵州一带。上述大部地区将有大到暴雨(30～80 毫米)，局部地区有大暴雨(100～150 毫米)，部分地区并将伴有短时雷雨大风或冰雹等强对流天气。江苏、安徽、湖北、浙江北部、江西中北部、湖南中北部、贵州、广西北部、四川、重庆、陕西南部、河南南部过程雨量有 50～90毫米，部分地区有 100～180 毫米，其中，安徽南部、湖北东部和南部、江西北部、湖南北部、贵州东部和南部的部分地区雨量可达 200～300 毫米(图 66-1)。

东北地区也将出现较强降雨天气。预计，6 月 28—30 日，内蒙古东部、东北地区多阵雨或雷阵雨，东北中北部降水明显，部分有中到大雨(15～30 毫米)，局地暴雨(50～70 毫米)。内蒙古东部、黑龙江、吉林、辽宁北部过程雨量有 25～40 毫米，其中，内蒙古东北部、黑龙江中南部、吉林北部部分地区有 50～80毫米，局部地区有 100～120 毫米。

二、关注与建议

6 月底至 7 月上中旬，淮河以及长江中下游地区多出现间歇性暴雨天气过程，各地应注意防范局地洪涝以及一些流域和水库可能出现的汛情，同时注意做好城市内涝工作的应急准备。四川、贵州、重庆、湖北以及黑龙江、吉林等地须注意防范局地洪涝、山洪、泥石流等地质灾害。

黑龙江吉林出现历史少见低温阴雨，农作物生长受到不利影响

(中国气象局　第 67 期　2009 年 6 月 29 日)

摘　要　5 月 29 日至 6 月 28 日，黑龙江、吉林出现历史少见低温阴雨寡照天气。其中，黑龙江省出现 1951 年以来同期最多降水，中部地区降水量达 200～300 毫米，中西部地区降水较常年同期偏多 1～2 倍；平均气温为 16.3℃，是 1951 年以来仅次于 1983 年(14.9℃)和 1974 年(16.1℃)的历史第三低。黑龙江大部、吉林东部日平均气温低于作物生长适宜温度的天数有 13～27 天，有效热量明显不足，同时土壤过湿导致农作物根系无法正常生长，对水稻、玉米、大豆等作物生长不利。

预计，未来 10 天，东北大部地区降水量接近常年同期，其中黑龙江和吉林东部有 50～70 毫米，局部有 80 毫米以上，比常年同期偏多 3～5 成，主要降雨和降温天气过程将出现在 6 月 29 日至 7 月 1 日、7 月 5—7 日。

建议黑龙江、吉林等地抓紧降雨间歇的有利时机对农作物采取排涝、增温、补种等措施，减轻灾害损失。同时继续防范因强降雨引发的局地洪涝、汛情和城市内涝灾害。

一、6 月份，黑龙江、吉林出现历史少见低温阴雨寡照天气

降水日数多。5 月 29 日至 6 月 28 日，东北大部地区降水天气频繁，黑龙江平均降水日数有 21.9 天，比常年异常偏多，为 1951 年以来历史同期最多值(图 67-1)；吉林平均降水日数为 18.9 天，比常年同期偏多 4.3 天，为 1972 年以来历史同期最多。

降水量大。5 月 29 日至 6 月 28 日，东北大部地区降水量一般有 100～200 毫米，黑龙江中部地区降水量达 200～300 毫米。与常年同期相比，辽宁、吉林接近常年，黑龙江大部地区偏多 3 成至 1 倍，其中黑龙江中西部偏多 1～2 倍。黑龙江 5 月 29 日至 6 月 28 日平均降水量为 164 毫米(图 67-2)，比常年同期偏多 78.7 毫米(偏多 9 成)，为 1951 年以来同期最多。

气温明显偏低。5 月 29 日至 6 月 28 日，与常年同期相比，东北大部地区平均气温偏低，其中黑龙江中东部、吉林大部偏低 1～2℃，黑龙江西部偏低 2～4℃。黑龙江平均气温为 16.3℃，是 1951 年以来仅次于 1983 年(14.9℃)和 1974 年(16.1℃)的历史第三低(图 67-3)；吉林平均气温为 17.5℃，是 1975 年以来仅次于 1992 年(17.4℃)历史第二低。

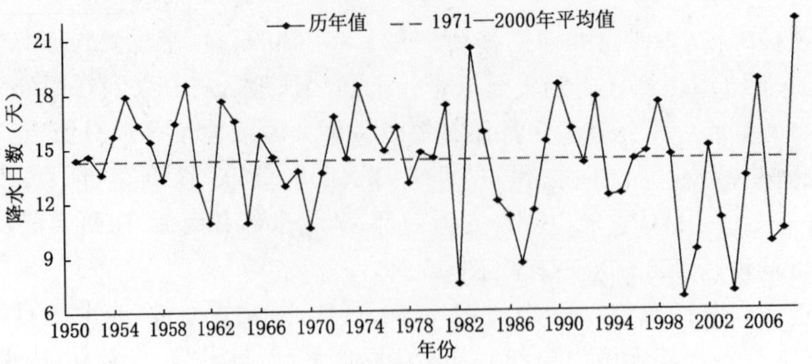

图 67-1　5 月 29 日至 6 月 28 日黑龙江省平均降水日数历年变化

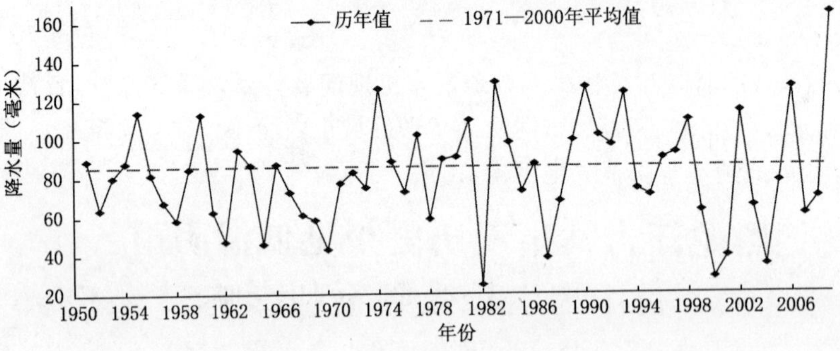

图 67-2　5 月 29 日至 6 月 28 日黑龙江省平均降水量历年变化

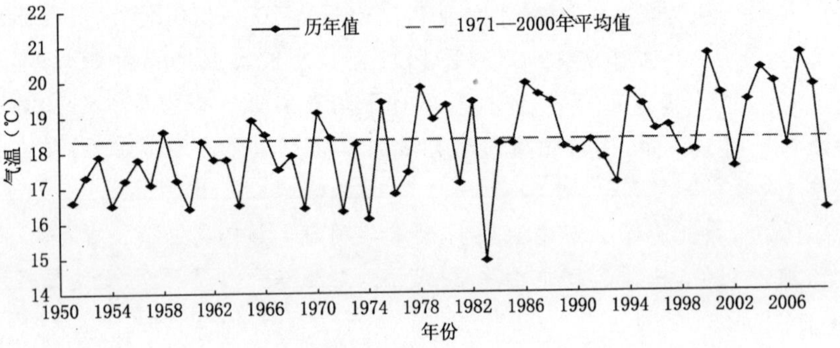

图 67-3　5 月 29 日至 6 月 28 日黑龙江省平均气温历年变化

二、低温阴雨寡照导致黑龙江和吉林农作物生长受到不利影响

农作物生长所需日照和积温明显偏少。5 月 29 日以来，黑龙江大部、吉林东部、内蒙古东部日平均气温低于作物生长适宜温度的天数有 13～27 天。吉林和黑龙江大部、内蒙古东部偏东的地区≥17℃积温比常年同期偏少 100～200℃・d，部分地区偏少 200℃・d 以上，有效热量明显不足。

低温导致黑龙江和吉林水稻受到的影响最大，使其返青期延长，分蘖迟缓，吉林省水稻分蘖数比常年偏少 35%～50%；黑龙江受低温影响严重的地块已停止分蘖，低温对分蘖和生长的影响已无法弥补，预计水稻将因成穗数不足而明显减产。低温寡照使玉米和大豆等大田作物光合作用减弱，植株矮小、生长缓慢，黑龙江北部大豆产区部分地块甚至出现停长现象。

土壤过湿影响根系生长。持续降水天气使部分地区农田土壤过湿，低洼地块出现作物被淹现象，影响根系呼吸和正常生长。6 月 29 日 08 时东北地区农田旱涝监测结果表明，黑龙江松嫩平原大部、黑河南部、三江平原东部和吉林东部、内蒙古东北部偏东地区农田 0～10 厘米土壤相对湿度在 90%以上，处于过湿状态。

三、未来 10 天趋势预报

未来 10 天，东北地区为过程性降雨和降温天气，平均气温接近常年同期，但气温起伏较大；大部分地区总降雨量一般有25～40毫米(图67-4),接近常年同期;其中,东北地区东部的部分地区有50～70毫米,局部有80毫米以上,比常年同期偏多3～5成;主要降雨和降温天气过程将出现在6月29日至7月1日、7月5—7日。具体预报如下:

6月29日至7月1日,东北地区将有10～25毫米降雨,其中黑龙江中东部、吉林东部和辽宁东部部分地区降雨量有30～50毫米,黑龙江中东部的局部地区可超过50毫米。

7月2—4日,东北地区转为少雨或晴到多云天气,气温回升。

7月5—7日,东北地区将有3～10毫米降雨,其东部部分地区降雨量有15～40毫米。

四、关注与建议

未来10天,东北地区仍有明显降雨,建议黑龙江、吉林等地加强田间管理,稻田应保持适宜水层,提高水温,追施分蘖肥,促进水稻生长和分蘖,减轻低温冷害危害。大田作物应及时铲趟和中耕除草,及时追肥,加快作物生育进程,促进苗情转化升级。

农田过湿的地区要开沟排水,晒田散墒,减轻渍涝灾害,同时做好农作物病虫害的监测与防治工作。

黑龙江和吉林两省应注意继续防范因强降雨引发的局地洪涝、汛情和城市内涝灾害。

长江中下游地区出现入汛以来最大范围区域性暴雨,未来3天主要暴雨区将位于江南中南部和广西

(中国气象局　第68期　2009年7月1日)

摘　要　6月28日至7月1日,长江中下游地区出现入汛以来最大范围的区域性暴雨天气过程。四川、云南、重庆、贵州、湖北、湖南、安徽、江苏、江西、浙江、广西和广东等12个省(区、市)的部分地区累计降雨量有100～250毫米,其中,湖北西南部和东南部、湖南北部、安徽中南部、江苏南部的降雨量有250～400毫米。

目前,主要降雨区已经移到江南地区。预计,7月1—3日,浙江、江西、福建和广西的部分地区将有暴雨;4—6日,长江中下游地区将再次出现暴雨天气过程。

建议云南、贵州、广西、湖南、湖北、江西、安徽、江苏、浙江、福建等地,应重点防范城乡渍涝及山洪、山体滑坡、泥石流等灾害,同时须防范雷雨、大风等强对流天气造成的危害。黄淮、江淮、江南等地应加强监测各流域雨情、水情变化,做好防汛和水资源管理工作。

气象部门将继续严密监视天气变化,及时提供气象服务信息,进一步加强预报预警服务工作。

一、6月28日至7月1日,长江中下游地区出现入汛以来最大范围的区域性暴雨天气过程

6月28日至7月1日,长江中下游地区出现入汛以来最大范围的区域性暴雨天气过程,暴雨范围大、强度强。

暴雨范围大。6月28日至7月1日,四川、云南、重庆、贵州、湖北、湖南、安徽、江苏、江西、浙江、广西、广东等12个省(区、市)出现暴雨或大暴雨(图68-1)。

强度强。四川东部和南部、贵州中南部、湖北南部、湖南北部、安徽中南部、江苏南部、江西北部、广西和广东两地部分地区的降雨量有100～250毫米,其中,安徽西部和湖南北部降雨量较大,安徽西部的天堂景区降雨440毫米、怀宁凉亭415毫米,湖南桑植细砂坪降雨364毫米、天平山344毫米。

强降雨已导致部分地区出现洪涝、滑坡、泥石流等灾害,初步统计,灾害已造成四川、重庆、湖北、广西等地28人死亡。

二、未来3天,浙江江西福建广西部分地区将有暴雨;4—6日,长江中下游地区将再次出现暴雨过程

预计7月1—4日,江南大部、华南西部、贵州东部以及四川盆地东部和重庆等地有中到大雨(图68-2),其中浙江西南部、江西中南部、广西中北部、福建北部等地有暴雨,广西东北部、江西中部、福建西

北部等地局地有大暴雨；云南西部和南部边缘地区有中到大雨，局地有暴雨；青海南部、西藏东南部有中雨，局地有大雨；东北地区大部有阵雨或雷阵雨天气，雨量分布不均，以小到中雨为主，东北地区东部局地有大雨。

4—6日，黄淮、长江中下游、华南西部等地的部分地区有大到暴雨，局部大暴雨，并将伴有短时雷雨大风等强对流天气。

7—9日，主要降雨区将出现在青藏高原、云贵高原、四川盆地及广西、湖南一带，华北、黄淮、江淮、江南地区东部、华南地区东部为晴热少雨天气。

三、关注与建议

近期西南地区东南部至长江中下游一带的持续强降雨已导致土壤含水量大，土质疏松，易引发地质灾害，建议云南、贵州、广西、湖南、湖北、江西、安徽、江苏、浙江、福建等地，重点防范城乡渍涝及山洪、山体滑坡、泥石流等灾害，同时须防范雷雨、大风、冰雹等强对流天气造成的危害。黄淮、江淮、江南等地应加强监测各流域雨情、水情变化，做好防汛和水资源管理工作。

气象部门将继续严密监视天气变化，及时提供气象服务信息，进一步加强预报预警服务工作。

5—8日主雨带将北抬至江南北部和江淮，须重点防范城乡渍涝及地质灾害

（中国气象局　第69期　2009年7月3日）

摘　要　6月28日至7月3日，西南地区东部、江淮、长江中下游地区、江南南部、华南部分地区出现强降雨天气过程。上述地区累计降雨量有100～250毫米，其中，安徽的沿江地区，湖南西部的桑植、湖北的鹤峰等地累计降雨量达300～450毫米。此次强降雨过程具有范围广、强度强，引起多灾并发的特征。

预计，未来10天，我国降雨范围较广。其中，7月3—4日，主要降雨区位于江南、华南及西南地区东部；7月5—8日，主要雨带将逐步北抬至江南北部和江淮等地。

建议上述强降雨地区应重点防范城乡渍涝及山洪、山体滑坡、泥石流等灾害。同时，西南地区东部、江淮、江南地区应加强对本地区各流域雨情、水情变化的监测，做好防汛工作。

气象部门将继续严密监视天气变化，及时提供气象服务信息，进一步加强预报预警服务工作。

一、6月28日至7月3日，南方地区出现大范围区域性暴雨

6月28日至7月3日，西南地区东部、江淮、长江中下游地区、江南南部、华南部分地区出现了区域性暴雨过程。四川东部和南部、云南东部和南部、贵州中南部、重庆南部、湖北中南部、湖南、安徽大部、江苏大部、江西、浙江西部、福建中北部、广西和广东的部分地区降雨量有100～250毫米（图69-1），其中，安徽沿江地区、湖北南部、湖南西部的降雨量有250～450毫米。6月28日至7月1日，主雨带位于西南地区东部至长江中下游地区；7月1—3日，主雨带位于西南地区东部至江南地区。

此次强降雨过程具有范围广、强度强、引发多灾并发的特征。

范围广：此次强降雨先后影响了云南、四川、重庆、贵州、湖北、湖南、安徽、江苏、江西、浙江、广西、广东等12个省（区、市）。其中，湖北出现了有气象记录以来历史第3位的大范围大暴雨过程。

强度强：安徽的沿江地区、湖南西部的桑植、湖北的鹤峰等地累计降雨量分别有300～450毫米。6月29日01—02时，湖北咸宁宝塔、安陆孛畈、仙桃长埫口1小时降雨量分别达到92.6毫米、90.3毫米和77.3毫米，鹤峰24小时降水量高达313毫米，突破该站日降水量历史记录。

引发灾种多：伴随此次强降雨过程，上述地区出现了局地洪涝、滑坡、泥石流、大风、冰雹、雷电等灾害性天气，部分地区农作物受灾、交通中断并造成人员伤亡等情况。据初步统计，湖南、湖北、贵州、安徽

等地的直接经济损失超过21.0亿元，有21人死亡或失踪。

二、预计，未来10天我国降雨范围较广，主要降雨区将从江南逐步北抬到江南北部和江淮等地

预计，未来10天我国降雨范围较广。黄淮、江淮、江南地区北部、华南地区西部等地的部分地区降雨量有80～120毫米（图69-2），局部地区有150～230毫米；上述大部分地区降雨量比常年同期偏多2～4成，局部偏多1倍左右。

主要降雨过程预报如下：

3—4日，江南地区南部、华南、四川盆地东部及贵州东部降雨量有10～30毫米，其中广西、福建等地的部分地区有40～70毫米；5日，华南地区仍有降雨，但雨势明显减弱。

5—8日，主要雨带逐步北抬到江南北部、江淮等地。黄淮、江淮、江南地区北部等地的部分地区降雨量有40～60毫米，局部有80～110毫米，并将伴有短时雷雨大风等强对流天气。西南地区东部将持续阴雨天气，降雨量不大。

9—12日，华北、黄淮、江淮及西南地区东部等地还将有一次降雨天气过程。

三、关注与建议

前期西南地区东南部至长江中下游一带的持续强降雨已导致土壤含水量大，土质疏松，易引发地质灾害，建议上述地区应重点防范城乡渍涝及山洪、山体滑坡、泥石流等灾害。另外，西南地区东部、江淮、江南等地应加强监测各流域雨情、水情变化，做好各项防汛工作。

气象部门将继续严密监视天气变化，及时提供气象服务信息，进一步加强预报预警服务工作。

7—9日西北地区东部和华北旱区将有明显降雨，须抓住有利时机进行抗旱蓄水

（中国气象局　第70期　2009年7月4日）

摘　要　入春以来，西北地区东部和华北西部降水偏少，其中甘肃东部、宁夏、陕西北部、山西北部偏少3～8成，6月下旬，西北地区中东部和华北出现持续高温天气，干旱范围进一步扩大。6月份宁夏气温高、降水少，创1961年以来历史同期极值。内蒙古中西部地区入夏以来温高雨少，土壤墒情也持续下降，出现旱情。西北地区东部和华北西部的部分地区农业旱情达到中旱，对农作物生长造成不利影响，秋杂粮及牧草生长受到严重影响，其中，宁夏中部和甘肃陇东受到干旱影响最为严重。

预计7月7—9日，西北地区东部、华北西部旱区将出现明显降水天气过程，降水总量一般有10～20毫米，部分地区有25～50毫米，上述地区要抓住降水的有利时机，进行抗旱蓄水，保障作物后期生长用水。

一、西北地区东部及山西等地旱情持续发展，部分地区达中旱

2009年入春以来，西北地区东部和华北西部降水较常年同期偏少，其中甘肃东部、宁夏、陕西北部、山西北部偏少3～8成，致使上述地区出现不同程度的旱情；6月下旬以来，西北地区中东部和华北等地出现持续高温天气，华北地区大部日最高气温≥35℃以上的天数达10～12天，西北地区东部日最高气温≥30℃以上的天数有8～13天，导致地表蒸发加剧，土壤失墒迅速，干旱范围进一步扩大；6月份宁夏大部地区降水量偏少6成以上，平均气温较常年同期偏高3.0℃，气温高、降水少均创1961年以来历史同期极值。内蒙古中西部地区入夏以来气温偏高1～2℃，降水偏少2成左右，土壤墒情持续下降，出现旱情。

目前，甘肃陇中和陇东、宁夏中南部、陕西中北部、山西大部、河南西北部、河北西北部、北京北部、内蒙古中西部和东南部等地旱情持续发展（图70-1），其中甘肃陇东、宁夏中南部、陕西北部、山西北部、内蒙古中西部和东南部存在中等程度旱情，宁夏中南部大部地区达重旱，西吉、海原等地区达特旱等级。山西大同南部、朔州北部、忻州的西南部、太原中部、吕梁、临汾、运城的西部土壤处于严

重干旱状态。

目前，干旱已对上述地区冬小麦灌浆、春小麦抽穗开花以及春玉米拔节、马铃薯生长等造成不利影响，秋杂粮及牧草生长受到严重影响。其中宁夏中南部、甘肃陇东等地部分地区受到干旱的影响最为严重，冬小麦灌浆受阻，出现青干早熟现象；作物及牧草生长停滞，面临死苗威胁，持续严重干旱对农业生产、生态建设和人畜饮水等带来了严重不利影响。内蒙古中西部地区牧草长势偏差，特别是赤峰市巴林左旗，已基本无产量，全区牲畜膘情为一般到偏差。

二、西北地区东部和华北西部旱区将出现明显降水，对缓和旱情有利

预计未来10天，华北南部、黄淮、西北地区东南部降水较多。7月5—7日我国东部地区将出现一次较大范围降雨过程，其中西北地区东部、内蒙古大部、华北、黄淮等地有小到中雨。7月7—9日，西北地区东部、华北西部旱区将出现明显降水天气过程（图70-2），降水总量一般有10～20毫米，其中，甘肃东部、陕西北部、内蒙古中部偏南地区以及陕西西北部等地的部分地区降水总量将有25～50毫米，局地可达60～80毫米，对缓和旱情较为有利。

三、关注与建议

气象部门将抓住有利天气条件，积极组织开展人工增雨工作。北方旱区要抓住7月7—9日的明显降雨过程，对农田进行分类管理，苗情偏差的地块须及时中耕、除草、施肥，促进作物健壮生长；死苗严重地块要视情况改种生长季短的作物品种，降低农业生产损失；与此同时，各地应采取喷灌、滴灌等措施，节水蓄水，以保障作物后期生长用水。

淮河流域进入防汛关键期，西北地区东部和汶川地震灾区将出现强降雨

（中国气象局　第71期　2009年7月7日）

摘　要　预计未来7天，我国主雨带将位于淮河流域，大部地区降雨量比常年同期将偏多5成至2倍，局部偏多2倍以上，降雨时段主要在9—13日；甘肃东部、宁夏、山西等干旱区雨水增多，将对缓和前期气象干旱非常有利；汶川地震灾区多阴雨天气，总降雨量一般有50～80毫米，局部地区可达90毫米左右，降雨时段大致在8—9日、13日前后。

目前，淮河流域进入防汛关键期，各地须密切关注淮河干、支流的雨情和水情变化，确保安全度汛；黄淮、江淮和汶川地震灾区等地要注意防范暴雨、雷电、城乡积涝等灾害，尤其是汶川地震灾区还要加强地质灾害监测预警工作；西北地区东部和华北西部旱区须抓住这次降雨过程，做好库塘蓄水，同时须注意防范局地强降雨可能引发的山洪、滑坡、泥石流等灾害。

气象部门将继续严密监视天气变化，及时提供气象服务信息，进一步加强预报预警服务工作。

一、未来7天我国主雨带将位于淮河流域；甘肃东部、宁夏等干旱区雨水增多；汶川地震灾区阴雨天气较多

1.我国主雨带将位于淮河流域

预计未来7天，我国主雨带将位于淮河流域，总降雨量一般有80～160毫米，局部地区有200～260毫米（图71-1）；上述大部分地区降雨量比常年同期偏多5成至2倍，局部偏多2倍以上；降雨时段主要集中在7月9—13日，淮河流域将出现持续性降雨。另外，四川盆地、重庆、湖北等地雨水也较多，降雨量一般有60～100毫米，局部地区有120～180毫米。

2.甘肃东部、宁夏、山西等干旱区雨水增多

7月5—7日，西北地区东部、华北北部和西部、黄淮大部出现了降水，其中河北东北部、北京北部降水量达10～50毫米。河北北部、内蒙古东南部等地的旱情有所缓和（图71-2）。

预计未来7天，甘肃东部、宁夏、山西、西藏等气象干旱区雨水将呈增多趋势，降雨量一般有20～35毫米，局部地区有40～60毫米；主要降雨时段在7—8日、12日，降雨天气将对缓和上述地区前期气象干旱十分有利。

3. 汶川地震灾区阴雨天气较多

预计未来7天，汶川地震灾区阴雨天气较多，总降雨量一般有50～80毫米，局部地区可达90毫米左右。降雨时段大致在8—9日、13日前后。

二、关注与建议

1. 目前，淮河流域已进入防汛关键期，未来一段时间，淮河流域将出现阶段性强降雨天气，各地须密切关注淮河干、支流的雨情和水情变化，落实防洪应急预案，加强病险水库的监测与巡查，确保安全度汛。

2. 黄淮、江淮和汶川地震灾区近期降雨较强，须注意防范暴雨、雷电、城乡积涝等灾害，尤其是汶川地震灾区须加强地质灾害隐患点的巡查与排险工作，密切关注地质灾害预警信息，及时做好人员撤离、财产转移和重要设施的保护工作。

3. 西北地区东部和华北西部旱区要抓住这次降雨过程，对农田进行分类管理，注意库塘蓄水，以保障作物后期生长用水；同时，注意防范局地强降雨可能引发的山洪、滑坡、泥石流等灾害。

气象部门将继续严密监视天气变化，及时提供气象服务信息，进一步加强预报预警服务工作。

热带风暴“苏迪罗”将于明天登陆，广东海南广西须做好防台工作

（中国气象局　第72期　2009年7月11日）

摘　要　今年第5号热带风暴“苏迪罗”于今天下午在南海海域生成，强度将维持或略有加强。预计“苏迪罗”将于12日早晨到下午在广东阳江到海南文昌一带沿海登陆。广东、海南、广西要做好防台准备工作。

气象部门将密切监测“苏迪罗”未来动向，及时发布预报预警服务信息，做好防灾减灾气象服务工作。

一、“苏迪罗”于今天下午在南海海域生成，将于12日早晨到下午在广东阳江到海南文昌一带沿海登陆

今年第5号热带风暴“苏迪罗”(Soudelor)，于7月11日下午在南海生成，14时，其中心位于广东省雷州市东偏南方约390千米的南海北部海面上(北纬20.2度，东经114.0度)，中心附近最大风力有8级(18米/秒)(图72-1)。

预计，风暴中心将以每小时20～25千米的速度向西偏北方向移动，强度将维持或略有加强，逐渐向广东阳江到海南文昌一带沿海靠近，并有可能于12日早晨到下午在这一带沿海登陆(图72-2)。

受其影响，11—12日，南海北部、北部湾、琼州海峡将有6～8级大风，阵风可达9～10级，广东沿海、海南及其沿海、广西沿海将有5～7级大风；11—13日，广东南部、海南大部、广西南部将有大到暴雨，局部地区有大暴雨。

二、关注与建议

南海海域海上航行和作业船舶须注意收听、收看当地天气预报，及时避开台风影响区域绕道行驶；广东、海南、广西等地须加强防范强降雨可能引发的山洪、滑坡、泥石流等地质灾害。

气象部门将密切监测“苏迪罗”未来动向，及时发布预报预警服务信息，做好防灾减灾气象服务工作。

2009年上半年我国气象灾害种类多、影响范围广

（中国气象局　第73期　2009年7月13日）

摘　要　上半年，我国气温偏高、降水偏少；气象干旱频发、影响范围广，特别是北方冬麦区发生罕见秋冬连旱；强对流天气出现早、影响范围广、强度大且灾害重；东北旱涝急转、初夏低温严重，对农作物生长造成不利影响；高温范围广、强度大；暴雨频发，部分地区暴雨洪涝灾害重；沙尘天气少、台风灾害轻。

目前正值主汛期，防范暴雨洪涝、高温干旱、台风、强对流以及山洪、滑坡、泥石流等灾害的形势依然十分严峻。中国气象局将继续加强防灾减灾，认真做好气象灾害的监测预报预警和服务工作。

一、上半年全国平均气温为历史同期第三高、降水偏少

1—6月，平均气温8.1℃，较常年同期(6.7℃)偏高1.4℃，为1951年以来历史同期第三高。与常年同期相比，除东北大部、华南大部及内蒙古东北部、四川东部、贵州中部、云南大部等地接近常年外，全国其余大部地区偏高1～2℃，部分地区偏高2～4℃。

1—6月，平均降水量249.3毫米，比常年同期(264.2毫米)偏少。降水量总体由东南向西北方向递减，淮河流域及秦岭以南大部分地区降水量普遍有300～800毫米，江西东部和北部、福建西北部、广东西部、广西东部有800～1200毫米；东北、华北、黄淮北部、西北东部和中部及内蒙古中东部、西藏东部、新疆北部等地降水量有50～300毫米，内蒙古西部、西北西部及西藏西部等地降水量不足50毫米。与常年同期相比，除黑龙江大部、辽宁东部、河北东南部等地降水量偏多3成至1倍外，其余大部地区降水量接近常年同期或偏少，其中新疆南部、甘肃大部、内蒙古西部、宁夏、陕西北部、山西北部、西藏西部和东南部、江西中南部、福建大部等地偏少3～8成。

二、气象干旱频发、影响范围广

1.北方冬麦区发生罕见秋冬连旱

2008年11月初至2009年1月底，北方冬麦区降水量较常年同期明显偏少5～8成，其中山西中部、河北中南部、河南东北部和中部、山东西部、安徽西北部等地降水量偏少8成以上。京、冀、晋、豫、鲁、苏、皖、陕、甘9省(市)平均降水量为1951年以来历史同期第四少，无降水日数为历史同期次多。降水量之少为30年一遇，重旱区达50年一遇。干旱范围广，灾害影响大。

2.2月华南及云南等地干旱较重

2月底，江南南部、华南大部及贵州大部、云南、四川中部和南部、西藏中部出现中到重度气象干旱，局部达特旱。

3.春季黑龙江及内蒙古东北部干旱严重

4月1日至5月28日，内蒙古东北部、黑龙江大部持续少雨，降水量普遍不足50毫米，其中内蒙古东北部降水量不足10毫米。与常年同期相比，降水量普遍偏少5～8成，内蒙古东北部偏少8成以上。同时，内蒙古大部、黑龙江气温普遍偏高2～4℃。5月1—28日，内蒙古东北部、黑龙江区域平均降水量之少为1951年以来历史同期最小值，平均气温达历史同期最高值。从而导致内蒙古东北部、黑龙江大部出现中到重旱，内蒙古东北部达特旱。

4.西藏东部出现近10年来严重干旱

4月1日至6月22日，西藏东部降水量仅78.4毫米，比常年同期偏少3成，为近10年来同期最少值，特别是6月1—22日，西藏东部平均降水量只有16.6毫米，为1956年以来历史同期最少值。与此同时，气温偏高1～2℃，少雨温高，导致西藏东南部干旱严重。

5.西北地区东北部及山西北部干旱严重

西北地区东北部及山西北部3月1日至7月6日降水量为72.1毫米，比常年偏少近5成，宁夏春季以来降水量仅为37.4毫米，比常年同期偏少6成，为1963年以来第二少值。加之气温偏高，西北地

区东北部及山西北部出现中到重度程度干旱。

三、强对流天气出现早、影响范围广、强度大、灾害重

2009年首次冰雹天气出现在1月21日(河南洛阳市),比常年(平均出现在2月上旬)偏早10多天,比2008年(2月19日)提早近一个月。

2月下半月,长江中下游地区出现雷电、冰雹等强对流天气。强对流天气来得早且多,上海初雷日期比常年提前了近1个月。2月22—28日,长江中下游地区区域平均雷暴、冰雹日数为2.7天,较常年同期偏多2.3天。

6月,强对流天气频繁,大部地区雷暴、冰雹等强对流天气日数接近常年同期或偏多。据统计,全国强对流天气造成107人死亡,直接经济损失近80亿元。其中,6月3—6日,豫皖苏晋鲁浙鄂7省先后遭受飑线、强雷暴和大风冰雹袭击,河南出现历史罕见强飑线过程,商丘的永城、宁陵出现1957年有气象记录以来的最大风速,江苏省冰雹发生范围之大,持续时间之长均为1961年来之最,安徽25个市县最大风速超过历史记录,范围之广为历史罕见。

四、东北旱涝急转,初夏低温冷害严重

5月底东北中北部、内蒙古东北部旱情得到解除,但随后又出现低温多雨,旱涝急转,低温冷害严重。

5月29日至6月末,东北大部地区降水量为100～200毫米,其中黑龙江中部达200～300毫米。与常年同期相比,黑龙江大部偏多3成至1倍,中西部偏多1～2倍。黑龙江平均降水量为164毫米,降水日数21.9天,降水量与降水日数均为1951年以来历史同期最多值;吉林平均降水日数为18.9天,为1972年以来同期最多。同时,东北大部地区平均气温明显偏低,其中黑龙江中东部、吉林大部偏低1～2℃,黑龙江西部偏低2～4℃。黑龙江平均气温为1951年以来历史第三低;吉林为1975年以来仅次于1992年第二低。

五、高温天气范围广、强度大

6月,我国中东部大部以及内蒙古西部、新疆等地出现35℃以上高温天气。江南、江汉、江淮西部、黄淮大部、华北大部35℃以上的高温日数较常年同期偏多2～6天,湖北南部、湖南北部、河南北部等地偏多6～8天。

6月23—27日,我国出现大范围高温天气,涉及17个省(区、市),此次高温天气影响范围广、强度强。河北南部、河南北部以及新疆东部等地局部最高气温达40～43℃,6月25日,河南安阳(43.2℃),河北邢台(42.4℃),山东朝城(41.8℃)、潍坊(41.4℃)等地日最高气温创6月新高。

六、暴雨频发,部分地区洪涝灾害重

5月以来,我国降水以过程性为主,大范围持续性暴雨少,大江大河水势比较平稳,未发生大范围严重洪涝灾害,但部分地区发生了暴雨洪涝、山体滑坡等灾害,造成较重损失。

5月9—10日,华北南部和黄淮北部出现区域性暴雨过程,山东北部出现大暴雨。暴雨历时短、强度强、极值多、范围广。5月10日,山东高青日降水量最大达197.2毫米,河北邢台日降水量达175.5毫米,山东羊角沟为150.5毫米,均为5月日降水量极大值。5月27—28日,河南西部、湖北大部、江西西部出现大到暴雨,局部大暴雨,过程降水量一般在50～150毫米,其中湖北天门降水量149毫米。

6月,南方共出现4次大到暴雨天气过程,其中,月底的降水过程范围最广,强度最强,影响最大。6月28—30日,西南地区东部、长江中下游地区以及华南沿海普降大到暴雨,其中长江中下游地区及四川盆地出现区域性大暴雨。这是长江中下游地区今年入汛以来的范围最大、强度最强的一次暴雨天气过程。其中,湖北鹤峰过程降水量达384毫米;24小时降水量达313毫米,突破当地日降水量的历史记录,为超百年一遇。

七、沙尘天气少,台风灾害轻

上半年,我国北方地区共出现8次沙尘天气过程,为2000年以来最少。平均沙尘日数为1.3天,为1954年以来历史同期最小值。

西北太平洋和南海有4个热带气旋生成,其中2个登陆,登陆个数较常年同期偏多,但热带气旋造成的灾害总体偏轻。

八、关注与建议

今年上半年我国气象灾害种类多、影响范围广，特别是气象干旱、强对流、暴雨等气象灾害造成部分地区损失严重，气象防灾减灾形势严峻。

在全球气候变暖的背景下，近年来我国降水时空分布不均的特点更加明显，气象干旱持续时间长、范围广、程度重；台风登陆的地点趋于集中，我国东南沿海遭受台风袭击的可能性明显加大；由局地性、突发性极端天气气候事件引发的暴雨洪涝、山洪地质灾害及城市内涝等呈现出点多、面广、频率高的趋势。

目前正值主汛期，防范暴雨洪涝、高温干旱、台风、强对流以及山洪、滑坡、泥石流等灾害的形势依然十分严峻。中国气象局将继续加强防灾减灾，认真做好气象灾害的监测预报预警和服务工作。

未来一周北方地区及西南地区东部多降雨，长江中下游大部地区将持续高温少雨天气

（中国气象局　第74期　2009年7月14日）

摘　要　预计未来一周，北方地区和西南地区将多降雨天气。其中华北部分地区降雨量有40～60毫米，主要降雨时段在16—17日和19—21日；东北地区多阴雨天气，东部和南部雨量有40～60毫米，主要降雨时段在14—15日、17—18日以及20日前后；西北地区东部雨量有40～60毫米，主要降雨时段在16—17日和19日前后；四川中部及汶川地震灾区、重庆西部、云南西部和南部等地的部分地区有50～90毫米，局地有110～150毫米，主要降雨时段在14—17日。

降雨对缓解西北和华北部分地区的气象干旱有积极作用，但北方地区和西南地区东部须防范局地强降雨引发的城乡内涝、滑坡、泥石流等灾害。同时，阴雨天气对东北地区的农业有不利影响。

另外，江南、华南大部仍持续高温天气，须合理调配用电，做好防暑降温和抗旱工作。

一、未来一周，北方地区和西南地区东部多降雨，长江中下游大部地区高温少雨

预计未来一周，我国北方地区和西南地区东部多降雨天气（图74-1），长江中下游大部地区高温少雨。具体预报如下：

华北地区：未来一周，华北地区降雨将比前期增多，降雨量一般有20～35毫米，其中内蒙古中南部、河北中部、山西北部、北京、天津等地的部分地区有40～60毫米，局地可达80～100毫米。主要降雨时段在16—17日和19—21日。

东北地区：未来一周，东北地区多降雨天气，降雨量一般有20～30毫米，黑龙江东部、吉林东部、辽宁东部和南部的部分地区有40～60毫米，其中辽宁东部、吉林东南部的局部地区可达80～110毫米。主要降雨时段出现在14—15日、17—18日以及20日前后。

西北地区：未来一周，西北地区东部降雨天气过程多，降雨量一般有10～25毫米，其中甘肃南部、陕西、宁夏南部等地的部分地区有40～60毫米，局地可达80～100毫米。主要降雨时段出现在16—17日和19日前后。

另外，新疆北部和西部降雨天气也较多，降雨量一般有15～30毫米，局部有50毫米以上。

西南地区东部：未来一周，西南大部地区总降雨量一般有15～40毫米，其中四川中部、重庆西部、云南西部和南部等地的部分地区有50～90毫米，局地有110～150毫米；汶川地震灾区总降雨量一般有40～70毫米，局部地区可达100毫米左右。上述地区主要降雨时段在14—17日。另外，18—20日，重庆、四川东部有高温天气。

华南及东南沿海地区：预计未来一周，将有1～2个热带风暴生成，其中1个将影响华南或东南

沿海。

长江中下游地区：未来一周，江淮、江南地区大部、华南地区中北部等地将以高温少雨天气为主，部分地区将出现4～6天日最高气温在35℃以上的高温天气。

二、关注与建议

西北、华北的降雨对缓解旱区的气象干旱将有积极作用，但须防范局地强降雨引发的城乡内涝、滑坡、泥石流等灾害。

目前，东北地区中北部和内蒙古东北部低温阴雨已持续40天左右，粮豆作物营养明显不足。未来一周的阴雨天气对农业生产不利，各地应开展以促生长、保证作物正常成熟为目标的农田管理工作；稻区要合理排灌，以提高稻田温度；旱地作物要及时排湿散墒，增施磷、钾肥，促进苗情转化。

西南地区特别是汶川震区须防范局地强降雨可能引发的地质灾害。同时，华南沿海和东南沿海地区须做好防台的各项准备工作。

未来一周，江南、华南仍将持续高温天气。自7月8日起，江南、华南北部已出现持续高温少雨天气，上述地区须合理调配用电，做好防暑降温工作，同时还须做好人畜饮水和抗旱工作。

第6号热带风暴"莫拉菲"生成，将对我国东南沿海造成较大影响

（中国气象局　第75期　2009年7月17日）

摘　要　今年第6号热带风暴"莫拉菲"于昨晚(16日)在菲律宾吕宋岛以东洋面生成，中心附近最大风力有8级。预计风暴中心将于明天早晨进入南海东北部海面，逐渐向福建南部到广东中部一带沿海靠近，强度加强，并将于18日夜间至19日中午在这一带沿海登陆。受其影响，我国东南部沿海地区将有强风暴雨。

广东、福建、海南、广西等地须及时做好防台准备工作，防范大风和强降雨带来的危害。

中国气象局已于17日08时40分启动气象灾害应急预案Ⅳ级应急响应命令，气象部门将密切监测"莫拉菲"未来动向，及时发布预报预警服务信息，做好防灾减灾气象服务工作。

一、今年第6号热带风暴"莫拉菲"已于昨晚生成，将于18日夜间到19日早晨在福建南部到广东中部一带沿海登陆

今年第6号热带风暴"莫拉菲"(MOLAVE)于7月16日晚上在菲律宾吕宋岛以东洋面上生成，17日08时，风暴中心位于我国台湾恒春东南方大约480千米的西北太平洋洋面上(北纬18.6度、东经123.6度)，中心附近最大风力有8级(20米/秒)。

预计，风暴中心将以每小时15～20千米的速度向西北方向移动，以后将转向西偏北方向移动，强度有所加强，明天早晨将进入南海东北部海面，逐渐向福建南部到广东中部一带沿海靠近并将于18日夜间到19日中午在这一带沿海登陆(图75-1)。最大可能登陆地点在广东中东部沿海，最大可能登陆时间在19日早晨，登陆时强度估计为热带风暴(20～23米/秒)。

二、受"莫拉菲"影响，我国东南部沿海地区将有强风暴雨

受其影响，17日，巴士海峡、巴林塘海峡、台湾以东洋面、台湾东部和南部沿海、南海东北部海面将有7～9级大风，部分海域和地区阵风可达10级；台湾南部和东部将有中到大雨，局部地区有暴雨，华南沿海有阵性降雨。

18—19日，巴士海峡、巴林塘海峡、台湾南部和东部沿海、南海北部海面、台湾海峡、福建南部沿海、广东沿海将有7～9级大风，部分海域和地区阵风可达10～11级，海南东部和北部、琼州海峡、北部湾以及广西沿海也将有5～7级大风。台湾大部、福建南部、广东大部、广西大部、海南北部将有大到暴雨，其中台湾东部和南部、广东中东部沿海及广东西部、广西东部等地的部分地区有大暴雨，台湾东部和南部以及广东中东部沿海的局部地区有特大暴雨。

三、关注与建议

广东、福建、海南、广西等地须及时做好防台准备工作，江西、湖南等省须密切关注台风未来的发展动向，及时采取应对措施，防范大风和强降雨带来的危害。在巴士海峡、巴林塘海峡、台湾以东洋面、台湾东南部沿海和南海等海域航行和作业船舶须注意收听、收看当地天气预报，及时避开台风影响区域绕道行驶。

中国气象局已于17日08时40分启动气象灾害应急预案Ⅳ级应急响应，气象部门将密切监测“莫拉菲”未来动向，及时发布预报预警服务信息，做好防灾减灾气象服务工作。

“莫拉菲”已加强为台风，今夜至明晨登陆广东

（中国气象局　第76期　2009年7月18日）

摘　要　今年第6号强热带风暴“莫拉菲”已于今天05时加强为台风。08时其中心位于广东省惠东县东偏南方大约375千米的海面上，中心附近最大风力有12级（33米/秒）。

预计，台风“莫拉菲”以每小时20～25千米的速度向西偏北方向移动，将于今日夜间到明日早晨在广东惠来到台山一带沿海登陆。受其影响，我国东南部沿海地区将有强风暴雨。

广东、福建、海南、广西等地以及在相应海域作业、运输的船舶须尽快做好防台准备工作，防范大风和强降雨带来的危害。

中国气象局已于18日08时30分将台风“莫拉菲”应急响应从Ⅲ级提高到Ⅱ级，并派出工作组赴广东指导台风“莫拉菲”气象预报服务工作。气象部门将密切监测“莫拉菲”未来动向，及时发布预报预警信息，做好防台气象服务工作。

一、“莫拉菲”加强成为台风，将于今夜到明晨在广东惠来到台山一带沿海登陆

今年第6号强热带风暴“莫拉菲”(MOLAVE)于今日凌晨进入南海东北部海面，05时加强为台风。今日08时其中心位于广东省惠东县东偏南方大约375千米的海面上（北纬21.4度、东经118.3度），中心附近最大风力有12级（33米/秒）。

预计，台风“莫拉菲”以每小时20～25千米的速度向西偏北方向移动，将于今日夜间到明日早晨在广东惠来到台山一带沿海登陆，登陆后强度将迅速减弱（图76-1）。

二、受“莫拉菲”影响，我国东南部沿海地区将有强风暴雨

受“莫拉菲”及其外围云系的影响，18日08时至20日08时，东海南部海面、巴士海峡、巴林塘海峡、台湾海峡、台湾以东洋面、南海大部海面、台湾省及其沿海、福建沿海、广东沿海将有7～9级大风，“莫拉菲”中心经过的附近海面或地区的风力可达10～12级，部分海域阵风可达13～14级；海南、琼州海峡、广西沿海、北部湾也将有6～7级大风（图76-2）。18日08时至21日08时，受台风影响，福建南部、广东、广西、海南、云南中南部将有大到暴雨（过程雨量一般有50～90毫米），广东中东部及沿海、广西中部及沿海、云南东南部部分地区有大暴雨（过程雨量有120～250毫米），广东东部沿海局地有特大暴雨（过程雨量有250～350毫米）（图76-3）。

三、关注与建议

广东、福建、海南、广西等地应尽快做好防台工作，江西、湖南也须密切关注台风“莫拉菲”未来的发展动向，及时采取应对措施，防范大风和强降雨带来的危害。在巴士海峡、巴林塘海峡、台湾东南部沿海和南海等海域航行和作业的船舶须采取措施，回避台风的不利影响。

中国气象局已于18日08时30分将台风“莫拉菲”应急响应从Ⅲ级提高到Ⅱ级，并派出工作组赴广东指导台风“莫拉菲”气象预报服务工作。气象部门将密切监测“莫拉菲”未来动向，及时发布预报预警信息，做好防台气象服务工作。

入汛以来天气气候对农业生产的影响分析

（中国气象局　第77期　2009年7月21日）

摘　要　入汛以来，我国主要有三个区域的天气对农业生产构成不利影响，东北出现长时间低温阴雨导致作物发育推迟；长江中下游地区出现罕见少雨高温导致早稻“逼熟”；西北地区一度出现严重干旱，作物生长发育受阻。各级气象部门已针对上述天气对农业生产的影响及时开展了农业气象服务工作。

预计7月下旬，东北地区仍将有低温阴雨天气，长江中下游地区高温天气将逐步缓解。建议各地根据当地具体天气情况，安排好相应农事活动，减少不利天气条件带来的损失。

一、入汛以来我国主要天气气候特征

东北出现长时间低温阴雨。6月以来（6月1日至7月20日，下同），东北地区中北部持续低温多雨。黑龙江、吉林两地气温普遍偏低1～2℃；黑龙江平均气温18.2℃，为1984年以来最低值；吉林平均气温19.1℃，为1984年以来最低值。这一时段黑龙江大部降水量偏多5成至2倍，全省平均降水量274.9毫米，为1951年以来历史同期最多值。

长江中下游地区出现罕见少雨高温。6月以来，长江中下游大部地区降水量在200～300毫米，较常年同期偏少，其中湖北东部、江西北部、安徽南部、浙江等地偏少3～5成；长江中下游地区平均降水量为250.2毫米，为1989年以来同期最少。7月8日以来，长江中下游地区出现了持续高温（日最高气温≥35℃）天气，大部地区极端最高气温达37～39℃。长江中下游地区大部高温日数在8～10天，其中江西中部、湖南东北部和浙江北部等地达10天以上，与常年同期相比，湖南北部、江西北部、浙江局部偏多5天以上。

甘宁陕晋四省（区）6月1日至7月6日的降雨量为1951年以来历史同期最少值。6月1日至7月6日，西北东部及山西等地降水量普遍不足50毫米，较常年同期偏少5～8成；甘肃、宁夏、陕西、山西四省（区）平均降水量仅23.9毫米，较常年同期偏少67%，为1951年以来历史同期最少值。长时间少雨高温致使上述地区土壤失墒加剧，干旱持续发展，其中甘肃东北部、宁夏、陕西、山西北部以及内蒙古中南部等地干旱严重。7月7日以来，上述旱区出现明显降水过程，降水量普遍有20～100毫米，旱情得到不同程度缓解。

二、上述天气对农业的不利影响分析

光热条件不足，东北地区农作物生长发育受到影响。黑龙江和吉林大部入夏以来≥10℃积温较常年同期偏少50～110℃・d，日照时数偏少50～130小时，作物生长前期光热条件明显偏差，为近年少见。目前黑龙江和吉林大部春玉米发育期推迟了3～7天，一季稻发育期推迟了2～4天，大豆发育期推迟了2～10天；水稻平均少2个分蘖左右，玉米少1～2片叶，大豆少2～3片复叶，二三类苗比例增大。

由于前期光热不足，导致东北地区中北部作物生育期普遍推迟，可能引发延迟性冷害，使作物在初霜到来前不能正常成熟，造成籽粒产量和品质的下降。

少雨高温天气导致江南、华南部分地区早稻出现“逼熟”现象。持续高温少雨导致该地区早稻灌浆提前终止，粒重下降，产量受到影响。目前，长江中下游地区一季稻即将进入孕穗、抽穗阶段，四川盆地一季稻已进入抽穗扬花阶段，持续高温对一季稻穗分化及抽穗开花不利，易导致空壳率增加。

西北前期少雨旱情严重，后期降水缓解大部地区旱情。西北地区东部、华北西部冬小麦灌浆受阻；春小麦开花、灌浆受到不利影响；马铃薯生长受到抑制；春玉米生长缓慢；果树幼果脱落增多。内蒙古中西部地区畜牧业生产受到影响。7月7—10日，16—20日北方旱区出现2次较大范围降水，有效缓解了西北地区东部和华北西部大部地区的旱情。目前，陕西中部和北部、甘肃东部和宁夏南部以及河北部分地区还存在轻度旱情，内蒙古中部和东南部维持中等程度旱情。

三、天气展望与建议

预计7月下旬，黑龙江东部、吉林南部、辽宁西部等地降雨量基本接近常年同期，局部地区偏多3～

6成以上。黑龙江、吉林东部平均气温将比常年同期偏低1～2℃。7月22日起，长江中下游地区降雨明显增多，高温天气将逐渐得到缓解，但江南地区南部、华南地区东部等地仍将有4～6天高温天气。8月份，全国大部分地区降水偏少、气温偏高。降水偏多的区域主要集中在东北、华北东部及西北地区中部等地。建议：

1. 东北地区中北部稻区要注意浅水灌溉，控制无效分蘖；同时，控制氮肥施用量，增施磷、钾肥。玉米和大豆等旱地作物要及时中耕，可喷施抗低温助长剂，增强作物抗御低温的能力。

2. 江南、华南要做好早稻收获扫尾工作，避开高温时段适时移栽晚稻。长江中下游和四川盆地一季稻区注意以水调温，合理深灌。长江以南地区要节约用水，防止伏旱发生。

3. 北方各地秋收作物均已进入开花、结实阶段，要加强田间管理，合理施肥，适时中耕、除草；西北地区东部及时做好复种工作。同时，要抓住降水有利时机增加库塘蓄水，确保作物后期用水。

今年上半年陆地生态质量总体好于去年同期

（中国气象局　第78期　2009年7月21日）

摘　要　今年上半年，全国陆地植被生态质量好于去年同期，农田、森林、草地、荒漠生态质量均有改善，其中森林生态质量改善面积最多。江南、华南等地植被生态质量明显提升；内蒙古东北部和东北地区中北部区域生态质量偏差。

进入7月后，北方地区降雨增多有利于旱区植被的恢复，应抓住当前气象条件较好的时机，加强植被恢复重建，推进全国陆地植被生态质量逐步改善。

一、农田、森林、草地、荒漠生态质量均好于去年同期，森林生态质量改善明显

今年上半年，我国各类型植被的生态质量均好于去年同期，全国生态质量处于正常及偏好等级的面积增加了6%，其中森林生态质量改善的面积最多，达到10%，荒漠生态质量改善的面积相对较少（图78-1）。

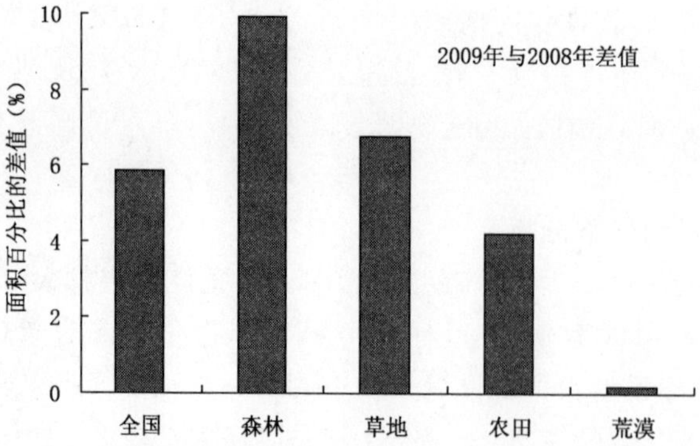

图78-1　今年上半年各系统生态质量正常及偏好等级的面积百分比与去年同期的差值

全国农田生态质量整体好于去年同期，但东北地区显著下降。今年上半年，全国农田整体生态质量略好于去年同期，处于正常及偏好等级的农田面积达到30%，尤其是江南北部、江淮大部光温水条件较好，农田墒情适宜，有利于小麦、油菜、棉花等作物的生长发育。目前不仅冬小麦主产区获得了丰产丰收，且夏播作物出苗整齐，长势良好。但东北地区、华北西部、西北地区东部等地部分农田受干旱、低温等不利气象条件影响，农作物生长发育减缓，制约了全国整体农田生态质量的改善。尤其是东北地区，由5月份温高雨少持续干旱，转入6月份持续低温阴雨天气，气象条件严重影响了当地农作物播种、出苗及其生长发育，生态质量比去年同期偏差。

全国大部林区生态质量改善明显，但黑龙江和内蒙古东北部的落叶针叶林和混交林生态质量较去年同期偏差。今年上半年，全国大部林区气象条件总体好于去年同期，森林生长状况较好，林地蓄积量增加，大部森林生态质量均有改善，尤其常绿阔叶林处于正常及偏好等级的面积比去年同期增加了

18%；黑龙江和内蒙古东北部林区，由于前期干旱、后期阴雨寡照的不利气象条件，影响了该区域落叶针叶林和混交林的光合生长，导致生态质量下降。

草地生态质量有所提高，内蒙古等地草地生态质量显著提升。今年上半年全国草地生态质量总体有所改善，处于正常及偏好等级的面积比去年同期增加了7%。北方主要草原区今年春季温度回升快，牧草返青状况较好，大部地区降水正常、光照充足，草地生态状况整体好于去年同期，尤其是内蒙古草地生态质量改善的面积较多；尽管宁夏、青海草原区部分地区牧草返青延迟、生长减缓，但草地生态质量仍较去年略有增加。

今年上半年荒漠区水分条件略好，沙尘次数和日数明显偏少。今年上半年全国大约80%以上的荒漠生态质量处于正常等级，荒漠生态质量总体与去年同期持平。但是由于今年春季内蒙古中东部、新疆北部等沙尘多发区降水偏多，地表偏湿，荒漠区植被生长正常，抑制了沙尘（暴）的形成和输送，因此今年上半年我国北方地区仅出现8次沙尘天气过程，为2000年以来最少。

二、北方进入雨季，应抓住有利时机推进生态恢复工作

虽然今年上半年，我国大部地区生态质量有所恢复，但是较常年同期仍然偏差。进入7月后，北方地区逐渐增多的降水有利于旱区植被的恢复，应采取积极有效的措施推进全国陆地植被生态恢复工作。

同时，气象部门将切实加强气象灾害预警工作，防御暴雨洪涝、高温干旱、强对流等极端气象灾害对生态恢复的不利影响。

江淮江南北部将从持续高温少雨转为多雨期，须做好防汛和积水排涝等工作

（中国气象局　第79期　2009年7月22日）

摘　要　预计未来一周，主要雨带在江南北部和江淮之间徘徊，持续多日高温少雨的江淮、江南地区北部将转为多雨期，大部分地区降雨量将比常年同期偏多2～5成，局部偏多1～2倍。西南地区东部雨水也较多。西北地区东部、华北、东北地区多阵性降雨。

江淮、江南北部各地区须加强防范强降水可能带来的危害，及时做好积水排涝以及病险水库和地质灾害隐患点等的排查工作。西南地区东部也须加强防范强降水可能引发的山体滑坡、泥石流等地质灾害。

中国气象局将密切监视此次强降水过程，及时发布预报预警信息，做好各项气象服务工作。

一、江淮、江南地区北部将转为多雨期

未来一周，黄淮、江淮、江南地区北部、西南地区东部阴雨天气较多，持续多日高温少雨的江淮、江南地区北部将转为多雨期。总降雨量一般有80～120毫米，局部地区有150～260毫米；其中沿淮地区降雨量一般有90～130毫米，长江中下游沿江地区降雨量一般有100～220毫米。上述大部分地区降雨量比常年同期偏多2～5成，局部偏多1～2倍。

另外，未来一周汶川地震灾区阴雨天气也较多，总降雨量一般有40～80毫米，局部地区可达120毫米左右。主要降雨时段在23—24日、26日。

二、华北、东北等地多阵性降雨

预计未来一周，华北、东北、西北地区东部多阵性降雨，并伴有雷雨大风天气；降雨量一般有20～40毫米，其中华北地区东部、东北地区南部等地的部分地区有50～90毫米。主要降雨时段在22—24日，26—28日。

建议：江淮、江南北部各地区须加强防范强降水可能带来的危害，及时做好积水排涝以及病险水库和地质灾害隐患点等的排查工作。西南地区东部也须加强防范强降水可能引发的山体滑坡、泥石流等地质灾害。

中国气象局将密切监视此次强降水过程，及时发布预报预警信息，做好各项气象服务工作。

今年以来台风登陆多、强度偏弱，后期须防范较强台风影响

（中国气象局　第80期　2009年7月25日）

摘　要　截至7月23日，今年在西北太平洋和南海共有6个台风生成，其中有4个在我国登陆，具有登陆个数多、强度偏弱等特点。主要原因是今年台风生成源地较常年明显偏西且海域海表温度较常年明显偏低。

今年第6号台风“莫拉菲”是今年以来登陆我国最强的台风。此次台风降水缓解了广东、广西等地的高温炎热天气，对增加水库蓄水、晚稻备耕以及缓解华南电力负荷紧张状况有利，但台风带来的狂风暴雨也给广东、广西、云南等地造成一定经济损失。

预计后期热带气旋活动将较前期活跃，7月下旬将有1个热带风暴生成，8月份将有4个热带风暴生成，并可能有2个登陆影响我国，强度较前期增强，防台减灾工作仍不可懈怠。

一、今年以来登陆我国的台风具有登陆个数多、强度偏弱等特点，主要原因是台风生成源地偏西、海表温度偏低

截至7月23日，今年在西北太平洋和南海共有6个台风生成，其中有4个在我国登陆，具有强度弱、登陆个数多等特点。

登陆个数多。与常年同期相比，今年以来西北太平洋和南海共有6个台风生成，较常年同期偏少1.5个，但登陆个数却较常年同期偏多2.1个，登陆比率高达66.7%。

由于台风生成源地偏西，在台风活动期间，恰逢其北侧或东侧存在强大的副热带高压，台风只能向西北或偏北方向移动，导致台风易在我国华南沿海登陆。

台风强度弱。台风强度通常以台风中心附近最大风速(力)来表示。常年同期，西北太平洋和南海台风活动的平均极值强度为33.2米/秒，而今年以来台风活动的平均极值强度为30.8米/秒，台风活动强度较弱。台风登陆时强度与常年同期相比，今年已登陆的4个台风登陆时的平均强度只有24.8米/秒，较常年同期(30.1米/秒)明显偏弱。

造成今年台风活动偏弱的主要原因是今年台风生成源地较常年明显偏西、海域海表温度明显偏低。今年以来的6个台风均生成于东经130度以西的海域(图80-1)，其中有3个生成于南海，3个生成于菲律宾以东近海，由于岛屿或大陆的摩擦削弱作用，这些台风在移动过程中很难有发展的空间。同时，观测表明，在5—6月期间，南海大部海域、我国台湾岛及菲律宾附近海域的海表温度较常年偏低0.4～1.2℃，不利于台风强度的发展。

二、“莫拉菲”发展快、移速快，是今年以来登陆我国最强的台风

今年第6号台风“莫拉菲”(Molave)于7月16日20时在菲律宾东部洋面生成，于19日00时50分在广东深圳市大鹏半岛(南澳镇)沿海地区登陆，登陆时中心附近最大风力13级(38米/秒)；“莫拉菲”登陆后逐渐减弱，途经广西，在云南消失(图80-2)。

发展快。“莫拉菲”从生成到加强为台风仅仅用了33个小时，且其达到极值强度时，距广东惠东仅有150千米。

移速快。“莫拉菲”生成后移速始终保持在20千米/小时，并且在西行靠近陆地的过程中，移动速度增加到25千米/小时，登陆后移速进一步增加到25～30千米/小时。

受“莫拉菲”及其外围云系影响，广东中南部、广西中部及云南南部出现了暴雨到大暴雨、局部特大暴雨，累计降雨量一般有50～150毫米，部分地区雨量160～190毫米，其中广东电白、化州雨量分别达288毫米和203毫米。与此同时，在广东珠江三角洲和粤东沿海出现了9～11级、阵风12～14

级大风。

此次台风降水缓解了广东、广西等地的高温炎热天气，对增加水库蓄水、晚稻备耕以及缓解华南电力负荷紧张状况有利。但台风带来的狂风暴雨给广东、广西、云南等地造成房屋倒塌、农作物受淹等灾害。

三、未来热带气旋活动展望与建议

预计7月下旬，将有1个热带风暴(中心风力8级)生成;8月份，将有4个热带风暴生成，其中中旬和下旬分别有一个热带气旋可能登陆我国。

后期热带气旋活动将较前期活跃，强度将较前期增强。历史中，八、九月份是强台风登陆并影响我国的主要时段，防台减灾工作仍不可懈怠，须加强防范后期强台风带来的强降水和大风对沿海地区造成的严重影响。

南方地区强降雨导致局部灾害严重，未来3天桂湘赣等地仍有强降雨

(中国气象局　第81期　2009年7月26日)

摘　要　7月23日以来，西南地区东部、淮河流域、江南、华南西部出现大范围降雨过程。安徽南部、江西东北部、湖南中部、广西北部等地降雨量有100～200毫米，局部地区降雨量有200～350毫米。此次降雨有效缓解了南方地区的干旱和长达半个月的持续高温天气，但导致局部地区出现了严重的山洪、山体滑坡和泥石流等灾害。

预计，7月26—28日，广西中北部、湖南中部、江西北部等地部分地区有大暴雨;31日，南方大部地区降雨将减弱。

华南、江南等地须及时做好城市积水排涝、病险水库排查、水位监测和地质灾害易发区域的人员安排。因上述地区后期仍有高温少雨天气，建议在做好防汛抗涝工作的同时，做好伏旱期的蓄水工作。西南地区东部是地质灾害多发区，要加强防范强降水可能引发的山洪、山体滑坡和泥石流等灾害。

中国气象局将密切监视此次强降水过程，及时发布预报预警信息，做好各项气象服务工作。

一、7月23—26日，南方大部地区出现强降雨天气，降雨对缓解干旱和高温天气有利，但局部地区洪涝灾害严重

7月23—26日，西南地区东部、淮河流域、江南、华南西部出现强降雨，降雨量一般有50～100毫米(图81-1)，安徽南部、江西东北部、湖南中部、广西北部等地降雨量有100～200毫米。湖南共有191个乡镇出现100毫米以上降雨，洪江幸福路小学的降雨量达337.6毫米;7月25日08时至26日08时，广西有19个乡镇降雨量大于100毫米，其中大化县大化镇降雨量达169.1毫米。

受此次强降雨影响，苏皖南部、浙江北部、广西东部、四川盆地近10天的降水量较常年同期偏多，但江南、华南、西南地区东部的大部地区降水量依然较常年同期偏少5～8成。

缓解高温和干旱。自7月8日以来，南方地区出现大范围的高温天气，部分地区日最高气温达到38～41℃。受持续高温天气影响，江南等地出现干旱，一些地方用水用电屡创新高。受此次降雨影响，上述大部地区高温天气得到缓解。25日，南方高温范围较24日明显缩小，仅四川东部、重庆西部和东北部、广东中部和西北部出现35～37℃的高温天气。

有利蓄水。持续的高温天气导致江淮、江南、华南等地用水量迅速增加，此次降水范围自北向南覆盖了上述大部地区，有利于各地根据需求做好水库、塘坝等蓄水工作。

局部地区出现山洪、山体滑坡和泥石流等灾害。7月23日，四川康定县舍联乡发生泥石流灾害，造成4人死亡，4人受伤，50人失踪。湖南由于暴雨引发的洪水、局部山洪、山体滑坡及雷电共

造成7人死亡(其中,洪江山体滑坡死亡4人),10人失踪(张家界洪水冲走4人,怀化洪江山体滑坡失踪6人)。

26日7时监测显示,上述地区尚未出现流域性洪涝灾害,大部流域水势平稳。

二、预计,7月26—28日,广西、湖南、江西等地仍有暴雨或大暴雨

预计,7月26—28日,我国的主雨带位于西南地区东南部、华南西部和江南大部等地。云南东南部、贵州南部、广西中北部、湖南中南部、江西中北部、苏皖南部、浙江北部等地将有大到暴雨,其中,广西中北部、湖南中部、江西北部等地的部分地区有大暴雨(图81-2);29—30日,江南北部、长江中下游沿岸有中到大雨、局部地区有暴雨,云南东南部、贵州南部、广西中北部降水将明显减弱;31日,南方大部地区降雨将减弱。

广西:26—28日,广西中北部有大到暴雨,局部地区有大暴雨,过程雨量一般有90~180毫米,局部地区可达200~280毫米。29日开始降雨将明显减弱,30—31日无明显降雨。

湖南:26—28日,湖南中南部有大到暴雨,局部地区有大暴雨,过程雨量一般有80~50毫米,局部地区可达180~260毫米。29—30日,湖南北部有中到大雨,局部地区有暴雨,湖南中南部降雨强度逐渐减弱。31日,湖南大部无明显降雨。

另外,受冷暖空气共同影响,7月30日至8月2日,西南地区将多降雨天气,其中,川西高原东部、四川盆地有大到暴雨,局部地区有大暴雨。

三、建议

1. 华南、江南等地须及时做好城市积水排涝、病险水库排查、水位监测和地质灾害易发区域的人员安排。西南地区东部更要加强防范强降水可能引发的山洪、山体滑坡和泥石流等灾害。

2. 预计7月底,江南、华南等地降水将减弱,高温少雨仍然是这两个地区的主要不利天气,应根据各地情况,做好水库、塘坝的蓄水工作。

中国气象局将密切监视此次强降水过程,及时发布预报预警信息,做好各项气象服务工作。

7月29日至8月1日汶川地震灾区将有明显降雨,须警惕山洪滑坡泥石流等地质灾害的发生

(中国气象局 第82期 2009年7月29日)

摘 要 预计7月29日至8月1日,青藏高原东部、四川大部、西北地区东南部、重庆西部和北部将先后有一次明显降雨过程。四川盆地北部累计雨量有100毫米左右,局地可达200毫米。本次过程主要降雨时段出现在7月30—31日。受其影响,川西高原东部、四川东北部、陕西南部以及重庆西北部等地部分地区发生地质灾害的可能性较大,其中四川东北部局部地区发生地质灾害的可能性大。

针对这次降雨过程,汶川地震灾区须加强对地质灾害危险点的监测排险工作,重点防范局地强降水可能诱发的山洪、山体滑坡、泥石流和城乡内涝等灾害,防范局地强降水对堰塞湖和病险水库的不利影响。另外,四川盆地要注意防范局部洪涝灾害。

中国气象局将密切监视天气变化,及时发布预报预警信息,做好各项气象服务工作。

一、汶川地震灾区将有一次明显降雨过程

预计7月29日至8月1日,青藏高原东部、四川大部、西北地区东南部、重庆西部和北部将先后有一次明显降雨过程(图82-1)。过程雨量一般有25~50毫米,四川盆地北部累计雨量有100毫米左右,盆地东北部局地累计雨量可达200毫米。本次过程主要降雨时段出现在7月30—31日。

预计7月30—31日,甘肃南部、陕西南部、川西高原、四川盆地大部、重庆北部等地有中到大雨,其中陕西南部、川西高原北部、四川盆地东北部等地的部分地区有暴雨,局部地区大暴雨,上述局部地区并伴有雷雨大风等强对流天气。

二、汶川地震灾区地质灾害气象预报

预计7月29日至8月1日，川西高原东部、四川东北部、陕西南部以及重庆西北部等地部分地区发生地质灾害的可能性较大(图82-2)，其中，四川东北部局部地区发生地质灾害的可能性大。

三、关注与建议

7月以来，四川川西高原降水较常年略偏多，其中7月14—17日，四川地震灾区出现今年以来最强降雨过程，北川、青川、江油等地出现大暴雨。受暴雨影响区域发生了洪涝、山体滑坡、泥石流等灾害，部分乡镇或县城通讯、交通中断，部分基础设施严重损坏。

未来3天的这次降雨过程对地震灾区影响较大，汶川地震灾区须加强对地质灾害危险点的监测排险工作，落实加固、预警、避险措施，重点防范局地强降水可能诱发山洪、山体滑坡、泥石流和城乡内涝等灾害，防范局地强降水对堰塞湖和病险水库的不利影响。另外，四川盆地要注意防范局部洪涝灾害。

中国气象局将密切监视天气变化，及时发布预报预警信息，做好各项气象服务工作。

黑龙江和吉林出现延迟型冷害，农作物生长季农业气象条件总体偏差

（中国气象局　第83期　2009年7月31日）

摘　要　入夏以来，东北地区中北部平均气温比常年同期偏低1～2℃，为1984年以来最低值，降雨日数较常年同期偏多；大于等于10℃的积温较常年偏少50～150℃·d，日照时数较常年偏少50～150小时，导致作物生长缓慢，发育期偏晚，延迟型冷害特征明显。7月11—23日，黑龙江中部和吉林东南部地区出现了4～10天日平均温度低于20℃的天气，部分地区低于18℃，达到了一季稻幼穗分化阶段障碍型冷害指标。

预计，8月黑龙江和吉林大部地区气温接近常年同期或略偏高，9月初霜期偏晚2～5天，虽然初霜期偏晚对前期低温影响有一定的补偿作用，但由于前期热量条件偏差的程度较大，作物受冷害影响明显，因此后期光、温条件的补偿作用有限。整体来看，东北地区中北部作物生长季(5—9月)光、温条件总体偏差，农业为平年年景。

建议黑龙江和吉林两省抓住8—9月气温条件改善的有利时机做好农田管理，及时除草和防治病虫害，增施磷钾肥，促进各种作物生长发育，减轻前期低温影响，降低冷害损失。

一、入夏以来东北地区中北部农业气象条件分析

夏季低温是制约东北地区粮豆生产的主要气象灾害之一。2009年入夏以来(6月1日至7月26日)，黑龙江和吉林大部地区发生持续低温多雨天气。黑龙江：平均气温为18.3℃，比常年偏低1.8℃，为1984年以来最低值，1951年以来历史同期第三低值；降水量全省平均达305.0毫米，大部地区较常年同期偏多5成至2倍，为1951年以来历史同期最多值；平均降水日数达37.0天，比常年同期偏多10.9天，为1951年以来历史同期最多值；日照时数一般有200～400小时，比常年同期偏少50～100小时，西部的部分地区偏少100～150小时。吉林：平均气温为19.2℃，比常年同期偏低1.4℃，为1984年以来最低值；降水量全省平均达234.9毫米，较常年同期略偏少；平均降水日数为31.4天，比常年同期偏多6.8天，为1972年以来历史同期最多；日照时数一般有270～430小时，比常年同期偏少40～110小时。6月1日至7月26日，东北大部地区大于等于10℃的积温一般有800～1200℃·d，其中黑龙江和吉林大部地区较常年同期偏少50℃·d以上，黑龙江西部和三江平原部分地区偏少100～150℃·d。

黑龙江和吉林部分地区今年5月发生了较为严重的干旱，作物播种、出苗和幼苗生长受到较大影响，使前期热量条件得不到有效利用；6月持续低温阴雨寡照，导致作物生长缓慢，苗情较差。目前，水稻、玉米、大豆植株矮小，叶面积偏小，出现严重的营养生长不良现象，生育进程与历年同期相比平均偏晚约一周左右，延迟型冷害特征明显。

7月中下旬，东北地区一季稻处于幼穗分化阶段，对光温十分敏感。7月11—23日，黑龙江中部和吉林东南部出现4～10天日平均温度低于20℃的天气，其中三江平原大部21—23日出现2～3天日平均温度低于18℃的天气，达到了一季稻幼穗分化阶段障碍型冷害指标，水稻空壳率有所增加。

二、东北地区8—9月份气候趋势及农业年景预测

7月27日开始，东北地区中北部气温明显回升，对促进作物正常生长发育比较有利，对前期低温影响有一定的补偿作用。

预计8月，除吉林东南部气温较常年同期偏低外，黑龙江和吉林大部地区气温较常年同期偏高；9月，黑龙江中西部地区气温偏低、降水偏多，黑龙江东部地区和吉林气温偏高、降水偏少。预计东北地区初霜期较常年偏晚2～5天；其中黑龙江三江平原初霜期可能发生在9月底，黑龙江松嫩平原和吉林大部初霜期可能发生在9月底到10月初，辽宁初霜期可能发生在10月中旬前。

虽然8月份黑龙江和吉林大部地区气温较常年偏高，9月初霜期可能偏晚，对前期低温影响有一定的补偿作用，但由于前期热量条件偏差的程度较大，作物受冷害影响明显，后期的补偿作用有限。整体来看，东北地区中北部作物生长季(5—9月)光、温条件总体偏差，农业为平年年景。

三、对策及建议

8月份，东北地区中北部气温将较常年同期偏高，各地应抓住有利天气气候条件，开展以促生长，保证农作物正常成熟为目标的农田管理工作。稻区要合理排灌，以提高稻田温度，同时注意防御阶段性低温对一季稻穗形成及开花授粉的不利影响；玉米和大豆等旱地作物要及时排湿散墒、中耕、锄草，增施磷、钾肥，促进作物正常生长发育。此外，由于低温多雨，田间湿度大，要加强病虫害的监测与防治，特别是要预防稻瘟病大面积的发生发展。

注：

(1)延迟型冷害是东北地区的主要冷害类型，是由于农作物生长季内温度长期偏低，热量不足，使作物生育进程缓慢，在初霜到来前不能正常成熟，造成籽粒重量和品质的下降，导致减产。

(2)障碍型冷害是指一季稻处于幼穗分化阶段遇3天以上日平均温度低于20℃或18℃(温度指标因品种特性不同而异)的天气，造成幼穗及花粉发育不良，导致空壳率增加，造成减产。

7号“天鹅”靠近广东沿海强度加强，8号“莫拉克”已经生成向东海靠近

(中国气象局　第84期　2009年8月4日)

摘　要　位于南海的热带低压已于昨夜20时加强为今年第7号热带风暴“天鹅”。08时其中心位于香港南偏东大约195千米的南海北部海面上，中心附近最大风力有8级(18米/秒)。

预计，“天鹅”将以每小时5～10千米的速度向北偏西方向移动，逐渐向广东珠江口附近海面靠近，强度还将有所加强，可能于5日中午到夜间在广东深圳至台山一带沿海登陆，也有可能在珠江口近海海面转向偏西方向移动。

广东、广西、海南、福建等地及相应海域作业、运输的船舶须尽快做好防台准备工作，防范“天鹅”带来的大风和强降雨危害。

另外，今年第8号热带风暴“莫拉克”今天凌晨在台湾以东洋面上生成，02时其中心位于台湾基隆东偏南方向大约1450千米的西北太平洋洋面上，向西偏北方向移动，并向东海靠近。

中国气象局今日08时启动气象灾害Ⅲ级应急响应命令。气象部门将密切监测“天鹅”和“莫拉克”未来动向，及时发布预报预警信息，做好防台气象服务工作。

一、南海热带低压昨夜加强为热带风暴“天鹅”，逐渐向广东珠江口附近海面靠近

位于南海的热带低压于昨夜20时加强为今年第7号热带风暴“天鹅”(Goni)，今天08时“天鹅”中心位于香港南偏东大约195千米的南海北部海面上(北纬20.5度、东经114.2度)，中心附近最大风力

有 8 级(18 米/秒)。

预计,“天鹅”将以每小时 5～10 千米的速度向北偏西方向移动,逐渐向广东珠江口附近海面靠近,强度还将有所加强,可能于 5 日中午到夜间在广东深圳至台山一带沿海登陆,也有可能在珠江口近海海面转向偏西方向移动(图 84-1)。

另外,今年第 8 号热带风暴“莫拉克”(Morakot)今天凌晨在台湾以东洋面上生成,02 时其中心位于台湾基隆东偏南方向大约 1450 千米的西北太平洋洋面上(北纬 21.1 度、东经 135.6 度),中心附近最大风力有 8 级(18 米/秒)。预计,“莫拉克”将以每小时 10 千米左右的速度向西偏北方向移动,强度逐渐加强。

二、受“天鹅”影响,我国南部沿海地区将有强风暴雨

受“天鹅”和西南季风的共同影响,4 日 08 时至 5 日 08 时,巴士海峡、巴林塘海峡、台湾海峡南部、南海大部将有 7～9 级大风,部分海域阵风可达 10～11 级;广东沿海、福建东南部沿海、海南东部沿海的风力将逐渐加大到 6～7 级,阵风可达 8～9 级(图 84-2);受热带风暴“天鹅”影响,4 日 08 时至 7 日 08 时,广东、广西东部和南部、海南等地有大到暴雨,过程雨量有 40～90 毫米;其中,广东南部、广西东南部、海南北部等地的部分地区有大暴雨,过程雨量有 100～220 毫米,局部地区过程雨量可达 250～300 毫米(图 84-3)。

三、关注与建议

广东、广西、海南、福建等地应尽快做好防台工作,及时采取应对措施,防范大风和强降雨带来的危害。在巴士海峡、巴林塘海峡、台湾东南部沿海和南海等海域航行和作业的船舶须采取措施,回避台风的不利影响。

“莫拉克”将登陆浙闽沿海,须及早做好防御工作,同时仍需关注“天鹅”后期不利影响

(中国气象局　第 85 期　2009 年 8 月 5 日)

摘　要　“莫拉克”已于今日凌晨加强为强热带风暴,今日 08 时,其中心位于台湾省基隆市东偏南方向大约 1200 千米的西北太平洋洋面上,中心附近最大风力有 10 级。预计,“莫拉克”将以每小时 20 千米左右的速度向西偏北方向移动,强度继续加强,可能于 8 月 7 日下午到 8 日上午在福建北部到浙江中部沿海登陆,预计登陆时风力将有 13 级。受其影响,我国东南沿海地区将出现狂风暴雨。

另外,“天鹅”今天早晨登陆广东台山,部分地区已出现强风和强降雨。预计“天鹅”在向偏西方向移动的过程中强度将逐渐减弱。但受其影响,8 月 5—7 日,华南地区仍将有较强降雨。

“莫拉克”登陆期间正值天文大潮期和周末,东南沿海地区须及早做好各项防台抗台减灾工作,加强防范风、暴、潮的不利影响;加强病险水库、水利设施等的排查,尤其是太湖流域目前水位较高,须密切关注“莫拉克”可能带来的汛情和流域性洪涝灾害。同时华南地区仍须加强防范“天鹅”后期的不利影响。

一、“莫拉克”强度继续加强,将于 7 日下午到 8 日上午在浙闽沿海登陆

“莫拉克”(Morakot)于今日凌晨加强为强热带风暴,今日 08 时,其中心位于我国台湾省基隆市东偏南方向大约 1200 千米的西北太平洋洋面上(北纬 22.7 度、东经 133.3 度),中心附近最大风力有 10 级(28 米/秒)。

预计,“莫拉克”将以每小时 20 千米左右的速度向西偏北方向移动,强度继续加强,8 月 7 日凌晨将进入东海海面,然后逐渐向福建北部到浙江中部沿海靠近,并可能于 7 日下午到 8 日上午在这一带沿海登陆(图 85-1),登陆时风力将有 13 级(38 米/秒)。

受其影响,8 月 5 日夜间至 6 日白天,台湾以东洋面、东海东部海面的风力将有 7～9 级;6 日夜间至

8日，台湾北部沿海、东海、福建中北部沿海、浙江沿海、长江口区的风力将有7～10级，"莫拉克"中心经过的附近海面或地区的风力将有11～13级，阵风可达14～15级。预计7—8日，台湾东部和北部、福建中北部、浙江大部、上海、江苏南部等地将有大到暴雨，其中福建东北部、浙江东部和北部的部分地区有大暴雨或特大暴雨。

二、"天鹅"登陆广东，部分地区已出现狂风暴雨；未来将减弱西移

今年第7号热带风暴"天鹅"(Goni)已于今日06时20分在广东省台山市沿海登陆，登陆时中心附近最大风力有9级(23米/秒)，中心最低气压为990百帕。今日08时，其中心仍位于广东省台山市境内(北纬21.8度、东经112.6度)，中心附近最大风力有8级(20米/秒)。

受"天鹅"影响，昨日下午，广东珠江三角洲及粤西南沿海和陆地出现了6～8级、阵风9～10级的大风，其中江门赤溪镇曹冲村出现29.4米/秒(风力11级)的阵风；同时，广东大部出现(雷)阵雨，粤西南出现暴雨，局部地区大暴雨，昨日20时至今晨6时，珠海金湾区平沙镇降雨量达186毫米。

预计，"天鹅"将以每小时10千米左右的速度向偏西方向移动，强度逐渐减弱(图85-2)。受"天鹅"和西南季风的共同影响，8月5日白天到夜间，南海大部、广东中西部沿海、海南东部沿海将有6～8级大风，部分海域或地区的阵风可达9～10级。5—7日，广西南部、广东西南部、海南大部等地有大到暴雨，部分地区有大暴雨。

三、关注与建议

"莫拉克"登陆期间正值天文大潮期和周末，东南沿海地区须及早做好各项防台抗台减灾工作，加强防范风、暴、潮的不利影响。东南沿海地区相关海域海上作业船只须及时回港避风；加强病险水库、水利设施等的排查，提前采取措施，加强城乡积涝、局地山洪、泥石流和山体滑坡等灾害的防范。尤其是太湖流域目前水位较高，须密切关注"莫拉克"可能带来的汛情和流域性洪涝灾害。

另外，"天鹅"虽然已经登陆，但华南地区仍有较强降水，仍须加强防范较强降水可能引发的地质灾害。

台风"莫拉克"将严重影响闽浙赣沪苏皖

(中国气象局　第86期　2009年8月6日)

摘　要　"莫拉克"于昨天14时发展为台风，今天08时，其中心位于我国台湾省基隆市东偏南方向大约670千米的西北太平洋洋面上，中心附近最大风力有13级。

预计，"莫拉克"将以每小时20千米左右的速度向西偏北方向移动，强度继续加强，可能于8月7日夜间至8日早晨擦过或登陆台湾东北部，然后向福建北部到浙江中部一带沿海靠近，可能于8日中午到9日早晨在福建北部到浙江中部一带沿海登陆，登陆时风力将有13级。福建、浙江、江西、上海、江苏和安徽将受到严重影响。

"莫拉克"登陆时间正值天文大潮期和周末，福建、浙江、江西、上海、江苏和安徽等省(市)须密切关注"莫拉克"发展动向，加强防范风、暴、潮的危害；进一步加强对病险水库、水利设施等的排查，防范"莫拉克"可能带来的汛情和流域性洪涝灾害。

一、"莫拉克"逐渐向我国东南沿海靠近，强度继续加强

"莫拉克"于昨天(8月5日)14时发展为台风，今天(6日)08时位于我国台湾省基隆市东偏南方向大约670千米的西北太平洋洋面上(北纬23.4度、东经128.3度)，中心附近最大风力有13级(40米/秒)。

预计，"莫拉克"将以每小时20千米左右的速度向西偏北方向移动，逐渐向台湾东北部一带沿海靠近，强度继续加强，可能于8月7日夜间至8日早晨擦过或登陆台湾东北部，然后向福建北部到浙江中部一带沿海靠近，并有可能于8日中午到9日早晨在福建北部到浙江中部一带沿海登陆，预计登陆时风力有13级(40米/秒)(图86-1)。

二、“莫拉克”将严重影响闽浙赣沪苏皖

受“莫拉克”影响，预计8月6日，台湾以东洋面、东海大部、台湾海峡、台湾东部和北部沿海将有7～10级大风，“莫拉克”中心经过的附近海面的风力有11～15级，巴士海峡、巴林塘海峡将有7～8级大风；7～9日，南海大部、巴士海峡、巴林塘海峡、台湾海峡、东海、台湾、福建东部、浙江东部、长江口区将有7～10级大风，“莫拉克”中心经过的附近海面或地区的风力有11～15级，阵风可达16～17级(图86-2)。

预计6日，台湾北部和东部的部分地区将有大到暴雨；7—10日，台湾大部、福建大部、浙江大部、江西、上海、江苏南部、安徽南部等地将有大到暴雨，其中台湾北部和东部、福建北部、浙江东部和南部、江西东部的部分地区有大暴雨或特大暴雨，降雨量一般有150～250毫米、局地300～450毫米，台湾北部局地雨量可达500毫米以上(图86-3)。

三、“天鹅”继续向西移动，强度减弱，华南仍将有雨

今年第7号热带风暴“天鹅”已于今日02时在广东省阳江市境内减弱为热带低压，08时，其中心仍位于广东省阳江市境内(北纬22.0度、东经111.7度)，最大风力有7级(16米/秒)。

预计，“天鹅”将以每小时5～10千米的速度向偏西方向移动，尔后逐渐转向西南方向移动，强度缓慢减弱。

受“天鹅”减弱后的热带低压和西南季风的共同影响，8月6日白天到夜间，南海大部、广东中西部沿海、海南东部沿海将有6～7级大风，部分海域或地区阵风可达8级；广东西南部、广西东南部、海南中北部有大到暴雨，降雨量有30～70毫米，其中，广东西南部的部分地区有大暴雨，降雨量有100～150毫米，局部降雨量可超过200毫米。

四、关注与建议

“莫拉克”登陆时间正值天文大潮期和周末，福建、浙江、江西、上海、江苏和安徽等地须密切关注“莫拉克”发展动向，及时采取应对措施，防范风、暴、潮的危害，并做好防范城乡积涝、局地山洪、泥石流和山体滑坡等措施；在相关海域海上作业船只须及时回港避风；沿海地区须进一步加强对病险水库、水利设施等的排查，特别是太湖及周边河网地区近期水位居高不下，尤须加强雨情、水情的监测，防范“莫拉克”可能带来的汛情和流域性洪涝灾害。

东北地区西部和内蒙古中东部出现旱情并将持续

(中国气象局　第87期　2009年8月12日)

摘　要　内蒙古中东部6月1日以来降水量较常年同期偏少5成左右。辽宁西部部分地区6月21日以来降水量较常年同期偏少5成以上。吉林西部7月21日以来降水量较常年同期偏少8成，居历史同期少雨的第1位。尤其是7月25日以来，东北地区西部多晴热少雨天气，截至8月12日，黑龙江西南部、吉林西部、辽宁西部部分地区、内蒙古中东部存在轻到中度旱情，其中辽宁和黑龙江的局部地区以及内蒙古中东部地区为重旱。

预计8月15日之前，东北地区西部、内蒙古中东部旱区基本无雨；16—20日，将有小雨天气过程。未来10天，旱区大部平均气温将比常年同期偏高2℃左右，土壤蒸发加剧，旱情仍将持续。干旱将对当地农业生产造成影响，建议及时开展抗旱工作。

一、近期东北地区西部多晴热少雨天气，出现不同程度旱情

旱情发展过程：内蒙古中东部6月1日以来降水量较常年同期偏少5成左右。辽宁西部部分地区6月21日以来降水量不足50毫米，降水量较常年同期偏少5成以上。吉林西部7月21日以来降水量比常年同期偏少8成，居历史同期少雨的第1位。尤其是7月25日以来，东北地区西部多晴热少雨天气，大部地区降水量不足10毫米，其中黑龙江西南部、吉林西部、辽宁西部部分地区降水量不足5毫米，出现不同程度的旱情。8月8日土壤水分监测结果表明，黑龙江西南部、吉林西部、辽宁西部部分地区、内蒙古中东部土壤缺墒或持续缺墒(图87-1)。8月8日以来，东北地区西部基本无降水，内蒙古中东部旱区大部仅出现少量降水，旱情有所发展。

旱情实况及影响：截至8月12日，黑龙江西南部、吉林西部、辽宁西部部分地区、内蒙古中东部存在轻到中度旱情，其中辽宁朝阳县、北票市、建平县、义县、凌海市，黑龙江杜尔伯特、大庆以及内蒙古中东部大部为重旱。据统计，吉林西部受旱面积为121万公顷，严重受旱面积为34万公顷，干枯面积为1.3万公顷；辽宁西北部地区农作物受旱面积已达68万公顷，其中重旱23万公顷，干枯6万公顷。干旱对东北地区西部、内蒙古东部部分旱区的玉米开花授粉不利，使正值灌浆期的玉米灌浆缓慢，干物质累积少，影响产量形成；吉林西部部分旱区抽雄偏晚的玉米还遭受了“卡脖旱”。

二、未来10天东北地区西部等旱区旱情将持续

预计8月15日之前，东北地区西部、内蒙古中东部旱区基本无雨；16—20日，辽宁、吉林、内蒙古中东部旱区将有小雨天气过程，降雨量一般有3～8毫米，局部地区有10～20毫米。未来10天，旱区大部平均气温将比常年同期偏高2℃左右，土壤蒸发加剧，旱情仍将持续。

三、农业生产建议

目前，东北地区、内蒙古中东部的玉米、大豆等作物正处于产量形成关键期，需水量大，干旱对当地农业生产将造成影响。建议各地及时组织开展抗旱工作，加强水源管理和开发，做好抗旱用水调度。根据天气变化和土壤墒情，适时进行节水灌溉，及时中耕保墒，加强病虫害防治。气象部门将根据天气变化适时开展人工增雨作业。

8月以来东北大部、华北及内蒙古东部地区旱情发展，16—19日旱区将有降雨过程，对缓和旱情有利

（中国气象局　第88期　2009年8月14日）

摘　要　8月以来，东北大部及内蒙古东部区域平均降水量仅18.3毫米，为1951年以来历史同期最小值，其中辽宁、内蒙古均为1951年以来历史同期最小值，吉林为第2小值；同时，上述地区气温较常年同期偏高1℃以上，导致东北大部及内蒙古东部气象干旱持续发展。另外，8月至今，华北地区降水明显偏少，11日以来，华北地区又持续出现大范围高温天气，气象干旱呈发展态势。

8月14日气象干旱监测显示：辽宁、吉林、内蒙古东部存在大范围中旱区，吉林西部、辽宁东部和中部及内蒙古东南部出现重度干旱区，局地特旱。华北南部和北部有轻旱，山西南部和北部、河北北部均达到中旱，河北西北部局地有重旱。

预计8月16—19日，内蒙古中东部、东北地区、华北北部和西部等气象干旱区将有降雨过程，降雨量一般有10～30毫米，局部有50～70毫米，降雨对缓和上述地区的旱情较为有利，但吉林东南部和辽宁东部等地仍将有中度气象干旱。

针对此次降水过程，气象部门已做好人工增雨作业准备。中国气象局已于8月14日派出抗旱工作组前往吉林、辽宁、内蒙古指导抗旱气象服务工作。

一、8月以来东北大部及内蒙古东部地区旱情持续发展

1.东北大部及内蒙古东部地区干旱发展动态

8月以来（8月1—14日），东北大部及内蒙古东部大部地区累计降水量普遍在50毫米以下，其中内蒙古东南部、辽宁大部、吉林西部、黑龙江西南部降水量不足10毫米。东北大部及内蒙古东部区域平均降水量仅18.3毫米，为1951年以来历史同期最小值，其中辽宁、内蒙古均为1951年以来历史同期最小值，吉林为第2小值。与常年同期相比，东北大部及内蒙古东部降水量偏少3成以上，其中内蒙古东南部、辽宁、吉林西部和东南部、黑龙江西南部偏少8成以上。同时，东北大部及内蒙古东部的气温较常年同期偏高1℃以上，部分地区偏高2～4℃。

高温少雨导致东北大部及内蒙古东部气象干旱持续发展。8月1日，内蒙古东部、辽宁、吉林大部

以及黑龙江西南部出现轻度气象干旱，吉林西部、内蒙古东部局地存在中度气象干旱(图 88-1)；8 月 5 日，中度干旱范围扩展至内蒙古东南部、吉林西部和东南部等地，局部地区出现重度气象干旱(图 88-2)；8 月 10 日，内蒙古东南部、辽宁西北部中度干旱范围进一步扩大(图 88-3)；8 月 11 日以来，内蒙古东南部、辽宁西部出现持续高温天气(日最高气温≥35℃)，加速了该地区旱情的发展；至 8 月 14 日，吉林西部、辽宁东部和中部及内蒙古东南部出现重度干旱区，局地达到特旱(图 88-4)。

2. 东北大部与内蒙古中东部干旱已对作物产生影响

干旱对东北地区西部、内蒙古东部旱区的玉米开花授粉不利，使正值灌浆期的玉米灌浆缓慢，干物质累积少，影响产量形成。其中，吉林中西部部分旱区抽雄偏晚的玉米遭受了“卡脖旱”；辽宁部分坡岗地及贫瘠地块玉米生长停滞，植株矮小、叶片枯黄，雄穗无粉干瘪，吐丝困难，花期不育，造成空秆、无棒，大面积枯黄死亡绝收；平地及前期浇水少的玉米底叶枯黄，果穗小，减产已成定局。

二、8 月 11 日以来华北地区持续出现高温天气，干旱发展

1. 华北地区干旱发展动态

8 月以来，华北区域平均降水量 23.9 毫米，较常年同期偏少 63%，为 1951 年以来历史同期次小值，仅比历史同期最小值多 0.5 毫米(1991 年，23.4 毫米)。其中河北北部、山西西南部局部降水量不足 10 毫米。8 月 11 日以来，华北地区持续出现大范围高温天气，部分地区最高气温达到 37℃以上，河北部分地区日最高气温突破 8 月历史极值。

降水量偏少和持续高温天气导致华北地区气象干旱发展。8 月上旬初，河北北部和中南部、山西北部和南部出现轻度气象干旱，山西东南部局地有中旱；至 8 月上旬末，旱区范围有所扩大，河北西北部、山西南部达中旱等级；8 月 14 日，山西南部和北部、河北北部均达到中旱，河北西北部局地已发展为重旱。

2. 华北地区高温少雨，春玉米等作物的正常生长受到影响

8 月以来，河北北部和中南部的部分地区、山西北部和南部等地出现旱情，特别是河北张家口地区旱情较为严重，大部农田 10～20 厘米土壤相对湿度仅为 20%～50%，并出现 3～17 厘米的干土层，春玉米抽雄及灌浆受到不同程度的影响。河北中南部大部地区墒情基本适宜，但黑龙港流域部分地区 7 月以来降水偏少，水分条件欠佳，部分棉田存在旱象，棉株长势较差，有早衰迹象，对棉花开花结铃有一定不利影响。

三、未来一周气象干旱发展趋势预报

预计 8 月 16—19 日，内蒙古中东部、辽宁、吉林、山西东北部和南部、河北北部等气象干旱区将有降雨天气过程，雨量分布不均，降雨量一般有 10～30 毫米，局部有 50～70 毫米，对缓和旱区旱情较为有利。

预计未来一周，内蒙古东部及东北、华北旱区的气象干旱将明显缓和，但上述旱区大部仍有轻旱，吉林东南部、辽宁东部等地有中度气象干旱。

四、关注与建议

目前，东北、内蒙古中东部和华北地区玉米、大豆等作物正处于产量形成的关键期，需水量大，内蒙古中东部、辽宁、吉林等地须充分利用此次降水过程，及时中耕保墒，并适时适量施用“攻籽肥”，以防作物早衰，促进作物充分灌浆，提高千粒重。

降水偏少地区仍须及时组织开展抗旱工作，加强水源管理和开发，合理调度旱区用水。根据天气变化和土壤墒情，适时进行节水灌溉，以减轻干旱损失，保证作物正常生长。另外，各地还须做好病虫害的监测与防治工作。

针对此次降水过程，气象部门已做好人工增雨作业准备。中国气象局已于 8 月 14 日派出抗旱工作组前往吉林、辽宁、内蒙古指导抗旱气象服务工作。

汶川地震灾区将有较强降雨，江南华南高温天气仍将持续

（中国气象局　第89期　2009年8月26日）

摘　要　未来3天，汶川地震灾区将有较强降雨，须加强对地质灾害隐患点的巡查和排险，防范局地强降雨可能引发的山洪、滑坡、泥石流等灾害。

8月15日以来，南方地区持续出现大范围高温天气过程。明天开始，重庆、贵州、湖北西部的高温天气将逐渐结束，但江南华南地区高温天气仍将持续3天左右。8月26日气象旱情监测显示，重庆东部、贵州、湖北大部、湖南北部、广西西部等地出现轻度干旱，贵州南部和广西西部的部分地区、湖南西北部出现中到重度干旱。另外，今明两天，内蒙古东部、辽宁西部、吉林西部等北方干旱区将有阵性降雨过程。气象部门将抓住有利天气条件及时开展人工增雨作业。

一、汶川地震灾区将有较强降雨

四川地震灾区：8月26—27日，有中到大雨或雷阵雨（15～40毫米），局地暴雨（50～80毫米）；28—29日，有大到暴雨（40～70毫米），局地大暴雨（100～130毫米）（图89-1）。

甘肃南部和陕西南部地震灾区：8月26—27日，有3～8毫米的阵性降雨；28—29日，有大到暴雨（40～70毫米），局地大暴雨（100～130毫米）。

二、南方地区持续出现大范围高温天气，北方旱区将有阵性降雨过程

1.南方地区持续出现大范围高温天气。8月15日以来，南方大部地区出现持续大范围高温天气过程，日最高气温一般有35～38℃，局部地区达39～40℃，其中，江南大部、华南北部及重庆东部、湖北东部等地高温日数有6～8天，局部地区在8天以上。8月15—25日，湖北、湖南、江西、浙江、贵州、重庆等6省（市）平均高温日数为5.7天，比常年同期偏多4.0天，为1960年以来历史同期最大值。8月26日气象旱情监测显示，重庆东部、贵州、湖北大部、湖南北部、广西西部、广东东部、江西南部等地出现轻度干旱，其中贵州南部和广西西部的部分地区、湖南西北部出现中到重度干旱。

2.江南华南高温天气仍将持续。预计，我国南方地区高温范围呈逐渐减小趋势，明天开始，重庆、贵州、湖北西部的高温天气将逐渐结束。但江南、华南等地的部分地区仍将有3天左右（8月27—29日）35℃以上的高温天气。

3.北方旱区将有阵性降雨过程。8月26—27日，内蒙古东部、辽宁西部、吉林西部等北方干旱区将有阵性降雨过程，雨量分布不均，一般有2～8毫米（图89-1）。另外，8月29—30日，湖南西北部等南方旱区将有一次弱的降雨过程，雨量在10毫米以下，湖北西南部局地有10～25毫米的降雨。气象部门将抓住有利天气条件及时开展人工增雨作业。

三、关注与建议

未来3天，汶川地震灾区将有较强降雨，须加强对地质灾害隐患点的巡查和排险，防范局地强降雨可能引发的山洪、滑坡、泥石流等灾害。

江南华南的高温天气仍将持续，须继续做好防暑降温工作，防范高温对健康卫生、电力设施等带来的不利影响。

未来10天东北农区大部无初霜冻出现

（中国气象局　第90期　2009年9月4日）

摘　要　根据中国气象局、农业部2009年东北地区初霜冻预测联合会商结果，未来10天除内蒙古东部呼伦贝尔市和黑龙江西北部大兴安岭的部分地区将出现初霜冻外，东北农区大部无初霜冻出现，对作物后期籽粒灌浆有利。另外，9月2日夜间至3日早晨，新疆北部部分地区出现初霜冻，对棉花品质有不利影响；预计新疆北部大部分地区将于9月中旬出现初霜冻，对棉花裂铃吐絮和采摘、玉米乳熟和成熟收获影响不大。

建议东北中北部、内蒙古中东部地区须采取有效措施防低温和霜冻天气；水稻田要注意以水调温，在农技部门指导下喷施叶面肥，减轻低温和霜冻对水稻的不利影响；旱地应及时采取适宜措施，改善农田通风透光条件，提高地温，促进玉米、大豆等作物充分灌浆和正常成熟。

中国气象局将加强初霜冻的实时监测和滚动预报，及时做好相关气象服务工作。

一、预计未来10天东北农区大部无初霜冻

预计9月5—7日，将有一股冷空气自西向东影响内蒙古东部和东北地区，降温幅度一般有4～6℃，其中内蒙古东北部和黑龙江北部的局部地区降温幅度可达8～10℃左右，上述大部分地区还将伴有3～15毫米的降水，仅在内蒙古东部的呼伦贝尔市部分地区和黑龙江西北部的大兴安岭部分地区出现初霜冻，东北农区大部无初霜冻出现。

另外，9月2日夜间至3日早晨，新疆北部部分地区出现了初霜冻；预计新疆北部大部分地区将于9月中旬出现初霜冻。

二、初霜冻对未来农业生产影响评估

1.入夏以来东北地区中北部农作物生长进程偏晚，长势一般

入夏至7月下旬前期，东北地区中北部持续低温阴雨，水稻、春玉米等作物营养生长不足，发育期延迟，水稻有效分蘖减少，对产量的影响不可逆转；8月下旬后期，东北地区中北部再度出现日平均气温小于16℃的低温时段，对水稻、玉米、大豆等作物籽粒灌浆十分不利，作物籽粒灌浆速度减缓，籽粒饱满度和粒重下降。目前，东北地区中北部各类作物长势一般；东北地区南部的大部地区作物长势良好。

2.未来天气趋势将有利于作物后期籽粒灌浆

初霜冻出现时期以及后期热量条件将是水稻、玉米、大豆等作物产量形成的重要影响因素。根据目前东北地区初霜冻趋势预测，未来10天东北地区农区大部不会出现初霜冻，将对作物后期籽粒灌浆有利。但由于目前东北地区中北部水稻、玉米等作物生长进程普遍偏晚，即使后期气象条件接近常年同期状况或略偏好，大部地区的水稻和部分地区的玉米仍然不能完成充分灌浆过程，影响成熟度和粒重。

另外，目前新疆北部棉花生育进程偏晚，牧草长势接近常年同期。9月2日夜间至3日早晨新疆北部部分地区出现的初霜冻对棉花裂铃吐絮、玉米籽粒灌浆不利，容易造成棉铃重降低，棉纤维强度减小，影响棉花品质；玉米籽粒灌浆速度减缓，籽粒饱满度下降。但由于新疆北部大部分地区要到9月中旬才会出现初霜冻，对棉花裂铃吐絮和采摘、玉米乳熟和成熟收获比较有利。

三、农业生产建议

东北中北部、内蒙古中东部地区须采取有效措施防低温和霜冻天气；水稻田要注意以水调温，在农技部门指导下喷施叶面肥，减轻低温和霜冻对水稻的不利影响；旱地应及时采取适宜措施，改善农田通风透光条件，提高地温，促进玉米、大豆等作物充分灌浆和正常成熟。

中国气象局与农业部针对东北初霜冻进行了预测联合会商。中国气象局将进一步加强初霜冻的实时监测和滚动预报，及时做好相关气象服务工作。

西北华北出现持续阴雨寡照天气，对作物生长不利

（中国气象局　第91期　2009年9月7日）

摘　要　9月3日以来，甘肃、陕西、山西、河北、京津以及内蒙古、山东的部分地区出现持续阴雨寡照天气。其中陕西北部、山西中北部、河北中南部、天津北部以及山东西北部累计降水量有50～90毫米。上述地区大部还同时出现了6～8℃、局部地区10～12℃的降温，平均气温比常年同期偏低2～4℃。

预计未来一周，西北地区东部、华北西部将持续阴雨天气，过程降水量一般有15～40毫米，局部地区有50～70毫米，气温回升缓慢。

目前，西北、华北大部秋收作物处于灌浆乳熟期，部分地区已进入成熟收获期，持续阴雨寡照将对作物生长不利。西北地区东部、华北各地要加强作物后期管理，争取主要作物正常成熟，确保经济作物品质和产量。西北和华北地区在做好水库及塘坝蓄水工作的同时，还须加强防范局地较强降雨可能引发的滑坡、泥石流及山洪等灾害。

中国气象局将加强天气监测和预报，及时做好气象服务工作。

一、西北、华北地区出现持续阴雨寡照天气

9月3—7日，西北地区东部、华北大部出现持续阴雨天气，累计降水量一般有15～40毫米（图91-1），其中陕西北部、山西中北部、河北中南部、天津北部以及山东西北部累计降水量有50～90毫米。降水量较大的地方有：河北衡水181毫米、冀州176毫米，山东宁津163毫米。

同时，受冷空气和降雨影响，上述地区的平均气温下降了6～8℃，局部地区降温幅度达10～12℃，比常年同期偏低2～4℃。

二、未来一周，西北地区东部、华北西部将持续阴雨天气

预计未来一周（9月7—12日），西北地区东部、华北西部将持续阴雨天气。青海东部和北部、甘肃中南部、宁夏、内蒙古河套附近地区、陕西、山西等地有小雨，其中青海东南部、甘肃南部和东部、宁夏、内蒙古河套附近地区、陕西北部和西南部、山西中部等地有中到大雨，局地有暴雨。上述地区过程降水量一般有15～40毫米，局部地区有50～70毫米，气温回升缓慢。

三、连阴雨对农业生产影响评估

目前，西北、华北的秋收作物处于灌浆乳熟期，部分地区已进入成熟收获期。受阴雨和冷空气影响，青海、甘肃大部、陕西北部、山西北部、河北北部日平均气温降至10～16℃，低于玉米、大豆、水稻等作物籽粒灌浆的下限。低温阴雨寡照天气影响作物光合作用，不利于养分传输，使作物籽粒灌浆速度减缓、籽粒饱满度不够、粒重下降。

西北地区中东部：近日的阴雨寡照天气，不利于春小麦、春玉米等作物的结实、马铃薯块茎膨大以及收割、打碾及晾晒。同时，持续阴雨易导致马铃薯晚疫病和细菌性茎腐病以及当地经济作物等高湿型病害的发生。

华北中西部：降水多、气温低和日照不足，不利于夏玉米灌浆、大豆结荚鼓粒和棉花裂铃吐絮。多雨寡照利于马铃薯成熟收获，但土壤湿度过大易造成马铃薯块茎腐烂，增加晚疫病发生几率。

四、农业生产建议

西北地区东部、华北各地要加强作物后期管理，争取作物正常成熟，确保品质和产量。棉田要及时整枝打叶，增加通风透光率，抓紧采收霜前花，保证棉花质量；对于贪青晚熟的作物，要采取有效促早熟措施，提高成熟度，以防御低温、初霜造成的危害。

西北和华北地区在做好水库及塘坝蓄水工作的同时，还须加强防范局地较强降雨可能引发的滑坡、泥石流及山洪等灾害。

北方和南方旱区气象干旱将持续发展

（中国气象局　第92期　2009年9月8日）

摘　要　9月1日以来，北方旱区的部分地区出现了降水，气象干旱略有缓和，但内蒙古东南部偏南地区、吉林东部、辽宁北部降水量不足10毫米，气象干旱持续，其中辽宁朝阳和内蒙古赤峰等地为重旱；南方旱区基本没有出现降水，气象干旱发展，其中贵州余庆、石阡和锦屏为重旱，湖南沅江、祁阳，广西巴马、河池和柳江达到特旱。据9月7日统计，内蒙古、辽宁、吉林、河北、广西、贵州、湖南7省（区）耕地干旱影响面积为11700万亩。预计未来一周，南、北方旱区仍无明显降水，旱情将有不同程度发展。

南、北方旱区须继续做好抗旱工作，合理调配水源，确保人畜用水；南方正值晚稻孕穗至抽穗期，各地须加强田间管理，保持田间适当的水分，防过旱断水。同时各地还要力争农时，适时开展秋种。此外，持续干旱造成森林火险等级偏高，须加强森林防火工作。

中国气象局将加强旱区天气监测和预报，及时开展人工增雨作业，最大限度地增加降水，做好抗旱气象保障服务工作。

一、目前我国南北方旱情仍然较重

9月1日以来，河北北部、辽宁西南部、内蒙古东南部偏北旱区出现了10～20毫米的降水，气象干旱略有缓和，而内蒙古东南部偏南地区、吉林东部、辽宁北部降水量不足10毫米，气象干旱持续；湖南、贵州、广西等旱区基本没有出现降水，气象干旱发展。

目前，河北北部、内蒙古东南部、辽宁西部、吉林西南部和广西西北部、贵州大部、湖南北部旱区存在中等程度气象干旱，局部地区达重旱。其中，湖南的张家界、常德、汉寿、安华、汨罗、邵阳等12县市重旱，沅江、祁阳达特旱；广西北部的29个县市为重旱，巴马、河池、柳江等地达特旱；贵州余庆、石阡和锦屏3县为重旱；辽宁朝阳和内蒙古赤峰等地为重旱。据9月7日统计，内蒙古、辽宁、吉林、河北、广西、贵州、湖南7省(区)耕地干旱影响面积为11700万亩(表92-1)，与8月31日(11985万亩)基本持平。其中北方旱区干旱影响面积减少，而南方旱区干旱影响面积增加。

表92-1 2009年9月7日气象干旱区分省(区)耕地影响面积(单位:万亩)

北方旱区				南方旱区		
辽宁	吉林	内蒙古	河北	广西	贵州	湖南
1278.0	2017.5	2599.5	514.5	1509.0	1626.0	2151.0

二、南北方旱区未来一周无明显降水，旱情将持续发展

预计未来一周，北方旱区的内蒙古东部偏南地区、吉林西部、辽宁西北部等地基本无降水；南方旱区的贵州中南部、湖南北部、广西北部等地无明显降水过程，部分地区有分布不均匀的分散型阵雨或雷阵雨。上述地区旱情将持续发展。

三、干旱对农业生产影响评估

9月1日以来，内蒙古东南部、吉林西南部和辽宁西部大部地区旱情为轻到中度等级，玉米、大豆等作物叶片卷曲、萎蔫、灌浆受阻，部分地区绝收。江汉、江南中西部、华南中西部、西南地区东部持续温高少雨，其中湖南大部、江西大部、广西中北部、广东北部、贵州东部日最高气温≥35℃的高温日数达2～6天，塘库蓄水严重不足，旱地土壤失墒加剧，部分地区干旱达到中度等级，甘蔗、玉米等作物生长受到影响，不利于秋种工作开展。

四、建议

南、北方旱区须继续做好抗旱工作，合理调配水源，确保人畜用水。气象部门将抓住每次有利的天气条件，组织开展人工增雨作业，最大限度地增加降水，缓和旱情。

目前南方正值晚稻孕穗至抽穗期，各地须及时加强田间管理，保持田间适当的水分，防过早断水。同时各地还要力争农时，适时开展秋种。

此外，持续干旱造成森林火险等级偏高，须加强森林防火工作。

第13号热带风暴“彩虹”将于今天夜间到明天中午在广东湛江到海南万宁一带沿海登陆

(中国气象局 第93期 2009年9月10日)

摘　要　南海热带低压今天早晨加强成为今年第13号热带风暴“彩虹”(Mujigae)，将于今天夜间到明天中午在广东湛江到海南万宁一带沿海登陆。

中国气象局9月10日08时40分启动气象灾害Ⅳ级应急响应。海南、广东省气象局启动气象灾害Ⅲ级应急响应。气象部门将密切监测第13号热带风暴未来动向，及时发布预报预警信息，做好防台气象服务工作。

一、今年第 13 号热带风暴"彩虹"于今天夜间到明天中午在广东湛江到海南万宁一带沿海登陆

南海热带低压于今天早晨加强成为今年第 13 号热带风暴"彩虹"(Mujigae),今天 08 时风暴中心位于海南省文昌市东偏南方向大约 450 千米的海面上,就是北纬 18.9 度、东经 115.2 度(图 93-1),中心附近最大风力有 8 级(18 米/秒)。预计,风暴中心将以每小时 25～30 千米的速度向西偏北方向移动,逐渐向广东湛江到海南万宁一带沿海靠近,将于今天夜间到明天中午在这一带沿海登陆,强度还将有所加强。

受热带风暴和西南季风的共同影响,今明两天,南海大部、北部湾、巴士海峡、巴林塘海峡、台湾海峡将有 6～8 级大风,部分海域阵风可达 9～10 级,广东、海南、广西沿海的风力也将逐渐加大到 6～7 级,部分地区阵风可达 8～9 级;广东沿海和海南大部将有中到大雨,其中雷州半岛和海南东部的部分地区有暴雨,局地大暴雨。

二、建议

海南、广东、广西等地应注意防范风雨带来的不利影响。

全运会火炬传递将受到第 13 号热带风暴"彩虹"(Mujigae)的影响,请有关部门及时做好准备。

中国气象局 9 月 10 日上午 8 时 40 分启动气象灾害Ⅳ级应急响应。海南、广东省气象局启动气象灾害Ⅲ级应急响应。

第 14 号和 15 号热带风暴今日相继生成,第 15 号热带风暴将登陆广东中部到海南东部一带

(中国气象局　第 94 期　2009 年 9 月 13 日)

一、今年第 15 号热带风暴于 13 日凌晨生成,将于 14 日下半夜到 15 日上午在广东中部到海南东部一带沿海登陆

今年第 15 号热带风暴(暂未命名)[注]于 13 日凌晨在菲律宾吕宋岛北部近海海面生成,13 日 07 时其中心位于菲律宾吕宋岛西北部近海(北纬 18.9 度、东经 120.1 度),中心附近最大风力有 8 级(18 米/秒)。

预计,风暴中心将以每小时 15～20 千米的速度向西偏北方向移动,将于 13 日上午进入南海北部海面,然后向广东中部到海南东部一带沿海靠近,强度逐渐加强,并将于 14 日下半夜到 15 日上午在这一带沿海登陆,最大可能在广东西部沿海登陆,登陆时强度估计为强热带风暴(25～30 米/秒)(图 94-1)。

受其影响,13 日,巴士海峡、巴林塘海峡、台湾海峡南部海面、南海中部和北部海面将有 6～8 级大风,风暴中心经过的附近海面风力可达 8～9 级,阵风可达 10～11 级;13 日夜间,广东中东部沿海的风力将逐渐加大到 5～7 级。14—15 日,台湾海峡南部海面、南海北部和中部海面、广东沿海将有 7～9 级大风,风暴中心经过的附近海面或地区风力可达 10～11 级,阵风可达 12～14 级;海南东部和北部沿海、琼州海峡、北部湾、广西沿海也将 6～8 级大风,部分海域或地区阵风可达 9～10 级。14—16 日,福建东南部、广东大部、海南大部、广西大部、贵州南部、云南东部等地将有大雨或暴雨,其中广东南部及西部沿海和珠江口附近地区、海南北部、广西南部的部分地区有大暴雨,广东的局部地区有特大暴雨。

二、今年第 14 号热带风暴"彩云"(Choi-wan)于 13 日凌晨在西北太平洋洋面上生成

今年第 14 号热带风暴"彩云"(Choi-wan)于今天凌晨在西北太平洋洋面上生成,今天 07 时其中心位于美国关岛东偏北方大约 650 千米的洋面上(北纬 15.7 度、东经 150.3 度),中心附近最大风力有 8 级(18 米/秒)。

预计,13—17 日,"彩云"将以每小时 15～20 千米的速度向西偏北方向移动,强度逐渐加强(图 94-2)。18 日以后,"彩云"将在琉球群岛东南部洋面(北纬 20 度、东经 135 度附近)有转向偏北方向移动的趋势,由于时效较长,中国气象局将密切监视其变化,及时报告最新信息。

三、建议

广东、海南、广西、云南、贵州等地以及南海中北部等海上航行和作业船只须注意防范风雨带来的不利影响。

注：热带风暴命名由世界气象组织东京区域专业气象中心给出。中央气象台根据观测资料分析，确定菲律宾吕宋岛北部近海的热带低压已经达到热带风暴强度，所以对其编号为第 15 号热带风暴，但目前东京区域专业气象中心还没有为其命名，所以暂时还没有名字。

汶川地震灾区仍将有较强降雨，须加强防范地质灾害

（中国气象局　第 95 期　2009 年 9 月 14 日）

摘　要　自 9 月 3 日以来，汶川地震灾区相继出现较强降雨，此次降雨过程具有强降水局地性强、主要出现在汶川地震重灾区，强降水历时时间短、时段集中和局地致灾重的特点。

预计未来一周，降雨时段将主要集中在 18—19 日，四川盆地西部、陕西西南部等地降水量将有 30～50 毫米，部分地区可达 60～70 毫米；须继续加强对地质灾害隐患点的巡查和排险，防范局地较强降雨可能引发的山洪、滑坡、泥石流等灾害。

中国气象局在前期监测、预报的基础上，将继续密切关注汶川地震灾区天气变化，随时做好预警信息发布工作。

一、近期汶川地震灾区相继出现较强降雨

自 9 月 3 日以来，西北地区东部至四川盆地中北部多降雨天气，其中 9 日前，上述地区多以阵雨天气为主，雨量一般为小到中雨；9—13 日，甘肃东南局地、陕西西南部、四川盆地西部等地出现中到大雨，局地暴雨。9 月 3 日以来的降雨过程具有强降水局地性强、主要出现在汶川地震重灾区，强降水历时时间短、时段集中和局地致灾重的特点。

强降水局地性强，主要出现在汶川地震重灾区。9 月 3 日 08 时至 14 时 08 时，甘肃南部、陕西西南部、四川盆地西部累计降水量一般有 30～90 毫米，甘肃东南局地、陕西西南部、四川重灾区达 110～270 毫米，局部地区超过 300 毫米，其中地震重灾区的四川江油 301 毫米、安县 307 毫米、剑阁 307 毫米（图 95-1）；陕西宁强县 11 日 08 时至 14 日 08 时 3 天降水量高达 238.3 毫米，超过了常年月降水量（183.2 毫米）。

强降水历时时间短，时段集中。较强降水主要发生在 9—13 日，其中 10 日凌晨和 13 日凌晨强降水时段较为集中。10 日 03—05 时，2 小时内四川北川出现 21.8 毫米降雨，青川 23.9 毫米，江油达 76.3 毫米；13 日 01—04 时，3 小时内四川盆地西部地震重灾区雨量普遍有 20～50 毫米，局部地区达 60～70 毫米。

局地致灾重。强降水导致四川广元、甘肃陇南市等地部分地区发生山洪、滑坡、塌方等灾害，其中 13 日，四川广元因强降雨致局地山洪暴发，造成 3 人死亡、4 人失踪；同时持续降雨也对秋收、秋种的正常开展造成不利影响。

二、预计 18—19 日汶川地震灾区将有较强降雨过程

预计未来一周，汶川地震灾区主要降雨时段将出现在 18—19 日，四川盆地西部、川西高原东部、甘肃东南部、陕西西南部等地震灾区将有中到大雨，其中，四川盆地西部、陕西西南部等地的部分地区有暴雨，并可能伴有短时雷雨大风等强对流天气。此次降雨过程累积降水量一般有 30～50 毫米，部分地区可达 60～70 毫米。14—17 日及 20 日以阴天间多云天气为主，部分地区有短时阵雨，日雨量一般小于 10 毫米。未来一周汶川地震灾区累计降水量预报结果见图 95-2。

三、关注与建议

汶川地震灾区由于前期降雨较多，土壤含水量高，土质疏松，在强降雨的作用下极易导致滑坡、泥石

流等灾害发生，有关部门须继续加强对地质灾害隐患点的巡查和排险，以及地质灾害的监测工作，防范局地强降雨可能引发的山洪、滑坡、泥石流等灾害。另外，灾区简易房屋要采取有效的防雷电措施，防止雷击带来的人员伤亡和财产损失。

中国气象局在前期监测、预报的基础上，将继续密切关注汶川地震灾区天气变化，随时做好预警信息发布工作。

9月以来南方气象干旱发展迅速

（中国气象局　第96期　2009年9月15日）

摘　要　8月15日以来，南方大部地区出现大范围持续高温天气，部分地区旱情露头。9月份以来，南方大部地区持续气温偏高，降雨持续偏少。高温少雨天气导致南方旱区气象干旱迅速发展，造成南方地区水库蓄水严重不足，对农业生产带来不利影响。气象部门高度重视抗旱气象服务工作，全力做好旱情监测调查、旱区气象预报，抓住有利天气条件实施人工增雨作业，为各级党委政府和有关部门组织抗旱救灾工作提供了气象保障服务。

预计未来10天，南方大部旱区有明显降水，旱情将得到缓和，其中重庆中南部、贵州中东部、广西中北部、广东北部旱情将会得到缓解。第15号台风"巨爵"对南方部分旱区旱情缓解有一定作用，南方地区要抓住近期降水有利时机，加强库塘蓄水，适时施肥，力争提高作物产量，同时须注意防范台风"巨爵"对农业生产的不利影响。

一、南方气象干旱发展迅速

8月15日以来，南方大部地区高温少雨，旱情开始出现。9月1日，旱情进一步发展(图96-1)。到9月14日，旱区进一步扩大，干旱影响日渐严重(图96-2)。

1.高温天气持续。8月15日以来，南方大部地区出现持续大范围高温天气过程，江南大部、华南北部及重庆东部、湖北东部等地高温日数有6～8天，局部地区在8天以上，致使重庆东部、贵州、湖北大部、湖南北部、广西西部、广东东部、江西南部等地旱情露头，其中贵州东南部、广西西北部、湖南北部部分地区出现了中度气象干旱。8月30—31日，受北方冷空气影响，南方高温范围和强度有所减小，但旱情维持。9月1日后，南方大部地区气温又开始回升，南方干旱范围扩大、旱情加重。9月1—14日，南方地区气温明显偏高，其中广东、四川、贵州、云南平均气温均为1951年以来历史同期最高，广西、重庆均为1951年以来历史同期次高值。

2.降水极端偏少。9月1—14日，南方大部地区降雨持续偏少，降水量普遍在10毫米以下，其中贵州北部、湖南北部、湖北东部等地基本没有降水出现。重庆、湖南、贵州平均降水量分别仅为0.1毫米、1.5毫米和7.5毫米，均为1951年以来历史同期最少值。湖北、广西、安徽降水量均为1951年以来历史同期次少值。

3.旱情发展迅速。高温少雨天气导致南方旱区范围扩大，气象干旱迅速发展。8月15日，南方仅贵州、湖南、重庆、湖北、西藏等省(区、市)存在局地轻旱，其中湖南西北部、重庆东南部湖北西南部局部地区有中旱。

9月1日，南方旱区明显扩大，程度加重。贵州、湖南、广西、广东北部和东部、江西北部、湖北南部以及西藏东南部均存在不同程度气象干旱，其中贵州东南部、广西西北部、湖南北部出现中度干旱，局地达重旱。

9月14日，旱区进一步扩大，除海南、上海外，南方各省(区、市)均出现不同程度气象干旱(图96-2)。广西西部、贵州大部、湖南中北部、广东东部、湖北南部、江苏中部、江西北部、云南东部、四川东南部、西藏东南部等地存在中等以上程度气象干旱，上述省(区)的局部地区达重旱；其中，贵州石阡、黄平等26个县(市)出现重旱。

贵州8月以来持续高温少雨，气温普遍偏高1～2℃，大部地区降水量偏少3～8成。8月1日至9月14日全省平均降水量仅89.2毫米，较常年同期(197.5毫米)偏少54.8%，为1951年以来历史同期第三少；与此同时，贵州出现连晴高温天气，全省平均气温及高温日数均为1951年以来历史同期次高值。由于气温异常偏高，降水异常偏少，蒸发量大，导致贵州出现旱情，特别是9月以来旱情发展迅速，并形成夏秋连旱，9月8日全省有11个县（市）出现重旱，14日重旱县（市）达26个。广西全区共有78个县（市）发生不同程度的气象干旱，其中特旱8个、重旱35个，特旱和重旱主要分布在广西北部和中部。湖北江汉平原的天门、洪湖、公安、石首4县（市）出现重旱。湖南会同、通道、桃源等15市（县）出现重旱，祁阳、江华、衡东达特旱。江西全省重旱面积达118.5万亩。

二、干旱影响分析

1.干旱发生在作物产量形成期，对农业生产造成不利影响。近期高温少雨天气造成南方部分地区出现严重农业干旱。南方部分地区的干旱天气对江南晚稻孕穗抽穗不利，影响了授粉结实。西南地区东部、江汉部分一季稻遭高温逼熟，灌浆期缩短，粒重降低。重庆中部、湖北东南部、湖南西北部、江西北部、广西中部、广东北部等地玉米、甘蔗等旱地作物长势不良，植株矮小，局地作物绝收。持续发展的干旱对贵州、重庆、湖南、江西等省（区、市）秋种也产生了不良影响。

2.干旱造成部分水库蓄水严重不足，人畜饮水发生困难。由于气温偏高，降水偏少，蒸发量大，工农业及生活需水量大，目前南方地区大量的山塘、小水库干涸，大型水库蓄水严重不足。同时，在河源地带及小流域尤其是植被差的小流域，干旱造成河道内水量减小或断流，对生态环境产生不利影响。重旱地区出现人畜饮水困难。

三、抗旱气象服务工作情况

面对全国南方旱情发展趋势，中国气象局高度重视，把抗旱气象服务工作作为当前气象服务的重中之重，组织旱区气象部门动态监测旱情发生发展，认真做好关键性天气过程预报预测，组织开展人工影响天气作业，全力以赴做好各项抗旱气象服务工作。

1.加强组织领导，全面部署抗旱气象服务工作。针对各地旱情严重发展态势，中国气象局迅速动员部门各有关省（区、市）气象局全力做好抗旱气象服务工作，要求旱区各省（区、市）气象局注意分析当地旱情及未来天气趋势。中央气象台每日与旱情较重省（区、市）气象局进行天气会商，加强预报指导。中国气象局派出工作组前往湖南、广西等干旱严重省（区）指导抗旱气象服务工作。旱区气象部门密切监视天气变化，抓住一切有利时机，开展了飞机和地面人工增雨作业。

2.加强预报预警，动态发布旱情影响评估信息。各级气象部门严密监视旱情发展，加强对旱区天气的针对性预报，特别是努力做好久旱转雨的关键天气预报。旱区气象部门主动向当地党委、政府及有关部门报告气象信息，提供旱区降水预报及实况、旱情影响动态分析评估以及相关生产建议等抗旱气象服务。

3.加强墒情监测，及时提供滚动旱情监测信息。旱区各级气象部门加强土壤墒情监测，使用便携式土壤水分观测仪开展土壤墒情加密观测，利用卫星遥感技术加强土壤水分、植被指数、水面变化等方面的干旱监测，及时向当地党委政府及有关部门报送土壤水分与农业干旱综合监测信息。

四、未来10天南方有明显降水，旱情将有所缓和

预计未来10天，南方大部旱区的旱情将有所缓和。江西、湖南、广东、广西、贵州、湖北、重庆、四川西部和南部、云南东部及江苏、西藏东部等气象干旱区降雨较前期有所增多，总降雨量一般有10～35毫米，其中广东、广西、贵州、重庆、湖南北部和西部等地的部分地区有40～80毫米，广西的东部和南部可达100～150毫米。第15号台风“巨爵”给华南、西南地区带来一些不利影响的同时，还将给上述地区的部分旱区带来明显降水，对缓和旱情有利。其中重庆中南部、贵州中东部、广西中北部、广东北部旱情将会得到缓解。

五、关注与建议

我国大部分地区已进入秋季，相对于夏季来说，降水量和降水次数将明显减少，抗旱形势严峻。建议在抗旱工作中，注意合理调配水资源，确保人畜用水和作物用水。南方油菜将陆续进入播种期，各地应及时腾茬整地，趁墒播种。旱区气象部门将抓住每一次有利天气条件，开展人工增雨作业，为库塘蓄水作出贡献。

第15号台风“巨爵”将给广东、广西、贵州、重庆、湖南等地带来降水，对库塘蓄水和缓和旱情极为有利，但须防范短时集中强降雨造成的不利影响。

2009年北方草地产草量偏低

（中国气象局　第97期　2009年9月16日）

摘　要　2009年夏季，北方草地大部气温偏高，降水偏少，长时间的温高雨少致使旱情不断发展。其中内蒙古大部、甘肃西部、新疆南部、西藏西部和南部等地草原旱情严重，干旱造成北方大部分草地产草量低于去年同期，同时也低于近20年同期平均水平。因此，今年北方牧区应及早安排好秋冬畜牧业生产，积极调配饲草，确保牲畜饲草供应。

一、今年夏季北方草地大部温高雨少，出现大范围干旱

今年夏季，北方草地大部降水量较常年同期偏少3～8成，气温较常年同期偏高1～2℃，温高雨少致使草原发生了大范围干旱，其中内蒙古大部、甘肃西部、新疆南部和东部、青海西北部、西藏西部和南部旱情较重。仅内蒙古呼伦贝尔市中东部、兴安盟北部和西部，新疆北部，宁夏南部，青海南部和东部等地以及甘肃西南部和祁连山区、西藏北部草原降水偏多，光温水匹配较好。

二、今夏北方大部草地产草量低于去年同期

受夏季严重干旱影响，今夏北方大部草地产草量低于去年同期，同时也低于近20年同期水平（图97-1）。

据国家气象中心草地生态气象模型监测结果表明：2009年夏季北方大范围干旱，造成内蒙古大部、甘肃西部和陇中、新疆南部、西藏西部和南部、青海西北部牧草夏季单产较去年同期明显降低，上述大部地区牧草较去年同期减产幅度达20%～50%，局地达50%以上，牲畜饲草不足。仅新疆北部、宁夏南部、青海南部和东部、西藏北部等地大部地区因气象条件较好，牧草产量较去年同期有所增产。

实际调查结果表明：受旱严重的内蒙古锡林郭勒盟大部、赤峰市和通辽市北部、乌兰察布市大部、巴彦淖尔市大部、鄂尔多斯西部等地牧草因干旱未能返青或返青后出现枯死，草群高度低矮、鲜草量低，牧草减产已使牧业生产出现了困难。

三、关注与建议

由于北方干旱影响，北方牧区今秋和冬季将出现饲草不足的局面。建议：

北方牧区应提前安排好秋冬畜牧业生产，努力减轻夏旱的不利影响。近期要做好蓄水保水、人工增雨等工作，确保牲畜正常用水。根据牧草减产和饲草外调情况，积极筹集饲草料，保证牲畜饲草的正常供应。在今年旱灾影响严重的情况下，北方草原地区要进一步加强防火工作，避免火灾发生。

美国大豆总产将创新高，小麦总产明显下降，巴西大豆和印度小麦总产略减

（中国气象局　第98期　2009年9月21日）

摘　要　结合今年气象条件、经济因素和作物产量气象预报模型估测：2009年大豆产量位居世界第一的美国总产量创历史新高，巴西和中国总产量分别较2008年下降3.9%和8.9%；玉米产量位居世界第一的美国总产量较2008年略增长0.4%，中国总产量接近2008年；小麦产量位居世界第一的中国总产量与2008年基本持平，印度总产量均较2008年略减，美国总产量下降达13.1%。

一、美国大豆主要生长季光温水匹配良好，总产将创历史新高；巴西和中国大豆受干旱、低温阴雨等影响，总产下降

美国大豆播种以来，大部产区光温水匹配比较协调，大豆长势良好。预计平均单产达2750千克/公顷，比2008年增加3.1%；同时，受市场需求增加和种植效益较高等因素的影响，大豆种植面积比2008

年增加 3.4%，为 3135 万公顷；单产和面积的增加将使美国大豆总产量创历史最高水平，可达 8621 万吨。

巴西大豆生长期间，南部产区的高温干旱和北部的阴雨天气分别影响了大豆结荚鼓粒和成熟收晒，使大豆单产比 2008 年下降了 5.2%。受价格拉动因素的影响，种植面积比 2008 年增加 1.4%，一定程度弥补了单产减产造成的总产下滑，但大豆总产仍较 2008 年减少 3.9%，为 5767 万吨。

我国东北地区中北部在大豆生长期间光温水匹配极不协调，干旱、低温阴雨突出，影响大豆生长发育和产量形成，单产将比 2008 年减少 6.0%，加之种植面积减少，总产量将比 2008 年减少 8.9%，为 1416 万吨(表 98-1)。

二、玉米主产国美国与中国光温水基本利于玉米生长发育，总产量将双双与去年持平，均为历史第二高产年

美国玉米带(主产区包括印第安纳州、伊利诺伊州、爱荷华州、俄亥俄州等)大部光温水匹配较好，总体气象条件接近或好于 2008 年。目前，玉米整体长势良好，平均单产为 9880 千克/公顷，将比 2008 年增加 2.2%。但 2009 年春季持续阴雨天气使东部玉米带播种推迟，部分农户转向播种其他作物，玉米种植面积比 2008 年减少 1.7%，总产量可达 30924 万吨，比 2008 年增加 0.4%，为历史第二高产年。

我国玉米播种以来，产区大部农业气象条件基本适宜，北方部分地区出现较严重的低温冷害和干旱，影响玉米产量形成，玉米平均单产为 5350 千克/公顷，将比 2008 年减少 3.7%。由于国家进一步加大粮食种植补贴力度，玉米种植面积比 2008 年增加 3.8%，总产量将达 16585 万吨，比上一年低0.04%，位居历史第二高产。

三、小麦主产国中国与印度总产与 2008 年基本持平；美国种植面积减少，总体气象条件不如 2008 年，总产大幅下降

中国冬小麦 2009 年主要生长季光热充足，利于生长发育和产量形成，华北、黄淮部分地区出现干旱等灾害，制约了平均单产的提高，冬小麦平均单产为 4800 千克/公顷，比 2008 年减少 0.5%；小麦种植面积比上一年增加 1.1%，总产量为 10704 万吨，比 2008 年增加 0.6%。

印度小麦生长关键期高温少雨，影响产量形成，小麦单产为 2841 千克/公顷，较 2008 年减少1.7%；种植面积比上一年增加 0.7%，总产为 7784 万吨，比 2008 年减少 1.0%。

美国小麦产区受多雨、低温冻害、干旱、风雹等灾害的影响，单产为 2885 千克/公顷，比 2008 年减少 4.4%；加之小麦价格和收益前景下降，农民种麦积极性降低，小麦播种面积比上一年大幅下降 9.1%，总产量比上一年减少 13.1%，为 5912 万吨。

以上情况，中国气象局已向发改委、农业部、商务部、国家统计局、国家粮食局通报。

表 98-1　2009 年世界大豆、玉米和小麦主产国产量预报

作物种类	产量世界排名	国家	预报值			与 2008 年相比			2005—2007 年总产占世界总产百分比(%)
			单产(千克/公顷)	面积(万公顷)	总产(万吨)	单产(%)	面积(%)	总产(%)	
大豆	1	美国	2750	3135	8621	3.1	3.4	6.6	36.7
	2	巴西	2670	2160	5767	−5.2	1.4	−3.9	24.7
	4	中国	1600	885	1416	−6.0	−3.0	−8.9	7.0
玉米	1	美国	9880	3130	30924	2.2	−1.7	0.4	39.8
	2	中国	5350	3100	16585	−3.7	3.8	0.0	20.0
小麦	1	中国	4800	2230	10704	−0.5	1.1	0.6	17.2
	2	印度	2841	2740	7784	−1.7	0.7	−1.0	11.6
	3	美国	2885	2049	5912	−4.4	−9.1	−13.1	8.8

注：阿根廷大豆总产占世界大豆总产 19.3%，位居世界第三。

近期东北地区低温霜冻和西北华北黄淮江淮连阴雨，对农业生产的影响分析

（中国气象局　第99期　2009年9月25日）

摘　要　9月中旬以来，黑龙江北部、吉林东部、内蒙古中东部等地部分地区出现初霜，属于正常霜期，发生范围较小、程度较轻，发生地区大多是林区和草原，对部分低洼地晚熟的作物有轻微影响，对东北地区粮食生产影响不大。同时，黄淮、江淮西部、华北西南部、西北地区东南部、四川盆地等地持续低温阴雨寡照天气，大部地区玉米成熟收获期比常年偏晚，局部地区部分倒伏的玉米、大豆出现发霉，棉花出现僵瓣、烂桃现象。

预计25—27日，四川盆地、陕西南部、湖北西部、河南中南部、安徽大部等地将出现连阴雨天气，对玉米、大豆、一季稻等作物成熟收晒不利，各地要注意利用降雨间隙抓紧收获晾晒；黑龙江北部偏西地区、内蒙古东部大部地区将出现霜冻天气，由于秋收作物已陆续进入成熟收获期，再次出现的霜冻天气，对大部分秋收作物影响不大，但对部分地势低洼、发育明显偏晚的作物后期成熟将有一定影响。

一、9月中旬以来，低温、初霜冻对东北部分低洼地块晚熟作物有轻微影响，对粮食生产影响不大

截至9月20日，东北三省处于乳熟期的一季稻占62%，处于成熟期的占38%；处于结荚鼓粒期的大豆占84%，处于成熟期的占16%；东北三省、内蒙古处于乳熟期的春玉米占65%，处于成熟期的占35%。东北地区大约有46%的一季稻发育期偏晚4～15天，46%的大豆发育期偏晚4～10天，东北地区和内蒙古大约有32%的春玉米发育期偏晚4～21天。

东北地区在9月18—23日出现低温霜冻期间，大部分作物处于灌浆期或灌浆末期，低温、霜冻对黑龙江北部、吉林东部、内蒙古东部春玉米、大豆、一季稻等作物不利，对部分低洼地晚熟的作物有轻微影响。由于霜冻出现的区域主要位于粮食作物种植面积较小的区域，此次霜冻过程对东北地区粮食生产影响不大。

二、9月中旬以来黄淮、江淮西部等地的低温阴雨寡照天气造成玉米成熟收获期推迟，部分出现霉变；棉花吐絮不畅，部分出现僵瓣烂桃现象

9月中旬以来，黄淮、江淮西部、西北地区东南部、华北西南部和四川盆地等地持续阴雨天气，大部地区雨日数达7～10天，其中河南、山东西南部、安徽中北部、湖北北部、四川盆地、陕西南部旬日照时间不足20小时。

低温阴雨寡照天气不利于玉米、大豆、一季稻等作物后期灌浆和成熟收晒，其中黄淮中西部前期倒伏的部分玉米出现霉变，籽粒饱满度不够；上述地区棉花吐絮不畅，部分出现烂桃、僵瓣现象，产量和品质受到一定影响。截至9月20日，西北地区东南部、华北西南部、黄淮、江淮西部等地大部分玉米、一季稻成熟收获期较常年同期推迟2～7天，部分地区推迟7～10天。四川盆地大部秋收作物已收获完毕，持续阴雨仅对盆地周边山区发育期晚的作物成熟收获有一定影响。

三、未来天气趋势及农业生产建议

预计25—27日，受冷暖空气的共同影响，四川盆地、陕西南部、湖北西部、河南中南部、安徽大部、江苏大部等地将出现连阴雨天气。上述地区日雨量以小到中雨（5～15毫米）为主，其中四川盆地东部和南部、河南东南部、安徽中北部、江苏中北部等地的部分地区有大雨（25～40毫米）。连阴雨天气将对上述地区秋收作物成熟收晒不利。此外，黑龙江北部偏西地区、内蒙古东部大部地区将出现霜冻（图99-1），对部分地势低洼、发育明显偏晚的作物后期成熟将有一定影响。为此建议：

北方地区对贪青晚熟、发育期明显偏晚的作物要因地制宜，采取有效促早熟措施，以防御低温、霜冻的不利影响；并及时收晒成熟作物，确保颗粒归仓。

黄淮、江淮西部、华北西南部、西北地区东南部、四川盆地等棉区要及时整枝打叶，增加通风透光率，适时采收棉花，保证棉花质量。

“凯萨娜”今日 05 时加强为强热带风暴，逐渐向海南南部沿海靠近可能加强为台风

（中国气象局　第 100 期　2009 年 9 月 27 日）

摘　要　热带风暴“凯萨娜”于今日 05 时加强为强热带风暴，逐渐向海南南部沿海靠近，预计未来将加强为台风，将于 29 日中午到 30 日中午经过海南南部沿海向越南沿海靠近，或者擦过海南南部。受其影响，南海大部海域以及海南、广东、福建、浙江等地将有明显风雨影响，各地区须尽快做好防范准备。

中国气象局已经于今日 08 时 30 分启动了Ⅳ级台风应急响应。

一、“凯萨娜”今日 5 时加强为强热带风暴，逐渐向海南南部沿海靠近

今年第 16 号热带风暴“凯萨娜”的中心于 26 日晚上进入南海东部海面，27 日 05 时加强为强热带风暴，08 时其中心位于海南省三亚市东南方约 860 千米的海面上（北纬 15.6 度、东经 117.1 度），中心附近最大风力有 10 级（25 米/秒），中心最低气压为 980 百帕。

预计，“凯萨娜”将以每小时 20 千米左右的速度向西偏北方向移动，逐渐向海南南部沿海靠近，强度继续加强，28 日可能达到台风强度，并将于 29 日中午到 30 日中午经过海南南部沿海向越南沿海靠近，或者擦过海南南部（图 100-1）。

二、南海大部海域及华南等地将出现明显风雨

受“凯萨娜”及其外围云系的影响，27 日白天到夜间，巴士海峡、巴林塘海峡、南海大部海面、海南东部和南部沿海将有 7～9 级大风，“凯萨娜”中心经过的附近海面的风力将逐渐加大到 10～12 级，阵风可达 13～14 级。台湾海峡、台湾以东洋面、广东沿海、福建中南部沿海也将有 6～7 级大风，阵风可达 8～9 级（图 100-2）。

受“凯萨娜”影响，未来三天，华南中东部、江南中东部有小到中雨，其中，浙江东南沿海、福建南部、广东东部和南部、海南等地的部分地区有大到暴雨，海南南部的部分地区有大暴雨。

华南各地以及南海海域海上作业或航行船舶须尽快做好防范“凯萨娜”的风雨影响准备。中国气象局已经于今日 08 时 30 分启动了Ⅳ级台风应急响应，气象部门将密切关注“凯萨娜”的动向，及时提供最新的预报信息。

国庆中秋节假期全国天气预报

（中国气象局　第 101 期　2009 年 9 月 29 日）

摘　要　国庆节、中秋节假日期间，全国大部地区多数时段为风和日丽、秋高气爽的好天气，适宜公众外出活动。全国大部地区气温偏高 1～3℃，仅华北地区东部、东北地区气温比常年同期偏低 1℃左右。10 月 1—4 日，西南地区东部多阴雨天气，对中秋赏月会有一定影响。10 月 1—2 日、5—7 日，分别有冷空气影响华北地区东部和东北地区，东北部分地区有小雨，对外出有一定影响。10 月 1—3 日，黄淮、江淮及四川东部、重庆、贵州等地的部分地区有轻雾，对交通运输有一定影响。节日期间，内蒙古中东部、华北北部、东北西南部等地森林火险气象等级较高，请有关部门注意做好森林草原防火工作。

今年第 16 号台风“凯萨娜”即将在越南中部沿海登陆。第 17 号热带风暴“芭玛”已于 9 月 29 日上午在西北太平洋上生成，并将可能于 5 日前后影响我国东南沿海。另外，西北太平洋洋面还有两个热带低压，未来均有可能发展为热带风暴。节日后期，东南沿海地区要注意做好防范热带风暴可能带来的风雨天气的准备，确保节日安全。

中国气象局认真贯彻落实国务院常务会议精神，对国庆节、中秋节假日气象预报服务工作进行了再动员、再部署。

一、国庆节中秋节假日天气趋势预报

9月29日，中国气象局召开全国电视电话会议贯彻落实国务院常务会议精神，进一步部署气象部门国庆节、中秋节期间的气象预报服务、安全生产和维护稳定等工作。针对国庆节、中秋节期间全国天气情况，29日上午中国气象局组织中央气象台、各有关省（区、市）气象局进行了专题会商。为进一步加强部门之间的协作配合和联系沟通，中国气象局特别邀请国务院应急办、全国假日办、国家旅游局、公安部、交通运输部、铁道部、卫生部、安全监管总局、民航局等有关单位人员参加了会商会议。

预报结论如下：

1. 全国大部分地区气温偏高。国庆节、中秋节假日期间，全国大部分地区气温偏高1～3℃，仅华北地区东部、东北地区气温比常年同期偏低1℃左右。华北平原日最高气温一般在23～28℃之间，日最低气温一般为8～17℃；江南、华南各地日最高气温一般为29～34℃，日最低气温一般都在22℃以上。期间，西北大部地区日最低气温一般不低于5℃，东北地区北部及内蒙古东部的日最低气温一般在1～5℃之间。

2. 西南地区东部等地有降雨。10月1—4日，西北地区东部、西南地区东部、长江中下游部分地区、华南等地天空云量较多，云、贵、川、渝等地的部分地区有小到中雨，川渝局部地区有大雨。

另外，10月1—2日和5—7日分别有冷空气影响华北地区东部、东北地区，该地区将出现4～5级偏南转偏北风，东北地区有6～8℃的降温天气，东北的部分地区有小雨，对外出有一定影响。10月4—5日，华东南部沿海、台湾海峡有6～9级偏北大风。

3. 黄淮、江淮等地有轻雾。10月1—3日，黄淮、江淮及四川东部、重庆、贵州等地的部分地区有轻雾，10时后轻雾基本消散，能见度转好。

4. 森林火险气象等级预报。国庆节、中秋节假日期间，内蒙古中东部、华北北部、东北西南部等地森林火险气象等级较高，部分地区森林火险气象等级高。另外，10月2日之前西藏东部、西南地区东南部等地的森林火险气象等级也较高。

二、西北太平洋洋面热带气旋活跃

1. "凯萨娜"即将在越南中部沿海登陆，30日中午以后，"凯萨娜"对我国的影响将逐渐减弱。今年第16号台风"凯萨娜"的中心29日14时位于越南广义省以东大约20千米的南海西部海面上（北纬15.4度、东经109.0度），中心附近最大风力有12级（35米/秒），中心最低气压为965百帕。

预计，"凯萨娜"将以每小时15～20千米的速度向偏西方向移动，即将在越南中部沿海登陆（图101-1）。

受"凯萨娜"及其外围云系和南下冷空气的共同影响，29日下午到30日中午，南海西部及中南部海面、北部湾海面、海南南部及西部沿海将有7～9级大风，其中南海西部部分海域风力有10～11级，阵风可达12～13级；东海海面、台湾海峡、巴士海峡、巴林塘海峡、琼州海峡、海南东部沿海、广东沿海、广西沿海、福建沿海、浙江沿海也将有5～7级大风，部分海域或地区阵风可达8～9级；浙江东部、福建东部、台湾东部和南部、广东东部和南部、海南等地有中到大雨，其中海南、台湾东部、福建东南部、广东东部等地的部分地区有暴雨或大暴雨。30日中午以后，"凯萨娜"对我国的影响将逐渐减弱。

2. 今年第17号热带风暴"芭玛"生成，可能在5日前后影响我国东南沿海。今年第17号热带风暴"芭玛"（Parma）于29日上午在西北太平洋洋面上生成，29日14时其中心位于美国关岛西南方大约880千米的洋面上（北纬7.9度、东经139.0度），中心附近最大风力有8级（18米/秒）。

预计，"芭玛"将以每小时15～20千米的速度向偏西方向移动，30日以后将转向西北方向移动，强度逐渐加强，10月2日有可能达到台风强度，并向菲律宾吕宋岛东部海面靠近，有可能在5日前后影响我国东南沿海（图101-2）。

3. 西北太平洋面有两个热带低压，未来有可能发展为热带风暴。目前在菲律宾以东的西北太平洋洋面上还有两个热带低压活动（图101-3），未来36～48小时内均有可能发展为热带风暴。其中：

一个热带低压的中心29日14时位于美国关岛东偏南方大约710千米的西北太平洋洋面上（北纬11.0度、东经150.8度），中心附近最大风力有7级（15米/秒）。预计，该低压中心将以每小时15～20千米的速度向西偏北方向移动，强度逐渐加强，可能于30日发展为热带风暴，5日将靠近菲律宾吕宋岛东北部到我国台湾东部一带海面。但由于其东西两侧分别有另一个热带低压和今年第17号热带风暴“芭玛”活动，它们与该低压距离较近，因此，不利于其后期的发展。

另一个热带低压的中心29日14时位于美国关岛东偏南方大约1780千米的西北太平洋洋面上（北纬9.5度、东经160.5度），中心附近最大风力有6级（13米/秒）。预计，该低压中心将以每小时15～20千米的速度向西偏北方向移动，强度逐渐加强，也有可能于30日发展为热带风暴。

由于预报时效较长，且涉及三个热带系统的多涡旋相互作用，因此，目前关于“芭玛”和这两个热带低压未来的发展和移动均还存在较大的不确定性，中国气象局将密切关注，及时提供最新监测和预报信息。

三、关注与建议

1.节日前期，西南地区多阴雨天气，阴雨天气对假日出行和中秋赏月会有一定影响。黄淮、江淮、四川盆地及贵州等地有轻雾，上述地区要特别注意车辆交通安全。

2.节日中前期，华北东部和东北地区将出现大风降温天气，东北部分地区有小雨，出行人员需要注意添加衣物，以防感冒。

3.节日期间，内蒙古中东部、东北地区西南部等地森林草原火险等级偏高。节日前期，西藏东部和西南地区东南部的森林火险气象等级也较高。有关部门请注意做好森林草原防火工作。

4.节日后期，东南沿海地区要注意做好防范热带风暴可能带来的风雨天气的准备，确保节日安全。

四、北京地区国庆节、中秋节期间天气预报如下：

日期		天气	风向	风力	最高气温(℃)	最低气温(℃)
9月30日	白天	多云转阴，傍晚有阵雨	偏南	2、3级	24	
	夜间	阵雨转阴	南转北	2、3级		15
10月1日	白天	阴转晴	偏北	3、4级	24	
	夜间	晴转多云	偏北	3、4级转1、2级		13
10月2日		晴间多云	偏北3、4级		26	14
10月3日		晴转多云	风力不大		24	14
10月4日		多云转阴	风力不大		22	12
10月5日		阴转多云	偏北3、4级		20	11
10月6日		多云转晴	风力不大		21	12
10月7日		晴间多云	风力不大		22	12
10月8日		晴转多云	风力不大		20	10

青海西藏部分地区出现大到暴雪

（中国气象局　第102期　2009年10月7日）

摘　要　10月5—7日，青海、西藏部分地区出现持续雨雪天气，青海玉树藏族自治州、果洛藏族自治州，西藏阿里地区出现大到暴雪，西藏普兰积雪深度达到15厘米。

预计，7日白天至9日夜间，青藏高原仍将多雨雪天气。请做好国道公路沿线的交通安全和高寒牧区的防寒工作，同时做好雪灾、崩塌、滑坡、洪涝等气象灾害防范工作。

一、青海、西藏部分地区出现大到暴雪天气

受高原上弱冷空气和西南暖湿气流的影响，10月5日以来，青海、西藏部分地区出现持续雨雪天气，其中，青海的玉树藏族自治州、果洛藏族自治州，西藏的阿里地区、那曲地区出现大到暴雪（雨夹雪），降水量一般有5～10毫米（图102-1），部分地区有11～20毫米，西藏的普兰累计降水量有80毫米。受近期雨雪天气影响，近10天来，青海玉树、西藏阿里地区的降水量较常年同期偏多1～2倍。7日上午，监测到青海南部已经出现1～3厘米左右的积雪，西藏普兰的积雪深度达到15厘米。受冷空气和雨雪天气共同影响，青海南部、西藏北部和西部地区气温较低，7日凌晨的最低气温一般在5℃以下。

二、预计7—9日，青藏高原仍有较强雨雪天气

预计7日白天至9日夜间，青藏高原大部地区仍将有明显降水，其中，西藏西南部和北部、青海南部将有中到大雪，局部地区有大到暴雪，过程降水量可达10～20毫米(图102-2)；西藏中部偏南地区、青海东部的部分地区将有中雨，局部地区有大雨，过程降水量可达20～40毫米。

三、关注与建议

持续雨雪天气对当地牧区及交通不利，气温偏低易导致积雪与路面结冰，影响牧业饲料供应、牲畜转场。另外，强降水的局部地区也有可能发生雪灾、融雪等灾害。请做好国道公路沿线的交通安全和高寒牧区必要的防寒工作，同时做好雪灾、崩塌、滑坡、局地洪涝等气象灾害防范工作。

国庆期间我国大部地区天气较好，台风"芭玛"影响台湾及闽浙沿海

（中国气象局　第103期　2009年10月8日）

摘　要　国庆期间，我国天气特征总体呈现为气温偏高、降水偏少。国庆日和中秋节，我国有五分之四以上大城市天气状况良好，有利于庆祝、赏月和旅游等活动。不利气象条件有，一是台风"芭玛"影响台湾和闽浙沿海；二是南方旱区旱情持续，对晚稻抽穗灌浆和油菜播种出苗不利；三是温高雨少导致湘赣粤桂等地森林火险等级较高；四是西藏和青海出现强雨雪天气，西藏普兰出现雪灾。

自9月26日起，中国气象局全面进入国庆期间特别工作状态，并制定五项措施，保障国庆中秋双节的气象预报服务工作。9月29日，中央气象台举行了全国天气大会商，并邀请了国务院应急办、全国假日办、国家旅游局、公安部、交通运输部等部委和专家参加。

深秋季节来临，我国已进入大雾、牧区雪灾、冷空气大风活动和高森林草原火险季节，中国气象局将继续做好秋冬季节的气象预报服务工作。

一、国庆期间天气气候特征及主要天气影响

国庆期间，全国平均气温为14.5℃，比常年同期(12.4℃)偏高2.1℃，并列为1951年以来第2高值。其中，新疆、湖南区域平均气温为1951年以来历史同期最高值。全国平均降水量为6.4毫米，比常年同期(11.2毫米)明显偏少，为近10年来同期最少值，全国大部地区降水量偏少5成以上。降水主要出现在西南地区中部及浙江、海南、西藏西南部、青海南部、甘肃南部等地，降水量一般有10～50毫米，其中浙江沿海、西藏西南部局地有50～100毫米降水。

二、主要天气事件及影响

国庆和中秋假期，我国大部地区大部时段天气状况良好，利于各种庆祝、旅游等活动；在灾害性天气中，台风导致台湾和闽浙等地沿海受到影响；南方旱区旱情持续发展，对晚稻抽穗灌浆和油菜播种出苗不利；温高少雨导致湘赣粤桂等地火险等级较高；西藏和青海出现强雨雪天气，部分地区出现雨雪灾害。

国庆和中秋，我国大部地区天气条件利于庆祝、赏月和旅游。10月1日下午，只有东北东部、青藏高原部分地区、华东地区为阴天到小雨天气，且傍晚前后先后转为多云或阴天，我国省会城市、直辖市以及香港、澳门和台北市无降雨，天气条件有利于庆祝活动。中秋(3日)晚上，我国有五分之四以上主要城市为晴到多云天气，有利于家人团圆赏月。其余时段，我国中东部地区天气状况较好，气温适宜，利于旅游出行。

台风导致台湾和闽浙等地沿海受到不利影响。国庆假期，我国闽浙粤沿海以及东部海域受今年第17号台风"芭玛"、第18号台风"茉莉"和冷空气的影响出现风雨天气。其中3日00时至7日08时，台湾宜兰、花莲等地出现强降雨，累计降雨量以宜兰县大同乡古鲁、冬山乡寒溪和大同乡牛斗为最大，分别

为1657.0毫米、1338.0毫米和1334毫米，其中5日00时至6日00时的24小时的降雨量分别达1086.5毫米、1028.5毫米和731.0毫米，为历史所少见。同时，台湾、浙江、福建和广东东部沿海出现了5～7级大风，阵风达到9～10级，台湾彭佳屿达11级。

受大风影响，4日，浙江温州沿海有100余名游客被困在南麂岛上无法返程。“芭玛”滞留巴士海峡附近，狂风暴雨造成台湾东部、北部和南部多条溪流水位暴涨，多处公路、铁路因塌方、泥石流而交通中断，马祖与台湾本岛之间海上航班停运，数千民众被转移。

南方旱区旱情持续，对晚稻和油菜不利；北方霜冻和干旱对农业生产无影响。节日期间多晴少雨使湖南中南部、江西北部和东南部、广西东北部、广东北部等地部分地区存在轻到中度旱情，对晚稻抽穗扬花、灌浆和油菜播种出苗不利。初步统计，干旱造成湖南、广西、广东、云南4省区农作物受灾面积160万公顷，绝收11万公顷，直接经济损失19亿元左右。

北方大部由于秋收作物处于成熟收获期，霜冻和干旱对作物影响不大。山东半岛部分地区存在轻度干旱，不利于冬小麦适墒播种。

湘赣粤桂等地森林火险等级较高。湖南中南部、江西西南部、广东北部、广西东北部、贵州东南部等地基本无降水，森林火险气象等级较高。另外，内蒙古东南部、辽宁西部等地草原火险气象等级较高。秋收结束后，山西、河北、山东、广西、湖北等地焚烧秸秆导致出现多处火点。

西藏和青海出现强雨雪天气，部分地区出现雨雪灾害。节日中后期，青海、西藏部分地区出现雨雪天气。4—8日，西藏阿里地区南部、日喀则地区南部和山南地区南部接连遭遇暴雨雪天气，过程降水总量普兰达99.1毫米，县城最大积雪深度21厘米，部分牧业点积雪达34～40厘米；帕里48.3毫米，积雪11厘米；聂拉木降雨总量59.4毫米。暴雨雪天气造成普兰农牧民房屋普遍漏水，207省道科加至斜尔瓦路段因泥石流被阻断，巴嘎乡和霍尔乡部分牧民被困夏秋季草场，饲草料缺乏。同期，青海东部和南部过程降水总量有5～15毫米，其中青海南部的部分地区达20～35毫米，积雪深度有3～6厘米。

三、国庆期间气象服务工作

为做好国庆、中秋节气象预报服务保障工作，自9月26日起，中国气象局全面进入特别工作状态。9月29日，中央气象台举行了全国天气大会商，并邀请了国务院应急办、全国假日办、国家旅游局、公安部、交通运输部、铁道部、卫生部、安全监管总局、民航局等有关领导和专家参加。中国气象局要求全国各级气象部门贯彻落实党中央、国务院领导的指示精神，加强国庆和中秋节期间有针对性的气象监测预警、统筹做好庆典保障、全运会火炬传递以及重大影响天气的预报服务工作，让党中央、国务院和全国人民满意。

圆满完成国庆庆典气象保障服务。气象部门采取了五项措施做好庆典保障服务：一是加强组织领导，超前部署，精心筹备。气象部门组织制定了国庆60周年庆祝活动气象保障服务、人工消云减雨技术及实施、演练、应急等10个工作方案。二是增加气象观测密度，提供更精细的观测数据。北京周边地区的6部多普勒天气雷达实施24小时连续运行观测；风云二号C、D气象卫星启动双星加密观测；北京及周边地区2116个自动气象站每10分钟探测一次气象数据；增加对天安门地区云高、能见度和低空风等多项新要素的监测。三是在提升奥运气象科技成果基础上，充分运用各种预报技术特别是北京奥运会多项预报新技术成果，准确做出了北京及天安门地区中、短期天气预报和短时临近精细化预报。四是多部门配合，适时组织人工消云减雨作业，提前解除不利天气对庆典活动的影响。据统计，国庆及演练期间，共出动10架飞机飞行85架次、180小时，播撒吸湿性催化剂64吨，地面作业发射火箭1101枚。五是气象部门强化了为党中央、国务院以及有关部门的决策气象服务。气象部门先后为党中央、国务院及各部门提供《新中国成立六十周年庆祝活动气象服务专报》110期，为北京市筹委会、各专项指挥部提供国庆气象服务专报361期。同时做好各地庆祝活动气象保障。

农业秋收秋种气象服务不放松。节日期间，中央气象台针对南北方干旱等对农业生产的影响，共制作农业气象服务产品9期。其中，制作土壤墒情监测和农业干旱监测预报产品3期；针对天气条件对秋收秋种的影响，制作发布专题气象服务产品2期。

心系台湾，台风预报服务准确及时。针对台风“芭玛”、“茉莉”和冷空气对台湾及闽浙沿海的影响，共发布《热带气旋公报》24期，向国务院报送决策服务材料16期，累计发送服务短信100多条次。中央气象台对"芭玛"和"茉莉"的路径预报误差好于日本。

四、未来10天预报及下一步气象预报服务工作重点

预计未来10天，内蒙古东部、华北地区东部、东北、黄淮北部等地冷空气活动较为频繁，气温比常年同期略偏低，我国其余大部分地区气温比常年同期偏高；青藏高原东部、西南地区东部、西北地区东部等地多阴雨(雪)天气；南海中北部海域及华南沿海多风雨天气。其中，今明两天，西藏和青海的部分地区仍有有中到大雪。

北方旱区的内蒙古东部、辽宁西部、吉林西部、和河北北部气象干旱将持续或发展；东北、内蒙古东北部多大风且无明显降雨天气，森林火险气象等级较高。南方部分地区旱情将有所缓和，但江南中部、江淮西部、华南北部和西部旱情将持续；华南西部森林火险气象等级较高。

目前，深秋季节已经来临，我国已进入雾、牧区雪灾、冷空气大风活动和高森林草原火险季节，中国气象局将密切监视天气变化，在做好秋收秋种、干旱气象服务工作的同时，将继续做好秋冬季节的灾害性气象预报服务，力争圆满完成2009年气象预报服务工作。

热带风暴"芭玛"将登陆海南东部到广东西南部一带沿海

（中国气象局　第104期　2009年10月10日）

一、热带风暴"芭玛"将于12日夜间到13日白天在海南东部到广东西南部一带沿海登陆

今年第17号热带风暴"芭玛"(Parma)于9月29日上午在西北太平洋洋面上生成，在菲律宾吕宋岛附近海域和地区回旋6天之后，于10月9日中午进入南海海面。10日10时，热带风暴"芭玛"的中心位于海南三亚东偏南方向约960千米的南海中部海面上(北纬17.3度、东经118.5度)，中心附近最大风力有8级(18米/秒)。

预计，"芭玛"将以每小时10千米左右的速度向偏西方向移动，将于12日夜间到13日白天在海南东部到广东西南部一带沿海登陆，登陆前强度维持或略有减弱，也可能于13日前后从海南南部海面穿过并西行登陆越南(图104-1)。

二、"芭玛"将给海南、广东等地带来强风暴雨

受"芭玛"和冷空气的共同影响，预计10—15日，东海南部、台湾海峡、台湾以东洋面、巴士海峡、巴林塘海峡、南海中北部、北部湾、琼州海峡、海南、广东沿海、福建中南部沿海、台湾沿海将先后出现6～8级大风，部分海域和地区阵风可达9～10级(图104-2)；广东中西部沿海和雷州半岛将有大到暴雨，海南大部将有大暴雨，其中海南东部和南部的部分地区将有特大暴雨(图104-3)。

三、关注与建议

海南、广东、福建等地须密切关注"芭玛"发展动向，及时采取应对措施，防范城乡积涝、局地山洪、泥石流和山体滑坡等灾害；同时，在相关海域作业及过往船只须及时回港避风。

未来一周冷空气活动频繁，全运会开幕式须注意防范大风影响

（中国气象局　第105期　2009年10月15日）

摘　要　未来一周，影响我国的冷空气活动频繁，北方地区将有4～8℃、部分地区达10℃左右的降温和大风天气。受冷空气影响，部分旱区将出现小到中雨天气，对缓和旱情有利。我国北部海区将有大风。

第十一届全国运动会开幕式活动、特别是涉及高空作业的活动须注意防范大风影响。旱区降水总体偏弱，各地仍须抓住有利时机开展人工增雨作业。北方牧区和设施农业须注意防风防寒。

一、未来一周冷空气活动频繁，北方将出现明显降温天气，北部海区将有大风

预计未来一周，北方地区冷空气活动较为频繁，天气多变，气温多起伏。北方地区将先后有三次冷空气天气过程，主要影响时段分别为15—17日、18—19日和21日前后。其中18—19日的冷空气势力较强，西北地区东部、华北、东北地区中南部气温下降幅度一般有4～8℃，部分地区可达10℃左右。同时，上述地区将先后出现4～6级偏北风，部分地区风力可达7级。

10月16日，冷空气将影响山东。16日白天，济南地面风力有3～4级、阵风5级，距离地面50～60米高空阵风可达6级。第十一届全国运动会开幕式期间(16日20～22时)，济南奥体中心天气为晴天，气温11～14℃，50～60米高空西北风3～4级、阵风5级。

北部海区将有大风。16—17日，受较强冷空气影响，渤海及黄海北部和中部海域将出现6～8级西南风转西北风，阵风可达9～10级。18—20日，受另一股较强冷空气影响，渤海及黄海北部和中部海域将出现7～9级西南风转西北风，阵风可达10～11级。21—22日，第三股较强冷空气将影响黄渤海海域，黄海北部和中部海域将出现6～8级西南风转西北风，阵风可达9～10级。

二、旱区将出现小到中雨，对缓和旱情有利

10月15日气象干旱监测显示，我国北方仍然存在较重干旱，南方旱区旱情有所缓和。目前北方的内蒙古东南部、辽宁大部、吉林西部及河北北部、山东半岛有中等程度的气象干旱，局部地区达重旱；南方旱区主要在湖南中部、贵州西南部、江西南部、广西北部、云南东部等地，这些地区目前存在中度气象干旱，云南的局部有重度气象干旱。

受冷空气影响，未来一周，内蒙古中东部、河北北部及东北地区等气象干旱区将出现降水天气，总降水量一般有2～8毫米，部分地区有10～15毫米，对缓和上述旱区的旱情有一定作用。河北中南部、山东、江苏北部等气象干旱区基本无雨，旱情将持续并发展。

15—17日，南方地区的降雨主要出现在西南地区东部和海南等地，海南将出现中到大雨，西南地区东部以小雨为主。18—20日，江南、华南、西南地区东部等地将出现一次小到中雨天气过程，其中贵州、湖南的部分地区有大雨，对缓和当地气象干旱区的旱情较为有利，但由于降雨量分布不均，部分地区的旱情仍将持续。

目前北方大部秋收作物已收获完毕，黄河以北冬小麦已播种出苗，内蒙古中东部、吉林和辽宁两省的西部、河北北部局部地区的干旱对农业生产基本无影响，仅山东半岛部分地区土壤缺墒，不利于冬小麦播种出苗。南方旱区降水将有利于油菜苗期管理。

三、关注与建议

第十一届全运会开幕式须注意防范大风影响。16日，济南将出现大风天气，特别是高空风力较大，须注意高空作业安全，提前加固易被风吹动的搭建物，同时注意焰火燃放安全。

旱区须适时开展人工增雨作业。北方和南方部分旱区的降雨对于缓和旱情有利，各地须抓住有利时机开展人工增雨作业，改善土壤墒情，增加水库、塘坝蓄水。

牧区及北方设施农业要做好防风防寒工作。新疆、青藏高原中东部、内蒙古等牧区以及北方地区要做好牲畜的防寒、保暖及设施农业暖棚的防风工作。

须防范海上大风。深秋和冬季冷空气活跃，我国北部、东部海上大风较多。有关部门和地区须注意防范海上大风对运输、渔业等带来的不利影响。

南方地区近期旱情影响及成因分析

(中国气象局　第106期　2009年10月23日)

摘　要　9月以来，我国南方大部地区高温少雨，湖南、江西、广东、广西等地出现不同程度秋旱，秋旱导致上述地区的江河库湖蓄水比常年同期明显偏少，洞庭湖、鄱阳湖和湘江、赣江等水位大幅下降，严重影响了水上航运、水力发电、生活用水及农业生产。气象卫星监测表明，洞庭湖水体面积较去年同期减少近50%，鄱阳湖水体面积较去年同期减少约40%。

根据气象条件分析，南方地区今年出现秋旱的主要原因：一是9月以来，控制在南方地区的副热带高压系统活动偏强，阻挡了来自北方的冷空气与来自南海和孟加拉湾的暖湿气流在我国南方地区的交汇，从而不能形成大范围的有效降水；二是入秋以来，先后有3个热带气旋登陆我国，其中2个登陆海南，1个登陆广东，由于位置偏南，只能影响到华南南部和沿海地区，不能直接或间接给我国南方大部地区带来丰沛的降水，致使江南和华南北部地区降水持续偏少。

预计未来一周，南方大部旱区仍无有效降水，旱情将持续或发展，建议各地要做好水资源的调配工作，确保居民和农业生产用水。中国气象局将密切关注旱情变化，继续做好抗旱气象服务工作。

一、南方地区近期旱情分析

1.旱情概况

今年9月以来，我国南方大部地区降水较常年同期偏少3～5成，其中江南大部、华南东部和北部、西南地区东部等地降水量偏少5～8成，湖南、江西、福建、广东、广西、云南、贵州等地出现秋旱。特别是9月1—14日，贵州北部和湖南北部等地基本没有出现降水，再加之同期南方大部地区出现持续高温天气，贵州、湖南、江西、广东、广西、云南等地出现不同程度气象干旱(图106-1)。

9月15—22日，我国南方部分地区出现明显降水天气，贵州、广西西部和湖南等地气象干旱得到不同程度的缓解。

进入10月，除华南南部外，南方大部地区降水量不足50毫米，其中广东北部、江西大部、福建西部等地降水量在10毫米以下，局部地区甚至无降水。10月22日气象干旱监测显示：湖南南部、江西南部、福建南部、广东北部、广西西北部和云南东部等地存在中度气象干旱，局部达到重度气象干旱(图106-2)。

2.卫星监测洞庭湖和鄱阳湖水体面积较去年同期明显减少

利用我国FY-3A气象卫星监测洞庭湖和鄱阳湖水情资料进行对比分析表明，今年10月中旬洞庭湖水体面积较去年同期减少近50%(图106-3)，较今年9月底减少约30%。今年10月中旬末鄱阳湖水体面积较去年同期减少约40%(图106-4)，较今年9月底减少约30%。

3.干旱影响

持续干旱导致南方地区江河库湖蓄水不足，水位降低，对水上航运、水力发电、人畜饮水及农业生产等造成了严重影响。其中湖南、江西和广东等地受影响较严重。

9月中旬以来，湖南洞庭湖水位一直低于往年同期，近日洞庭湖城陵矶站的水位已远低于近几年同期水位。低水位造成渔民歇业、航运受阻和水力发电受到影响。截至10月10日，湖南省有9个市州63个县受灾，农作物受灾面积近251万亩；旱情造成全省48万人、13万头大牲畜出现临时饮水困难。江西全省有多条河流水位低于历史最低，赣江南昌段水位过低已导致大量船舶搁浅、滞留，对南昌市供水形成压力。广东省清远、汕头、河源等7市27个县(区)发生旱灾，大型水库蓄水量与多年同期相比明显减少，全省受灾人口124.7万人，直接经济损失1.6亿元，其中清远市受旱农作物面积有25万亩。

二、干旱成因分析

2009年8月下旬至10月中旬，我国湖南、江西、广东、广西等南方地区出现严重气象干旱。主要原因：一是入秋以来我国南方大部地区被副热带高压系统控制，导致来自北方的冷空气和来自南海和孟加拉湾的暖湿气流难以在江南和华南北部地区相遇，从而造成我国南方地区出现持续高温少雨天气；二是入秋以来先后有3个热带气旋0913号“彩虹”、0915号“巨爵”和0917号“芭玛”登陆我国，其中2个登陆海南，1个登陆广东，由于位置偏南，只能影响到华南南部和沿海地区，不能直接或间接给我国南方大部地区带来丰沛的降水，致使江南和华南北部等南方地区降水持续偏少。据江西省多年统计资料(1961—2005年)分析，江西省台风产生的降水量年平均为78.2毫米，全省年增加水资源合计约为170.9亿立方米。而今年，江西和湖南两省水资源几乎没有得到台风降水的补充。

三、气象部门抗旱气象服务工作情况

9月以来，中国气象局密切跟踪监视旱区天气变化，加强降水天气过程预报，并利用有利天气条件适时开展人工增雨作业，同时科学指导秋收秋种，全力做好抗旱气象服务工作。

1.加强气象预报，及时开展旱区气象服务。针对干旱发生发展情况，气象部门加强旱区气象预报预测，多次组织专家召开针对旱区天气的专题会商；加强南方旱区精细化指导预报及未来旱情发展趋势预评估；利用土壤测墒、卫星遥感等多种监测手段，实时滚动监测南方旱区的旱情变化，及时分析干旱的影响范围、程度。中国气象局及相关省（区、市）气象局还开展了农业干旱监测预报、冬小麦和油菜播种期农业气象条件分析、干旱对农业生产的影响评估等工作，继续加强秋收秋种气象服务。9月以来，仅中央气象台向相关部门报送南方干旱各种气象服务产品就达60余期。

2.加强人工影响天气工作指导，及时组织人工增雨作业。中国气象局加强对干旱省（区、市）人工影响天气工作的指导，抓住每一次有利天气条件，组织人工增雨作业。旱情发生以来，湖南长沙、湘潭、怀化等12个市州60个县市区开展增雨作业328次，发射增雨弹8486发、火箭弹310枚。江西共有8个区市的61个县（市）开展了171次人工增雨作业，增加降水量约2.56亿立方米。广东北部和东部各市共增雨27次，增雨0.3亿立方米。

四、关注与建议

预计未来一周，湖南、江西、广东北部和广西等气象干旱区无明显降雨，旱情将持续或发展，江南和华南北部地区的江河库湖仍将处于来水不足的状态。

建议各地继续做好水资源的调配工作，确保居民和农业生产用水；长江流域育苗油菜将陆续进入移栽期，各地要及时整地、施肥和改善土壤墒情，根据油菜长势适时移栽；华南地区要注意加强晚稻后期田间管理，注意浅水灌田，促使晚稻充分灌浆。同时，南方地区还要做好城市、乡村和林区的防火工作。

气象部门将继续做好旱情监测和预报服务工作，及时抓住有利天气条件，适时开展人工增雨作业。

厄尔尼诺(El Nino)事件年末将达到盛期，应关注对我国2009/2010年冬春气候的影响

（中国气象局　第107期　2009年10月24日）

摘　要　中国气象局国家气候中心监测和预测结果显示，赤道中东太平洋自2009年6月开始的厄尔尼诺事件目前仍处于稳定发展阶段，预计今年年末(12月份)达到盛期。厄尔尼诺事件是对全球天气气候影响最为重要的异常事件之一。研究表明，厄尔尼诺事件发生的当年冬季，我国长江以南地区降水易偏多，内蒙古中部和东部、河套地区、新疆北部和青藏高原东部等牧区容易发生雪灾。次年春季，长江中下游及其以北地区降水易偏多，西南地区降水偏少的可能性较大。因此，今年冬季须重点防范内蒙古、新疆、青海、西藏等地雪灾对当地畜牧业生产和牧区生活的影响。

一、厄尔尼诺事件将维持到2009/2010年冬季，并在今年末达到最强

厄尔尼诺事件是指赤道中东太平洋海表温度大范围异常偏暖并持续6个月以上的现象。2009年3月赤道中东太平洋海表温度向偏暖方向发展。6月份起，赤道中东太平洋大范围海表温度较常年同期异常偏暖，中心区域偏暖幅度超过1.0℃。

目前的监测显示，该地区海温仍呈缓慢上升趋势，次表层大部受异常暖水控制，未来仍继续维持偏暖状态。这表明，本次厄尔尼诺事件目前仍处于发展状态，并将继续维持和发展。诊断分析和预测认为：此次厄尔尼诺将在年末达到盛期，成为一次中等偏弱的厄尔尼诺事件，并于今冬后期结束，但赤道中东太平洋地区海表温度在2010年春季仍将维持正常略偏暖状态，对今冬明春天气气候可能有较大影响。

二、厄尔尼诺事件对我国气候的可能影响

分析研究表明，一般情况下，厄尔尼诺事件发生当年冬季，我国长江以南降水易偏多，其中黄淮东部、江南、华南、云南及甘肃河西降水可能偏多，内蒙古中部和东部、河套地区、新疆北部和青藏高原东部等牧区容易发生雪灾。受厄尔尼诺事件影响的次年春季，除新疆中西部、云南南部和广西西南部地区偏冷以外，全国大部地区以偏暖为主；长江中下游及新疆北部、青海东部、陕西、河北等地降水易偏多，部分地区可能出现渍涝；西藏东南部、四川西部及云南等地降水偏少。

厄尔尼诺事件类型复杂，不同类型的厄尔尼诺事件气候影响也不相同，在气候变暖的背景下，厄尔尼诺事件的气候效应具有更强的不确定性特征。今年我国秋季降水主要特征复杂多变，与通常的厄尔尼诺影响特征差别较大，主要原因是本次厄尔尼诺事件虽然早在6月份就开始形成，但发展缓慢，对我国夏秋季的降水的影响不典型。因此，厄尔尼诺事件的出现不仅增加了气候异常出现的可能性，也增加了气候预测的复杂性和不确定性。

三、中国气象局对厄尔尼诺监测预测工作情况

由于厄尔尼诺常常造成全球广大地区的天气气候异常，其监测预测一直是世界气象组织（WMO）最关注的热点问题之一，也是中国气象局的重要业务。中国气象局国家气候中心作为世界气象组织指定开展厄尔尼诺监测预测的区域业务中心，在今年6月、7月和8月将厄尔尼诺滚动监测、预测意见及时报送世界气象组织。10月下旬，又组织有关专家对厄尔尼诺的发展状况和趋势预测进行了会商，并将会商意见通报世界气象组织。中国气象局将密切监视厄尔尼诺未来的发展，并对其可能造成的气候异常做好监测预警和服务工作。

四、对策与建议

厄尔尼诺事件是对全球天气气候影响最为重要的异常事件之一。因此，必须高度重视和关注厄尔尼诺事件对我国今冬明春气候产生的影响。建议：

1.冬季，内蒙古中部和东部、河套地区、新疆北部和青藏高原东部等牧区容易发生雪灾，各有关部门要未雨绸缪，提早做好相关应对准备，提前做好采暖和冬季生活物资的贮备工作，检查落实各项应急预案和应对措施，防患未然。

2.2009年我国干旱点多面广，干旱使一些水库、河、湖水位持续走低，各地要进一步加强抗旱工作，预防秋冬和冬春连旱。针对明年春季西藏东南部、四川西部及云南大部等地可能出现的少雨情况，各有关部门要密切注意防范森林火灾，并做好抗旱准备。

北方和中东部地区将出现今年首次寒潮天气，须加强防范强冷空气造成的不利影响

（中国气象局　第108期　2009年10月29日）

摘　要　预计10月29日至11月2日强冷空气将影响我国，北方和中东部地区将出现寒潮天气。上述地区气温将下降8～10℃，其中北方部分地区降温12～16℃；吉林东部有中到大雪或雨夹雪，四川盆地东部、汉水流域、黄淮西部有大雨；长江中下游地区及其以北地区将有5～7级偏北风，东部和南部海区将有8～9级偏北风，阵风达10～11级；内蒙古中西部、宁夏、陕西北部以及华北、黄淮地区局地有扬沙天气。华北南部、黄淮、江淮等地将出现初霜冻。

10月以来，全国平均气温较常年偏高1.5℃，为1951年以来第三高；局部地区平均气温或最高气温突破历史最高值。由于此次冷空气势力较强、影响范围广，强降温、大风沙尘和部分地区的雨（雪）天气容易导致人民生活、农牧渔业、交通运输等受到不利影响。农业生产、交通运输等部门及汶川地震灾区和重庆地质脆弱区须采取相应防范措施。

一、10月29日至11月2日强冷空气将影响我国，北方和中东部地区将出现今年首次寒潮天气

降温：预计10月29—30日，有一股冷空气将影响新疆北部和西北地区，上述地区气温将下降4～

6℃、局地降温 8℃左右。31 日该股冷空气与自蒙古高原南下的冷空气合并加强，影响我国大部地区。北方和中东部地区将出现寒潮天气，气温下降 8～10℃，其中北方部分地区降温 12～16℃(图 108-1)。冷空气前锋过后，内蒙古中东部、华北北部、东北地区中北部的最低气温将降至－10℃以下，华北中南部的最低气温将降至 1℃左右，黄淮地区的最低气温将降至 1～3℃，江淮大部地区的最低气温将降至 2～4℃。华北南部、黄淮、江淮等地将出现初霜冻。

大风和沙尘天气：受冷空气影响，长江中下游地区及其以北地区将有 5～7 级偏北风，内蒙古中西部、宁夏、陕西北部以及华北、黄淮地区局地有扬沙天气，南方其他地区有 4～6 级偏北风。11 月 1—2 日我国东部和南部海区将有 8～9 级偏北风，阵风达 10～11 级。

降雨(雪)：受冷暖空气的共同影响，10 月 30—31 日，西北地区东南部、华北、东北地区中南部、黄淮、江淮、江汉、江南北部以及四川盆地、贵州有小到中雨，其中四川盆地东部、汉水流域、黄淮西部有大雨，降雨量有 25～40 毫米。青海东部、甘肃西部、川西高原、内蒙古中东部、河北北部、辽宁北部有小到中雪或雨夹雪，降水量一般不足 5 毫米。吉林东部有中到大雪或雨夹雪，降水量有 4～9 毫米。

二、10 月以来全国平均气温较常年偏高 1.5℃，局部地区最高气温突破历史极值

2009 年 10 月以来(10 月 1—28 日)，全国平均气温 11.5℃，较常年同期偏高 1.5℃，仅次于 1998 年(11.6℃)和 2006 年(12.0℃)，为 1951 年以来第三高。

全国大部平均气温偏高或接近常年同期，其中黄淮西部、江淮大部以及湖南北部、新疆北部、云南中部等地平均气温较常年同期偏高 2～4℃。云南平均气温达历史最高值，北京、河南、江苏、湖南、湖北、安徽为次高值。

10 月 1—28 日，新疆、西藏、云南西部、四川等地 12 站点最高气温突破历史极值，新疆、云南、四川另有 17 站点最高气温仅次于历史极值。

三、关注与建议

由于前期气温明显偏高，降水量偏少，而此次冷空气势力较强、影响范围广，强降温、大风沙尘和部分地区的雨(雪)天气容易导致人民生活及农、牧、渔、交通运输等行业受到不利影响。建议：

疾病防控：北方及东部地区要注意防范大风、剧烈降温和降水造成的不利影响，降温幅度大容易导致疾病特别是伤风感冒类疾病，须注意添加衣物，防寒保暖，预防疾病。

农(牧)业：内蒙古等牧区要做好牲畜的防寒、保暖及暖棚的防风工作，牧业转场要注意选择适宜时间和路线。北方地区要做好设施农业的防风加固、保温工作，避免棚内喜温蔬菜、花卉等遭受冷害。但此次寒潮天气过程对北方大部地区冬小麦影响不大，对长江流域地区正进行移栽的油菜略有不利影响。

海洋渔业：在东部和南部海域近海滩涂养殖区须注意鱼排和网箱的加固，小型作业船只要提前回港；海上平台作业人员应注意安全。

交通运输业：全国部分地区公路将受降雨(雪)或路面道路结冰、大风和沙尘影响，须防范可能给公路和铁路运输带来的危害，驾驶人员须注意路况天气信息，控制车速，谨慎驾驶。

汶川地震灾区及重庆地质脆弱区：汶川地震灾区在做好当地居民防雨、防风和御寒工作同时，还须注意防范降水可能引发的局地泥石流、滑坡等灾害，重庆地质脆弱区也须强化此项工作。

中国气象局将密切监视此次强冷空气的变化，及时做好预报预警工作。

今年入秋以来长江中下游地区干旱气候成因分析

(中国气象局　第 109 期　2009 年 10 月 30 日)

摘　要　9 月 1 日以来，长江中下游大部降水量不足 100 毫米，普遍较常年同期偏少 3～5 成，其中湖南、江西、湖北、安徽南部等地降水量偏少 5～8 成。持续少雨，加之气温偏高，导致南方出现大范围秋旱，江河湖库蓄水不足、水位降低，对水上航运、水力发电、人畜饮水及农业生产等造成了严重影响。对此，中国气象局国家气候中心分析认为：今年秋季以来持续高温少雨是长江中下游地区干旱的直接原因；而自2003年以来，长江流域特别是中下游地区的湖南、江西、湖北等地连续7年降水偏少，是区域江河湖泊自身水资源不足的重要气候背景。

一、入秋以来长江中下游地区干旱迅速发展，江河湖库水位持续走低，对工农业生产和群众生活造成了严重影响

受入秋以来持续高温少雨天气的影响，湖南、江西、湖北、安徽等地出现了中到重度秋旱。干旱导致部分江河湖库蓄水不足，水位降低，对水上航运、水力发电、人畜饮水及农业生产等造成了严重影响。9月中旬以来，湖南洞庭湖水位一直低于往年同期，低水位造成渔民歇业、航运受阻和水力发电受到影响。江西全省各类水库和河流水位持续下降，赣、抚、信、修四大河流出现历史最低水位，导致大量船舶搁浅、滞留，对南昌市供水形成压力。

二、入秋以来长江中下游大部高温少雨是造成干旱的最直接原因

今年入秋以来(9月1日至10月26日)，长江中下游大部降水量不足100毫米，普遍较常年同期偏少3成以上；其中湖南、江西部分地区降水量在30毫米以下，湖南大部、江西以及湖北东部、安徽南部等地偏少5～8成。湖南、江西、湖北三省平均降水量仅58.1毫米，较常年同期偏少64.8%，为1951年以来第二少。湖南今年6—8月全省大部降水量较常年同期偏少，湖南西北部偏少3～5成；特别是8月以来，湖南全省平均降水量仅116.8毫米，较常年同期(300.8毫米)偏少61%，为历史同期最少值。今年登陆我国的台风大多只影响到华南南部沿海地区，未能直接或间接给南方大部地区带来丰沛降水，江西和湖南两省几乎没有得到台风降水补充。由于降水持续偏少，加上气温偏高，土壤水分蒸发加大，导致干旱发生并呈不断发展趋势。

三、长江流域连续7年降水偏少，是导致江河湖库蓄水不足、水位降低的重要原因

自2000年以来，长江流域总体上处在少雨时期，除2000年接近常年、2002年偏多外，其余年份降水量均在常年值(1971—2000年平均)以下。其中，长江上游地区虽然2000年以来降水量基本接近常年值，但2006年出现了近50年的最少值，2007—2008年有所增加，2009年又明显减少，降水量(1月1日至10月26日累计)较常年同期偏少6%；长江中下游地区则自2003年以来降水持续偏少，2009年为近7年的最少值，较常年同期偏少12%，特别是湖南、江西、湖北偏少最为明显，三省平均降水量为近30年来历史同期最少值，较常年同期偏少18%。长江流域，特别是中下游地区少雨的气候背景，使得这一地区自身水资源不足。

四、干旱灾害是我国最为严重的气象灾害之一，对社会、环境和人类生活影响深远，应高度重视并科学应对

2000年以来，我国干旱灾害频繁发生，影响加剧。2000年全国受旱面积高达4054万公顷，为建国以来之最；2001年长江流域及其以北地区大范围干旱，受旱面积为新中国成立以来的第3位；2003年和2004年江南、华南连续发生严重秋旱；2006年重庆、四川出现特大伏旱，对工农业、人民生活、水力发电、旅游等造成严重危害。2009年我国多次遭遇区域性干旱，其中长江流域梅雨期降水偏少，汛期不“汛”，部分地区汛期出现干旱。

造成今年长江中下游地区秋旱的原因是多方面的，主要是气候系统内部自然变化的结果，既与全球变暖背景下极端气候事件发生频率增加有关，也与今年大气、海洋热状况的异常有关。在极端气象灾害对社会、环境和人类生活影响日益深远的形势下，应高度重视干旱灾害的防御工作，加强科学应对能力。一是在水资源日益短缺的情况下，应加强水资源的科学调配；二是加强水资源的科学管理和合理开发，加强用水科普宣传，提高全民节约用水的意识；三是进一步加强气候变化背景下水资源安全研究，加强干旱监测预测服务能力建设，为科学应对和防御干旱提供科技支持。

北方地区寒潮天气过程及气象服务情况报告

（中国气象局　第110期　2009年11月2日）

摘　要　10月30日至11月2日，受寒潮影响，北方地区出现明显大风、降温和雨雪天气。此次寒潮天气降温幅度大，降雪天气偏早，北方局部地区降水(雪)和风力较大。气温剧烈变化易引发流感等疾病多发，雨雪天气导致北京、沈阳、长春等地交通受阻，但对缓和北京、辽宁、吉林等地的前期旱情十分有利。针对此次寒潮天气过程，中央气象台和各有关地区气象部门提前做出了准确预报，并及时发布大风、降温、道路结冰等多种预警信号和预报消息。未来3天，北方地区无明显降水，天气为晴到多云，气温将逐步回升。

一、10月30日至11月2日北方地区出现寒潮天气

10月30日至11月2日，受强冷空气影响，北方地区出现寒潮天气。寒潮天气带来明显降温和雨雪天气，导致部分地区交通运输和生活受到影响，但降温和雨雪天气有利于缓解前期旱情。此次寒潮的主要特征如下：

1.降温幅度大。此次寒潮冷空气强，加之前期北方气温普遍偏高1～3℃，导致北方大部地区出现强降温。吉林、辽宁、河北、山西、北京、天津、山东部分地区48小时降温幅度达到了10～14℃，吉林西部降温幅度有20～30℃（图110-1）。吉林10月29—30日全省平均气温和最低气温下降幅度均居历史同期第1位，11月1日和2日全省最低气温均居历史同期第1位。11月2日，济南最低温度－3.6℃，为1969年以来历史同期最低值。2日凌晨，淮河以北的北方大部地区最低气温均低于0℃。

2.局部地区降暴雪。伴随寒潮天气，吉林中东部、辽宁、河北、北京、天津、山东、河南、安徽、江苏等地的部分地区降水量有10～25毫米，吉林东部、山东中北部降水量有25～50毫米（图110-2）。11月1日08—20时，北京城区及南部地区达到大雪量级，最大降水出现在石景山（12毫米）。吉林10月30日至11月1日的降水居历史同期第1位，日最大暴雪量（39.1毫米）居历史同期第1位。吉林、辽宁、河北北部、北京等地出现明显积雪，部分地区积雪深度达10～30厘米。

3.局部地区瞬时风力较大。受寒潮影响，北方大部地区出现4～6级偏北风，北京、辽宁、河北、天津等地出现6～8级的瞬时风速。同时，沿海地区出现较大风力，阵风达到8～9级。11月2日，辽宁大连皮口瞬时最大风速达11级。

4.与历史同期相比降雪天气偏早。对于北京、天津来说，这次初雪天气为1987年以来最早的一次。与历年相比，这次降雪为北京历史上第三早的降雪过程，仅晚于1960年10月26日（无明显降水）和1987年10月31日至11月1日（10.9毫米）。辽宁沈阳、抚顺、阜新、铁岭、锦州北部、朝阳为1971年以来同期降雪最早记录。

二、影响评估

此次降水过程导致北京、沈阳、长春等地交通受阻。首都机场部分民航航班推迟，东北地区到北京、长春到沈阳等地公路运输受阻，部分线路晚点、停运。运输受阻导致菜价上涨，部分景区关闭。暴雪使吉林省东南部地区农业设施和园艺植物造成损害，部分园林和绿化树木以及生产蔬菜、人参、食用菌的温棚被积雪压坏。渤海地区的大风天气导致海上运输和作业一度中断。北京城区局部出现供电线路中断、树木被大雪压折等情况。

气温剧烈变化容易导致伤风感冒类疾病多发。前期我国北方地区气温普遍偏高。强冷空气带来的剧烈降温以及后期气温的回升容易导致伤风感冒等呼吸道疾病多发。同时，冠心病、肺心病、中风、哮喘、心肌梗塞、心绞痛、偏头痛等疾病容易发作，或导致患者病情加重。

雨雪天气有利于缓和前期旱情。前期北京、辽宁、吉林等地农田出现缺墒，部分地区出现明显旱情。此次雨雪天气有利于改善土壤墒情，对缓和旱情十分有利。

三、寒潮气象服务工作情况

针对此次寒潮过程，各级气象部门提前做出了准确预报，并及时发布大风、降温、道路结冰等多种预警信号和预报消息。中央气象台10月28日向党中央、国务院呈报了“北方和中东部地区将出现今年首次寒潮天气须加强防范强冷空气造成的不利影响”的《重大气象信息专报》，并向各有关部门通报。每天以《值班快报》方式及时上报大风、降温、雨雪天气实况、影响及预报信息。各级气象部门均向当地政府和有关部门报告了寒潮或强冷空气预报服务信息。10月31日，吉林省气象局启动暴雪Ⅲ级应急响应预案。根据抗旱气象服务工作需要，北京、江苏、安徽等地开展了人工增雨作业，共发射火箭弹（增雨弹）319枚、燃放碘化银烟条186根。此次寒潮过程，中央气象台和各有关气象台站共发布预警信号、预警报等50余次，并实时通过广播、电视、网站、手机短信等渠道向社会公众发布了预报预警信息。

气象部门将认真分析此次寒潮带来的强降温、局部强降雪天气特征，进一步提高对降温、降水和大风等要素的预报精细化水平。不断完善寒潮应急响应服务方案，进一步做好决策和公众服务工作。在旱区抓住有利天气条件，进一步组织做好人工增雨作业。

四、未来3天预报

11月2日夜间，内蒙古、华北东部、东北地区、黄淮、等地将有4～6级偏北风，上述地区的江河湖面风力可达6～7级；华北南部、黄淮的气温将下降6～8℃，其中，黄淮南部、江淮等地的降温幅度有10℃左右、局部地区降温幅度可达12℃。除山东半岛外，上述地区为晴到多云天气。江淮、江南、华南等地的气温将下降6～8℃并伴有大风，江淮部分地区将出现初霜冻。

3—4日，受寒潮影响的北方地区无明显降水，天气为晴到多云，气温将逐步回升，华北北部、东北地区仍然有4～6级偏北或偏西风；5日，北方地区天气晴好，气温将接近常年同期。

强冷空气将影响我国大部地区，南方旱区将迎来一场明显降雨

（中国气象局　第111期　2009年11月6日）

摘　要　11月7—11日，一股强冷空气将自北向南先后影响我国西北部和中东部大部地区，上述地区的降温幅度一般有8～12℃，局地降温可达16℃。8—12日，长江中下游以南地区将出现一次明显降雨过程，持续干旱少雨的湖南、江西、广西、广东北部等地将出现20～40毫米的降雨，对缓和旱情有利。8日夜间至11日，北京地区将出现持续雨雪天气，累积降温有10～12℃。

近期，影响我国的冷空气较为频繁，剧烈的冷暖变化容易导致呼吸道、心血管疾病多发，伴随冷空气出现的大风容易导致火灾多发。同时，雨雪天气也会对交通运输产生不利影响。建议有关部门采取相应防范措施，减轻大风、雨雪天气、降温等带来的不利影响，并关注室内采暖煤气安全问题。另外，江南、华南和内蒙古东部的森林草原火险等级较高，须严防野外用火，避免发生重大火情。对内蒙古锡林郭勒盟已出现的草原火情，中国气象局将严密监视天气和火情发展，及时发布相关监测预警信息。

一、11月7—11日，我国西北部和中东部地区将出现强冷空气过程，南方旱区将迎来一次明显降雨

强降温：7—11日，内蒙古大部、东北地区、华北、西北地区东部、黄淮、江淮、江汉、江南大部将有4～5级间6级偏北风，过程最大降温一般有8～12℃（图111-1），部分地区12～14℃，局地可达16℃。受该股冷空气继续南下影响，11—13日，华南、西南地区东部将降温6～8℃，部分地区10～12℃。

降水范围大：8日夜间至11日，华北、黄淮、西北地区东部等地将出现雨转雪天气过程，过程累积降水量有5～15毫米（图111-2），局地可达20～30毫米。8—12日，江淮、江汉、江南、西南地区东部、华南等地将有一次较明显降雨过程，累积降雨量一般有30～60毫米，部分地区达60～80毫米。持续干旱少雨的湖南、江西、广西、广东北部等地将出现20～40毫米的降雨，对缓和旱情有利。

北京地区：8日夜间至11日，北京地区将出现持续降温、雨雪天气。8日后半夜至9日将出现小雨转小雪天气，10—11日将持续小到中雪。同期，北京地区将出现10～12℃累积降温。

另外，6—8日早晨华北平原、西南地区东部将有轻雾，部分地区有能见度小于1000米的雾。

二、关注与建议

近期，影响我国的冷空气较为频繁。剧烈的气温变化容易导致甲型流感（H1N1）等呼吸道疾病、心血管疾病等多发，伴随冷空气出现的大风容易导致火灾多发，雨雪天气对交通运输会产生不利影响。建议有关部门采取相应防范措施，减轻强降温、大风、雨雪天气等带来的不利影响，并关注室内采暖煤气安全问题。

6—7日，江南、华南和内蒙古东部等地的火险气象等级偏高，请各有关单位严加防范，禁止野外用火，确保林区安全。对内蒙古锡林郭勒盟已出现的草原火情，我局将严密监视天气和火情发展，及时发布相关监测预警信息。

今年北半球一些国家提前进入冬季，我国西藏新疆内蒙古等地冬季可能出现雪灾

（中国气象局　第112期　2009年11月6日）

摘　要　2009年10月31日至11月1日，受强冷空气影响，我国北方等地出现明显雨雪和寒潮天气，北京地区出现自1951年以来仅次于1960年和1987年第三早的初次降雪。与此同时，10月中旬以来，与我国北方同处北半球中高纬地区的一些国家也提前进入了冬季，多次遭遇寒流和暴风雪袭击，部分地区打破最早下雪纪录。大气环流在10月中旬的调整是出现上述情况的直接原因，目前正处于稳定发展状态的厄尔尼诺事件还将起到推波助澜的作用。

今年10月以来我国天气气候异常的特征与1960年和1987年同期的演变具有相似性，1960年和1987年冬季，新疆、内蒙古等地曾出现雪灾。预计今年冬季我国气温较去年同期偏低，冷暖起伏较大，西藏、新疆、内蒙古等地可能出现雪灾，须做好农作物、人、畜安全越冬和流感防御工作。

一、我国北方和同处北半球中高纬地区的一些国家提前进入冬季

2009年10月31日至11月1日，受强冷空影响，我国吉林东部、辽宁东北部、河北北部、北京等地出现明显雨雪天气。北京地区出现自1951年以来仅次于1960年和1987年第三早的初次降雪。与此同时，10月中旬以来，与我国北方同处北半球中高纬地区的一些国家也提前进入了冬季，多次遭遇寒流和暴风雪袭击，部分地区打破最早下雪记录。10月12—13日，欧洲的德国、奥地利、瑞士和波兰等国家迎来今年的第一场大雪，打破最早下雪记录；10月27—29日，美国中西部部分地区积雪超过一米，怀俄明州的降雪量超过了当地10月份常年的降雪总量，科罗拉多州的降雪量也创造了自1997年以来的最高记录；10月27日至11月2日，北半球中高纬地区再次经历了不同程度的寒潮天气过程，北美北部和西部、欧洲东部和北部、亚洲中高纬部分地区连降暴风雪。

二、大气环流的调整和厄尔尼诺事件是导致北半球中高纬大部地区多次遭遇寒流和暴风雪袭击的主要原因

1.大气环流在10月中旬的调整、冷空气活动加强，是北半球中高纬地区遭遇寒流和暴风雪袭击的直接原因。进入10月以来，北美、大西洋和欧洲西部的冷空气活动频繁，造成上述地区不断出现强降温和雨雪天气。10月中旬，大气环流调整，有两次强冷空气加强南下，给欧洲、北美的部分地区带去强降温和大雪天气。10月下旬以来，大气环流再次调整，冷空气活动再次加强，北美大陆再次遭遇低温和暴风雪袭击，同时也引发我国出现了强降温和异常雨雪天气。

2.厄尔尼诺事件对北半球中高纬地区遭遇寒流和暴风雪袭击将起到推波助澜的作用。监测预测结果显示，赤道中东太平洋自2009年6月开始的厄尔尼诺事件目前仍处于稳定发展阶段，预计今年12月份将达到盛期。研究表明，厄尔尼诺事件的发生对北半球中高纬地区秋末至冬季的气候往往产生明显

影响，例如北美地区的降雪频次明显增多，对北半球中高纬地区遭遇寒流和暴风雪袭击起到了推波助澜的作用。

三、1960 年和 1987 年冬季，新疆、内蒙古等地曾出现雪灾，今年 10 月以来我国天气气候异常的特征与 1960 年和 1987 年同期的演变具有相似性

1960 年 10 月我国大部地区降水偏少，但 10 月下旬后期，受强冷空气侵袭，华北地区出现强降温和雨雪天气，是 1951 年以来初雪最早的一年。强冷空气一直延续到 11 月初，并影响到长江中下游地区，造成长江中下游部分地区初霜冻异常偏早。1960 年 12 月至 1961 年 1 月，影响我国的冷空气活动频繁，内蒙古中西部和新疆北部降水异常偏多，部分地区降水量较常年同期偏多 1 至 2 倍，气温较常年同期偏低 2℃以上，出现了异常雨雪冰冻天气。

1987 年，赤道太平洋处于厄尔尼诺事件中，10 月末至 11 月初，华北大部普降初雪。1987 年 12 月至 1988 年 2 月，新疆北部、内蒙古古大部、甘肃、青海东部、四川大部及西藏东部等地降水较常年同期明显偏多，部分地区降水偏多 1 倍以上。1988 年 1—4 月，新疆塔城、哈密、阿克苏、喀什和克孜勒苏等地先后出现雪灾；塔城地区 10 人因灾死亡，冬牧场完全被冰雪覆盖，死亡牲畜 5.2 万余头；哈密地区死亡牲畜 5.2 万余头，其他地区受灾也相当严重。1988 年 2 月中旬至 5 月，青海东部多雪；2 月下旬至 3 月上旬，湖北和四川出现大雪，都造成了不同程度的灾害。

对比分析表明，今年 10 月以来我国天气气候异常的特征与 1960 年和 1987 年同期的演变具有相似性。

四、今年冬季我国气温低于去年同期，西藏、新疆、内蒙古等地可能出现雪灾，须加强防范低温和暴雪对生产生活带来的不利影响

预计今年冬季(2009 年 12 月至 2010 年 2 月)，我国气温总趋势接近常年同期或偏高，但低于去年同期，冷暖起伏较大。黑龙江北部、内蒙古中西部、新疆东部、青海南部、西藏北部局部地区的气温较常年同期偏低，隆冬时节出现阶段性强降温过程的可能性大；新疆北部、内蒙古中西部和湖北南部、湖南北部、江西西部等长江中下游地区降水偏多。西藏、新疆、内蒙古、四川等农牧区的部分地区出现雪灾的可能性大。

建议做好牧区越冬粮草贮备、农作物保温防风防冻等准备工作，防患未然，保障农作物、人、畜安全越冬。同时，由于冬季冷暖起伏较大，给流感预防增加了难度，须进一步做好今冬明春的流感防御工作。

未来一周南方大部地区的干旱将明显缓和

（中国气象局　第 113 期　2009 年 11 月 10 日）

摘　要　近期气象干旱监测表明，我国南方地区干旱较严重，其中云南东部、贵州南部、湖南东南部、江西南部、福建和广东北部的部分地区达到重旱，云南局部达特旱。干旱已导致南方部分地区的江河库湖的水位持续下降并造成部分地区人、畜饮水困难，湖南洞庭湖今年 11 月上旬的水体面积较去年同期减少近 65%左右。另外，内蒙古东部及辽宁西部部分旱区出现临时性人、畜饮水困难。自 11 月 8 日夜间开始，长江中下游地区出现明显降水，湖北东部、安徽中南部、江苏中南部、上海、浙江和江西东北部的旱情将得到缓和。

预计未来一周，我国中东部地区将多雨雪天气，其中南方地区降水量将明显增多。湖北、安徽、江苏、上海、浙江、江西、湖南、广西东北部、广东北部、福建西部以及陕西、山西和内蒙古南部等地的旱情将明显缓和或缓解。广东南部、广西西部和南部、云南、贵州西部以及内蒙古东部等地雨(雪)量较小，上述地区的旱情仍将持续。

气象部门已做好人工影响天气作业准备，在具备作业条件地区积极组织人工增雨(雪)作业。

一、近期全国气象干旱情况及其影响

11月1—8日，我国南方大部气象干旱区无降水或降水量不足10毫米。最新气象干旱监测（图113-1）显示：南方地区的江淮南部、江南、华南北部、云南、贵州、四川西南部和北方地区的内蒙古中东部、黑龙江东北部等地存在中等程度气象干旱。其中，云南东部、贵州南部、湖南东南部、江西南部、福建和广东北部的部分地区达到重旱，云南局部达特旱。

近期南方干旱导致南方江河库湖的水位持续走低，部分地区出现人、畜饮水困难。9月以来，江西省受持续干旱影响，全省的5大江河除饶河外，赣江、抚河、信江、修河等河流水位先后跌破历史最低值，城乡居民供水出现困难。湖南洞庭湖今年11月上旬的水体面积较去年同期减少近65%左右。云南省丽江、大理、玉溪、红河、文山、临沧等6州（市）的10个县（区）发生秋旱，造成33.1万人受灾，6.5万公顷农作物受旱。据调查，干旱对南方地区的果木、蔬菜生长有较大影响，对冬小麦及油菜影响相对较小。另外，内蒙古东部及辽宁西部部分旱区出现临时性人、畜饮水困难。

二、长江中下游地区出现明显降雨，对旱区水资源补充极为有利

11月8日夜间开始，江汉、江淮、江南地区大部出现明显降水，湖北东部、湖南东北部、江西北部、浙江、上海、江苏中南部、安徽中南部、河南东南部等地降水量有25～40毫米，其中安徽南部、浙江北部降水量达50～100毫米、局地达100～120毫米（图113-2）。经统计，降水量在25毫米以上的覆盖区域达到47万平方千米，有效降水将使湖北东部、安徽中南部、江苏中南部、上海、浙江和江西东北部的旱情得到缓和，并对江河库湖和地表水资源补充极为有利。

三、南方地区将多阴雨天气，对旱情缓解和增加水资源有利

受冷空气和暖湿气流共同影响，未来一周，我国中东部地区将多雨雪天气，其中南方地区降水量将明显增多。

南方旱区降雨预报。10—16日，淮河以南大部地区将多阴雨天气，主要降雨过程分别在10—13日、15—16日，过程降雨量一般有10～30毫米，其中四川东部、江汉、江淮、江南、华南北部有30～50毫米，长江中下游和江南的一些地区可达到50～80毫米（图113-3）。持续干旱少雨的湖南、江西、广西、广东等地将出现10～30毫米的降雨，部分地区雨量可达40～60毫米，有利于缓和或缓解旱区旱情，增加江河库湖蓄水及地下水补充。

四、北方地区降水主要位于西北地区东部、华北西部和黄淮地区

北方旱区雨雪预报。10—13日，西北地区东部、华北大部、东北地区中南部、黄淮和东北地区等地自西向东将先后出现一次大范围雨雪天气过程；上述地区一般以小到中雨（雨夹雪）或雪为主，其中，内蒙古河套地区、陕西北部、山西中北部、河北西部等地将有大雪或暴雪。过程累积降水量一般有5～20毫米，陕西、河南南部、苏皖北部降水量可达25～40毫米。

五、关注与建议

未来一周的降水过程将有利于缓解湖北、安徽、江苏、上海、浙江、江西、湖南、广西东北部、广东北部、福建西部以及陕西、山西和内蒙古南部等地的旱情。同时建议上述省区做好雨水资源的集水工作，储备冬季用水。

在未来一周的降水中，广东南部、广西西部和南部、云南、贵州西部以及内蒙古东部等地雨（雪）量较小，上述地区的旱情仍将持续，建议要继续做好抗旱工作。内蒙古东部及辽宁西部旱区须做好人畜饮水的调配工作。

旱区气象部门已做好准备，抓住有利天气条件，积极组织人工增雨（雪）作业。

华北黄淮等地出现历史同期罕见暴雪，
河北山西河南雪量和积雪深度创历史记录

（中国气象局　第114期　2009年11月12日）

摘　要　11月9—12日，北京、河北、山西、河南和山东等地先后出现暴雪过程。截止12日14时，过程最大降水量出现在河北石家庄市，达到94毫米；河北南部、山西中部和河南北部积雪深度普遍达到20～30厘米，河北石家庄至山西阳泉一带积雪深度达到40～55厘米。河北、山西、河南等地的降雪量和积雪深度突破历史同期极值。经综合评估，此次河北、山西、河南的暴雪事件达60年一遇，局部达百年一遇。

由于降雪强度大，此次暴雪对城市安全运行、居民生活、公路运输、民航运营和设施农业等造成了严重影响，并导致机场关闭、公路运输瘫痪。这次降雪还伴有冷空气扩散南下，造成我国淮河以北大部地区气温下降6～10℃。因此，建议各地继续做好城市、公路、机场除雪、除冰工作，确保城市安全运行；同时由于气温下降，须注意防范流行性感冒发病率上升。

一、暴雪实况及积雪深度

受冷暖气流的共同影响，11月9日08时至12日14时，华北地区及西北地区东部和黄淮地区自北向南先后出现明显降雪过程。北京中部、山西大部、河北南部、内蒙古鄂尔多斯南部、陕西、河南中北部、山东西部普遍出现大雪，其中陕西中北部、山西中南部、河北南部、河南中北部和山东西部降暴雪；降暴雪区域累计降水量有25～45毫米，部分地区达到50～60毫米（图114-1），河北石家庄94毫米、井陉74.3毫米，山西阳泉66毫米。

截止到12日14时，河北南部、山西中部和河南北部积雪深度普遍达到20～30厘米，河北石家庄至山西阳泉一带积雪深度达到40～55厘米（图114-2）。

各地降雪发生主要时段：北京9日夜间至10日早晨，12日上午；河北南部、山西中南部和陕西中南部10日上午至12日早晨；河南和山东11日白天至12日白天。其中河北石家庄10日降雪量达到70毫米，山西太原37毫米。

二、暴雪影响综合评估，河北山西河南暴雪达60年一遇

经初步估算，河北、山西、河南等地的暴雪过程整体已达60年一遇标准，局部地区突破百年一遇。其中：

河北在这次降雪中，出现大雪和暴雪的大部分县市降水量和积雪深度均达到有气象记录以来历史同期最大值。

山西全省11月9日08时至12日08时全省平均降水量为32.7毫米，比常年同期偏多近15倍，全省有94个县市出现历史同期最大值，主要分布在太原、阳泉、晋中和运城市，10个县市出现历史同期次大值。与历史同期比较，山西中南部积雪深度超过60年一遇，局部达到百年一遇。

河南全省有21个站积雪深度突破历史同期极值，有36站积雪深度突破11月份最大值。此次降雪过程河南北部已达60年一遇标准，局部地区突破百年一遇。

山东日最大降水量出现在鄄城31.8毫米（11月11日），突破该站1963年以来历史同期（11月中旬）极值；冠县、东明、菏泽、聊城、莘县、临清、巨野、汶上等地的积雪深度超过历史同期极值。

陕西11月11日，全省有64个站出现暴雪，有71个县出现结冰，有14个站24小时降水量突破11月份日最大降水量历史极值；陕北、关中大部分积雪深度在10厘米以上。

由于降雪强度大、强降雪时间集中，此次暴雪天气对城市安全运行、居民生活、公路运输、民航运营和设施农业等造成了严重影响。暴雪造成石家庄、太原、郑州等大城市机场关闭、高速公路封闭，陆路交通瘫痪，出现大批旅客滞留或受困等现象，并进一步导致城市蔬菜等生活用品供应紧张。此外，积雪还将部分蔬菜大棚压垮、压塌，对设施农业造成损失。

三、下一步工作措施及建议

预计未来10天，影响我国的冷空气活动频繁，且势力较强，大部分地区气温比常年同期偏低1～3℃，西北地区东部、华北、东北、四川盆地及贵州等地的部分地区气温偏低幅度可达4～5℃。12～13日，我国中东部地区将出现明显雨雪和降温天气。14—17日，还将有较强冷空气影响我国大部分地区，西北地区东部及南方大部分地区将出现一次大范围雨雪天气过程；西北地区东南部、四川盆地、江汉、江南北部和西部、贵州等地将出现初霜冻。中国气象局将从以下几方面加强预报预警服务工作：

1.进一步提高气象灾害综合监测预警能力。气象部门将继续加强气象灾害监测预警系统建设，努力提高气象灾害监测时间密度和精度、预报预警准确率和精细化水平、信息发布的覆盖面和时效性。同时，与有关部门积极推动建立气象及其衍生灾害监测标准和观测规范，争取在交通枢纽、重要高速公路等关键地段增加路面温度、积雪厚度、路面结冰等要素观测。

2.进一步加强部门应急联动和信息共享。气象部门将与国土资源、交通运输、铁道、水利、卫生、农业、林业、电力等部门继续保持密切合作，加强信息资源实时共享，根据需求开展针对性的气象预警预报服务，提高多部门联合防灾减灾的综合防御能力。加强电力、交通运输、铁路等基础设施建设的前期气候可行性论证工作，提高其抗御极端气象灾害的能力。争取尽快出台国家气象灾害预警专项预案，构建气象灾害应急处置社会联动机制。

3.进一步做好冬季雨雪冰冻灾害防御工作。这次降雪伴有冷空气扩散南下，造成我国淮河以北大部地区的气温下降了6～10℃。因此，建议河北、山西、陕西、河南和山东等地继续做好对城市、公路、机场的除雪、除冰工作，除雪排渍，防止次生灾害发生；出行人员要注意防寒、防滑、防流感；设施农业须做好对蔬菜大棚的加固、保温工作，同时做好牲畜的保暖和饲草供应；建议有关部门关注由于暴雪天气造成交通运输不畅、蔬菜减产等引发的农产品物价上涨问题，采取措施稳定市场物价。

未来10天全国大部地区气温持续偏低，14—17日南方将出现较大范围阴雨雪天气

（中国气象局　第115期　2009年11月13日）

摘　要　未来10天，影响我国的冷空气活动比较频繁，势力较强，全国大部地区气温持续偏低，与常年同期相比一般偏低1～3℃，近期出现强降雪的河北、山西、北京、河南、山东等地的气温仍然偏低。

未来10天，华北、黄淮大部将没有明显降雪天气。但14—17日，我国南方大部地区及西北地区东部将出现一次较大范围的阴雨雪天气过程，16日前后，安徽、湖北、湖南北部、江苏南部、上海、江西北部及四川盆地将出现今冬以来首次雨转雪或雨夹雪天气，湖南西南部、贵州等地的局部地区可能出现冻雨。

未来10天全国大部地区气温持续偏低，建议各地进一步加强应急处置措施，防范不利天气带来的各种影响。

一、未来10天全国大部地区气温持续偏低，14—17日南方地区将出现较大范围阴雨雪天气

预计未来10天，影响我国的冷空气活动比较频繁，势力较强，全国大部地区气温持续偏低；与常年同期相比一般偏低1～3℃，其中宁夏、甘肃东部、陕西、山西、四川盆地及贵州等地的部分地区气温偏低幅度可达4～5℃；近期出现强降雪的河北、山西、北京、河南、山东等地的气温仍然偏低。

未来10天，华北、黄淮大部将没有明显降雪天气。但14—17日，我国南方大部地区及西北地区东部将出现一次较大范围的阴雨雪天气过程，降水量一般有3～15毫米，其中江南地区东部等地部分地区的降水量有30～60毫米。16日前后，安徽、湖北、湖南北部、江苏南部、上海、江西北部及四川盆地将出现今冬以来首次雨转雪或雨夹雪天气，湖南西南部、贵州等地的局部地区可能出现冻雨。20—22日，我国南方地区自西向东还将有一次降水天气过程。

另外，未来两天，东北大部分地区有中到大雪，局部地区有暴雪；西北地区东部、华北平原、四川盆地、长江中下游等地的部分地区有雾。

二、关注与建议

未来10天全国大部地区气温持续偏低，建议各地进一步加强应急处置措施，防范不利天气带来的各种影响。

冬季是流行性疾病多发季节，各地需进一步加强流感防御工作。

东北、华北、西北、黄淮等北方地区的道路、机场需重点防范雾、积雪、道路结冰等对交通运输的影响；防范大风降温等对设施农业的影响；牧区需做好防寒保暖工作。特别是山西、陕西等北方省份的山区需加强防范积雪融化可能引发的滑坡、泥石流等地质灾害，并注意防范矿区渗水、坍塌等事故。

南方地区蔬菜生产基地和果木林地需加强防范低温冻害；贵州、湖南等地需重点防范低温、冻雨对电力、交通的影响。汶川地震灾区、特别是山区需加强人、畜防寒保暖工作。

黄淮以南大部地区将出现大范围雨雪天气

（中国气象局　第116期　2009年11月15日）

摘　要　预计未来3天，我国黄淮以南大部地区将出现一次较大范围雨雪天气过程。湖北东部、湖南东北部、安徽中南部、江苏南部、江西北部等地的部分地区将有大雪或暴雪；湖南、贵州部分地区可能出现冻雨；上海、浙江、江西南部、福建北部、广东北部将有25～60毫米的降雨。

此次雨雪天气过程将对南方地区交通运输、电力通讯、农林生产、城乡安全等带来不利影响，建议加强应对防范措施。云南等地的降水天气对缓和当地目前较重的气象干旱有利。

一、未来3天，黄淮以南大部地区将出现大范围雨雪天气过程

预计未来3天，黄淮以南大部地区将出现一次较大范围雨雪天气过程。黄淮西部、江淮、江汉、江南北部和西部、贵州北部等地以及新疆东部、西北地区东部、青藏高原东部、川西高原、东北地区北部将出现小到中雪或雨转雪（雨夹雪）天气，其中，11月15日夜间到17日上午，湖北东部、湖南东北部、安徽中南部、江苏南部、江西北部等地的部分地区有大雪或暴雪；16日夜间到18日早晨，贵州西部、湖南西北部等地的部分地区可能出现冻雨；15日白天到夜间，甘肃南部、陕西南部、黑龙江东部等地的部分地区将有中到大雪。

未来3天，江南大部、华南、四川盆地、贵州南部、云南中东部等地将有小雨或阵雨，其中江南中东部的部分地区有大雨，上海、浙江、江西南部、福建北部、广东北部降雨量有25～50毫米，局部地区降雨量有60毫米（图116-1）。

另外，受冷空气东移南下影响，未来3天，西北地区大部、内蒙古大部、东北大部、华北、黄淮、江淮等地将有4～5级风。上述部分地区气温将下降6～8℃，局部地区降温可达10℃。

二、关注与建议

云南等地的降水天气对缓和当地目前较重的气象干旱有利。但湖北、湖南、安徽、江苏、江西及贵州等地的降雪和冻雨天气将对交通运输、电力通讯等带来不利影响，建议：

南方各地交通管理及铁路、公路、民航等部门需加强应对防范措施，做好除雪、除冰等各项准备工作。相关部门也需注意防范积雪引发的屋棚倒塌事件的发生，以利保障城乡居民安全。

湖南、贵州等地电力、通讯部门需加强对户外供电线路和通讯设施的巡查，以防冻雨天气可能造成的电力、通讯线路断裂和设施倒塌。

汶川地震灾区需注意降雪降温天气的不利影响，加强防范居民室内取暖用火引发的一氧化碳中毒。

15—16日黄淮以南出现大范围雨雪天气，18—20日淮河以南还将有弱雨雪天气过程

（中国气象局　第117期　2009年11月17日）

摘　要　11月15—16日，我国黄淮以南大部地区出现大范围雨雪天气，其中陕西南部、安徽中南部、江苏西南部、河南南部、湖北东部和西北部、湖南东部等地出现10～25毫米的降雪，局地超过25毫米；江南中东部、华南中东部大部地区出现了20～60毫米的降雨，局地达70～90毫米。今日(17日)开始雨雪过程将明显减弱。

18—20日，湖北及淮河以南大部地区还将有一次弱的低温雨雪天气过程；期间，贵州中部、湖南中南部等地部分地区将有冻雨。21日前后，淮河以南地区低温雨雪天气有望趋于结束；17—19日，云南气象干旱区自东向西将出现弱降雨过程，对缓和当地旱情有利。

建议相关部门继续加强防范低温雨雪天气及雨雪天气后的道路结冰、雾天气等对农业生产、交通运输、电力通讯等的不利影响。

一、15—16日黄淮以南大部地区出现大范围雨雪天气

11月15日08时至17日08时，西北地区东部及黄淮以南大部地区出现大范围雨雪天气。陕西南部、安徽中南部、江苏西南部、河南南部、湖北东部和西北部、湖南东部等地出现10～25毫米的降雪，局部地区降雪量超过25毫米；江南中东部、华南中东部大部地区出现了20～60毫米的降雨，局部地区达70～90毫米(图117-1)。另外，贵州西北部、湖南西部等地还出现了冻雨天气。

二、18—20日淮河以南大部地区还将有弱低温雨雪天气过程

预计今日(17日)黄淮以南地区大范围雨雪过程将明显减弱。长江以北地区降雪过程基本停止；江南东部和南部、西南地区东部仍有小雨雪或雨夹雪。江南东部、华南和云贵高原将有4～6℃降温，云南中东部降温可达6～8℃；江南东部、华南东部并伴有4～5级偏北风；东海及其以南海域7～9级大风。

18—20日，湖北和淮河以南大部地区还有一次弱的低温雨雪天气过程，上述地区主要以小到中雪(雨)或雨夹雪为主；17—19日，贵州中部、湖南中南部等地部分地区将有冻雨。

21日前后，淮河以南地区气温将逐步回升，低温雨雪天气有望趋于结束。

另外，17—19日，云南自东向西将出现明显降温和弱降雨过程，雨量一般不足3毫米。

三、关注与建议

此次降温降水天气导致安徽、江苏等地部分地区积雪过厚，部分地区棚内蔬菜、花卉以及用于早春栽培的幼苗受冻，前期受旱或播种基础较差的冬小麦和油菜叶片受冻明显。同时，由于上述地区多为雨转雪或雨夹雪天气，积雪中含水量大，易压塌蔬菜大棚、压折树木等。预计未来部分地区温度还将持续较低，雨雪和降温天气等对农业生产的不利影响还将持续或逐渐显现。雨雪天气还对南方各地交通、电力、通讯、居民生产和生活等造成了不同程度影响。建议：

1.各地要根据苗情和降雪降雨实际情况，切实抓好田间管理，增强在田作物抗寒能力，减少损失；及时清除大棚等设施顶部积雪，防止积雪过多损坏温室，利用补光灯进行补光，增强光合作用，保证蔬菜的正常生长，并尽快采收已成熟的蔬菜。

2.各相关部门须继续做好低温雨雪的防范工作，同时加强防范雨雪天气结束后道路结冰和局部浓雾天气对交通运输、铁路、民航的不利影响，及时除雪、除冰；贵州和湖南部分地区还须继续防范冻雨天气对电力、通讯线路的不利影响。

3.云南地区未来几天的弱降水过程对缓和前期较重干旱有利，有关部门须抓住有利时机做好集水蓄水工作。气象部门将抓住有利天气条件适时开展人工增雨作业。

今年我国北方草原区产草量和载畜量下降，须加强牧区雪灾防范工作

（中国气象局　第 118 期　2009 年 11 月 18 日）

摘　要　草地生态气象模式综合监测预测结果表明，我国北方草原区（新疆、内蒙古、西藏、青海、甘肃、宁夏）今年生长季气象条件差于去年和常年，特别是内蒙古和西藏降水明显偏少，严重干旱造成牧草生长受阻，产草量比去年降低 7.1%，2009—2010 年度草地载畜能力将明显下降。据预测，今冬内蒙古、西藏、新疆等牧区可能出现雪灾，建议做好饲草储备工作，防御雪灾危害。

一、今年我国北方草原区大部干旱严重，牧草长势偏差

2009 年 4—9 月，我国北方草原区大部降水量少于去年和常年同期，其中，内蒙古大部、甘肃中东部、西藏大部、新疆东南部和西南部降水量比常年同期偏少 3～8 成，比去年同期偏少 50～200 毫米，草原干旱严重，牧草生长受到较大影响；内蒙古东北部、新疆北部、甘肃西部、青海大部降水量多于去年和常年，草地生态气象条件比较优越，牧草长势较好（图 118-1）。

二、北方草地产草量比去年降低 7.1%，可载畜量将明显下降

根据草地生态气象模式评估计算，北方大部分草地产草量接近或低于去年（图 118-2、表 118-1），总体产草量比去年低 7.1%。偏低的区域主要位于内蒙古大部、新疆南部、甘肃西部和陇中、宁夏中北部、西藏西部和南部、青海西北部。产草量高于去年的地区主要有青海大部、新疆北部、甘肃中部和西南部、宁夏东南部、西藏东部大部地区。分省（区）来看，内蒙古受旱严重，牧草比去年减产 18.8%；西藏大部受春夏连旱的影响，全区牧草减产 7.7%；宁夏、甘肃牧草产量比去年减产 0.2%、0.4%；新疆增产 2.2%，青海增产 7.1%。

表 118-1　2009 年北方六省区估测产草量及其与去年同期对比

省名	2009 年		2009 年与 2008 年相比
	单产（千克/公顷）	总产（万吨）	总（单）产增减产（%）
内蒙古	1532	12155	−18.8
宁夏	950	313	−0.2
青海	1732	7341	7.1
西藏	740	6367	−7.7
新疆	1024	6444	2.2
甘肃	1719	3048	−0.4
北方 6 省区	1223	35667	−7.1

根据今年牲畜需草量和产草量估测，预计 2009—2010 年度北方六省区天然草地可载牲畜数量为 15407 万只标准羊单位[注]，比上一年度减少 6.8%（1119 万只标准羊单位）。其中，内蒙古、西藏载畜能力明显减弱，将分别减 1156、255 万只标准羊单位；宁夏、甘肃载畜能力与上一年度基本持平；青海、新疆载畜能力增强，可分别增加 250 万、47 万只标准羊单位。

三、北方大部分草地产草量不及常年，生态质量明显偏差

与近 20 年平均状况相比，北方大部分草地产草量低于常年同期。内蒙古中东部及呼伦贝尔市西部、宁夏大部、甘肃西部和陇中及陇东、新疆东北部和南部、青海中部和西北部、西藏中西部草地生态质量差于常年同期。内蒙古东北部和西部、新疆西北部、甘肃临近青藏高原地区、青海东部和南部、西藏东部产草量接近常年，生态质量正常偏好（图 118-3）。

四、注意冬季积雪和气温变化，确保牲畜安全越冬

今年北方大部分草地牧草长势差，产草量低，牲畜承载能力明显下降，今冬畜牧业生产极易受到雪

灾影响。10月份以来，青海、西藏、新疆和内蒙古等牧区已多次出现强降温降雪天气过程，部分地区出现了饲草不足情况。据国家气候中心最新预测，今年冬季(2009年12月至2010年2月)我国大部地区气温将较去年同期偏低，冷暖起伏较大，新疆北部、内蒙古中东部、西藏等牧区的部分地区可能出现雪灾。建议：

1.北方牧区，特别是今年出现明显减产的内蒙古和西藏大部、新疆南部等地，应加强饲草料贮备，及时做好雪灾防范工作，确保牲畜安全越冬。

2.北方大部分草地今年载畜能力低下，各牧区要继续做好全年草畜平衡工作，适当加大出栏率，防止牲畜超载。

注：1只体重50kg并哺半岁以内单羔，日消耗1.8kg标准干草的成年母绵羊，或与此相当的其他家畜为一只标准羊单位，简称羊单位。

未来一周我国大部地区气温将明显回升，须加强防范融雪造成的地质灾害

(中国气象局　第119期　2009年11月20日)

摘　要　预计未来一周，影响我国的冷空气势力趋于减弱。25日之前，各地气温将明显回升；20—21日及27日，西藏东部、云南、四川南部等气象干旱区将出现两次降水天气过程，总降水量一般有5～20毫米，局部地区有25～40毫米。

建议我国北方积雪覆盖区加强防范融雪可能引发的滑坡、崩塌等地质灾害；南方地区须加强防范雨雪天气后的道路湿滑、雾天气对交通、居民生活的不利影响；卫生防疫部门须加强疾病防控工作；黄淮、江淮、江汉土壤过湿的地区，要及时清沟排渍，预防渍害发生；江南、华南须尽快完成晚稻收获；西藏、云南的降水对缓和气象干旱区旱情有利，干旱区域须抓住有利的降水时机继续做好集水蓄水工作。

一、未来一周我国大部地区气温将明显回升

预计未来一周，影响我国的冷空气势力趋于减弱，北方大部分地区雨雪天气较少，南方大部分地区有间歇性阴雨雪天气，降水强度不强。25日之前，各地气温将明显回升，大部分地区气温较常年同期持平或偏高，其中西北地区东部、华北地区西部、黄淮等地的局部地区气温将较常年同期偏高1～2℃，23日前后，目前全国大部分地区气温显著偏低的状况将有所转变；26—28日，一股中等强度冷空气将影响我国，北方部分地区有小雪，淮河以北地区有5级左右风，气温将下降4～8℃；南方地区有小到中雨(雪)，气温也将有不同程度的下降。

20—21日和27日前后，西藏东部、云南、四川南部将出现两次降水天气过程，总降水量一般有5～20毫米，局部地区有25～40毫米，对缓和气象干旱区旱情有利。另外，未来10天，西北地区东部、四川盆地、华北平原、长江中下游雾天气较多。

二、关注与建议

11月15日以来，湖北至江淮以南大部地区出现持续阴雨雪天气，对农业生产、居民生活、交通运输、疾病防控等造成明显影响。部分处于收获期的晚稻无法收割、稻株倒伏、茎秆腐烂、稻粒发芽；油菜苗、麦苗和蔬菜等大田作物发生渍害；取暖用电急剧攀升，造成天然气供应紧缺；患季节性感冒的人数增多，部分学校暂时停课。

根据近期天气预报，建议：

1.北方积雪覆盖区须加强防范融雪可能引发的滑坡、崩塌等地质灾害；南方地区须加强防范雨雪天气后的道路湿滑、浓雾天气对交通的不利影响；气温回升有利于细菌滋长，卫生防疫部门须加强防范甲型流感等疾病的扩大蔓延。

2.黄淮、江淮、江汉等前期土壤过湿的地区，及时清沟理墒、排渍通气，预防渍害的发生；江南、华南

要抓住降水间隙，尽快完成晚稻收获的收尾工作。

3.西藏、云南气象干旱区在防范雨雪天气不利影响的同时，利用有利的降水时机，继续做好集水蓄水工作。

未来4天我国中东部地区将出现大范围雨雪天气，30日开始中等强度冷空气将影响长江中下游及以北地区

（中国气象局　第120期　2009年11月26日）

摘　要　预计11月26—29日，我国中东部地区将出现大范围雨雪天气，其中陕西东南部、河南、湖北北部等地的部分地区有大雪，局部地区有暴雪。11月30日至12月2日，将有一股中等强度冷空气自西向东先后影响西北地区、西南地区东部、长江中下游及其以北地区。

建议有关部门采取相应防范措施，减轻雨雪、降温天气等对交通运输、农业、电力带来的不利影响。气温变化容易导致流感等疾病的发生，须加强甲型流感等疾病的防控工作。

一、11月26—29日我国中东部地区将出现大范围雨雪天气

受冷空气和暖湿气流的共同影响，11月26日08时至29日08时，青藏高原东部的部分地区、西北地区东南部、四川盆地、重庆、贵州、黄淮西部、江淮中西部、江南大部、华南西部将有一次降水过程(图120-1)，其中陕西东南部、四川盆地东部、重庆、贵州东北部、湖北大部、河南南部、安徽西北部等地降水有10～20毫米，局部地区可达20～30毫米。陕西东南部、河南、湖北北部等地的部分地区有大雪(5～8毫米)，局部地区有暴雪(10～12毫米)。

11月30日至12月2日，将有一股中等强度冷空气自西向东先后影响西北地区、西南地区东部、长江中下游及其以北地区；新疆北部、东北地区东南部将有1～4毫米的降雪，四川盆地、汉水流域、华南西部以及贵州等地有2～15毫米的降雨；上述大部分地区日平均气温将下降3～7℃，东北部分地区降温幅度有8～10℃。

二、关注与建议

建议有关部门采取相应防范措施，减轻雨雪、降温天气等对交通运输、农业、电力带来的不利影响。

1.雨雪天气及过后的雾天气和道路结冰现象，将影响交通安全，请有关部门注意防范。

2.气温变化容易导致流感等疾病的发生，须加强甲型流感等疾病的防控工作。

3.加强电力、通讯系统设备的巡查、维护工作，保障电力供应和通讯畅通。

4.做好农作物的防风防冻工作，及时清沟理墒，防止土壤过湿。

12月3—6日东北地区将有大到暴雪，我国中东部持续多日的雾天气今晚基本结束

（中国气象局　第121期　2009年12月2日）

摘　要　12月3日晚上至6日，内蒙古东部、东北地区大部将出现一次大范围降雪天气过程，其中辽宁东部、吉林中部、黑龙江东部等地的局部地区将有暴雪(总降雪量10～20毫米)；预计强降雪主要出现在12月4—5日。建议东北地区相关部门采取相应防范措施，减轻降雪、降温天气等对交通运输、设施农业、电力及居民生活带来的不利影响。

另外，受南下冷空气的影响，华北、黄淮、江淮等地持续多日的大范围雾天气今天晚上起基本结束。

一、12月3—6日东北地区将有大到暴雪

12月3日晚上至6日，内蒙古东部、东北地区大部将出现一次大范围降雪天气过程。其中辽宁、吉林大部、黑龙江中东部等地的部分地区将有大雪(总降雪量5～9毫米)，辽宁东部、吉林中部、黑龙江东

部等地的局部地区将有暴雪(总降雪量10～20毫米)(图121-1);预计强降雪主要出现在12月4—5日。

二、我国中东部地区持续多日的大雾天气今晚起基本结束

11月21日以来,我国东部及西南地区东部多次出现较大范围的雾天气,与常年同期相比,北京、天津、河北南部、河南北部、山西中东部、河南北部、山东西部、重庆、上海、浙江、福建北部、江西中部及宁夏北部等地雾日数偏多1～2天,局部地区偏多2～4天。其中浙江省雾日数为1951年以来历史同期最多。

预计,受南下冷空气的影响,华北、黄淮、江淮等地持续多日的大范围雾天气今天晚上起基本结束。

三、关注与建议

东北地区相关部门需提前采取相应防范措施,做好降雪天气路面除雪、除冰工作,减轻降雪对交通安全的不利影响;天气寒冷,燃煤取暖用户增多,须注意预防一氧化碳中毒事件的发生。

加强温室、蔬菜大棚等设施农业的维修和加固,防御积雪造成的损毁和坍塌;加强电力、通讯系统设备的巡查、维护工作,保障电力供应和通讯畅通。

较强冷空气将影响我国大部地区,黄淮及以南大部地区将持续阴雨(雪)天气

(中国气象局　第122期　2009年12月8日)

摘　要　12月8—11日,较强冷空气将影响北方大部地区,华北、东北地区、黄淮等地将有4～6级偏北风,气温将下降6～8℃,部分地区达10～12℃。12—14日,南方大部地区气温将下降6～8℃,局地可达10℃。

受冷空气和暖湿气流的共同影响,12月8—14日,黄淮及以南大部地区将持续阴雨(雪)天气,其中12—14日,黄淮、江汉、江淮等地将有小到中雪或雨夹雪,部分地区有大到暴雪。

本次冷空气势力较强,雨雪影响范围广、低温持续时间长,将会对各地交通安全、农业生产、疾病防控等方面造成较明显的影响,需提前做好防范工作。

一、较强冷空气将影响我国大部地区

预计,12月8—11日,一股较强冷空气将影响北方大部地区;新疆北部、西北地区东部、华北、东北地区、黄淮等地将有4～6级偏北风,冷空气前锋过后,上述地区气温将下降6～8℃,部分地区下降10～12℃。12—14日,该股冷空气将继续东移南下影响南方地区,南方大部地区气温将下降6～8℃、局地可达10℃。

受其影响,8日,新疆北部有小到中雪,偏北地区有大雪;10—12日,内蒙古东部、东北地区以及西北地区东部、华北西部等地有小到中雪、局地大雪。

二、黄淮及以南大部地区将持续阴雨(雪)天气

受冷空气和西南暖湿气流的共同影响,12月8—14日,西南地区东部、黄淮及以南大部地区将持续阴雨(雪)天气(图122-1)。

8—10日,西南地区东部、江汉、黄淮、江淮、江南、华南大部将有小到中雨,其中,江南北部的局部地区有大雨。

11—14日,上述地区自西向东又将先后出现小到中雨(雪)天气过程,黄淮、江汉、江淮将出现雨转雪天气。其中12—14日,黄淮、江汉、江淮等地将先后有小到中雪或雨夹雪,黄淮西部、江汉北部的部分地区有大到暴雪。

三、关注与建议

本次冷空气势力较强,雨雪影响范围广、低温持续时间长,将会对各地交通安全、农业生产、疾病防控等造成较明显的影响,需提前做好防范工作。建议:

防雪灾:及时做好道路积雪和结冰清除工作,确保交通运输安全;加固温室大棚等生产设施,并及时

清除积雪。

防风(火)灾:设施农业和建筑工地要做好防风加固工作;注意用火管理,以防火灾。

防冻害:北方冬麦区要做好冬小麦越冬期的灌水保墒和防冻害工作,牧区要做好饲草储备和牲畜的防寒保暖;相关部门做好供电、供暖、供气各项工作。

防渍害:长江中下游等地降水较多,对油菜和冬小麦生长不利,注意清沟理墒,降低土壤湿度,以防发生渍害。

防流感:加强流感等疫情的防控工作;此外,燃煤取暖用户注意通风换气,以防一氧化碳中毒。

2009年东亚冬季风建立异常偏早,将对我国今冬明春天气气候产生影响

(中国气象局　第123期　2009年12月9日)

摘　要　中国气象局国家气候中心季风滚动监测显示,2009年东亚冬季风建立异常偏早,导致东亚部分地区进入冬季的时间较常年明显偏早,我国东部地区出现了大范围罕见雨雪和强降温天气。

分析预计,今年冬季前期西南地区东南部、青藏高原东部降水偏多的可能性较大;冬末春初西北地区东部、内蒙古中西部、新疆北部、青藏高原西部、华北地区东部以及江南南部至华南地区东部等地降水明显偏多的可能性较大。

建议上述地区密切关注天气变化,做好冬季后期特别是春节期间可能出现的雨雪灾害防御及处置工作。气象部门将加强滚动监测预测和针对性服务,进一步加强季风对我国天气气候影响规律和机理的研究,加快季风监测预测业务能力建设,提高国际季风领域的话语权。

一、2009年东亚冬季风建立异常偏早,导致东亚部分地区提前进入冬季,我国东部地区出现大范围罕见雨雪和强降温天气

中国气象局国家气候中心季风滚动监测显示,2009年10月第6候(10月26—31日),东亚冬季风环流形势逐步建立,较常年同期建立时间(11月15—20日)异常偏早,导致东亚部分地区进入冬季的时间较常年偏早约20天,对我国最为显著的影响是:冷空气活动频繁,东部地区出现了大范围罕见雨雪和强降温天气。

10月31日至11月1日、11月9—12日、11月15—16日,先后有3次寒潮或强冷空气过程自北向南影响我国大部地区,东部地区出现罕见雨雪和强降温天气。华北、黄淮、长江中下游等地降水量在30～50毫米,局部地区超过50毫米;河北石家庄及山西阳泉等地最大积雪深度突破历史记录,江苏、安徽、湖北等省部分地区的积雪深度突破11月历史极值。东部大部地区最大降温幅度普遍有15～20℃,其中东北、华北地区西部、黄淮西部、江淮西部、江南大部及内蒙古等地的降温幅度超过20℃;华北地区平均气温为1.2℃,是1951年以来历史同期最低值,长江中下游地区平均气温为2001年以来历史同期最低值。初雪时间明显偏早,东部部分地区初雪日期比常年偏早25～35天,为近10年来最早的一年,其中安徽南部、江苏南部、湖北西南部部分地区初雪出现时间为有气象记录以来最早的一年。

二、东亚冬季风建立异常偏早可能对我国今冬明春天气气候产生影响

研究表明,东亚冬季风建立偏早并在初冬出现明显湿冷天气时,在随后的冬季(当年12月至次年2月),我国大部地区气候干暖,但在冬末春初(次年2—3月),我国南方及西北地区东部降水较常年同期偏多的概率较大。

根据今年东亚冬季风建立异常偏早及11月份已出现寒潮或强冷空气等情况,分析预计今年冬季前期(2009年12月至2010年1月)西南地区东南部、青藏高原东部降水偏多的可能性较大;冬末春初(2010年2—3月)西北地区东部、内蒙古中西部、新疆北部、青藏高原西部、华北地区东部以及江南南部

至华南地区东部等地降水明显偏多的可能性较大。建议上述地区密切关注天气变化，做好冬季后期特别是春节期间可能出现的雨雪灾害防御及处置工作。

季风的监测预测存在一定不确定性，气象部门将加强滚动监测预测和针对性服务，进一步加强季风对我国天气气候影响规律和机理的研究，加快季风监测预测业务能力建设，提高国际季风领域的话语权。

注：季风，又称季候风，是指盛行风向的季节变化，主要发生在亚洲、大洋洲、非洲等地。东亚季风是指发生在南海及西北太平洋沿岸地区的季风气候系统，我国东部是典型地区，冬季吹西北风，寒冷干燥，被称为冬季风；夏季吹东南风，高温多雨，被称为夏季风。东亚季风(冬季风和夏季风)建立的早晚、持续时间的长短，是导致我国冬、夏季气候异常最为重要的气候因素。

我国季风监测预测业务始于20世纪50年代；1994年2月国务院批准成立国家气候中心后，季风监测预测业务发展较快；1999年开始，中国与日本、韩国气象部门每年联合举行东亚季风预测会商；2003年中国气象局组建成立北京气候中心，面向亚洲区域开展气候服务；2006年北京气候中心被世界气象组织认定为东亚季风活动中心和长期预报全球产品中心；2009年北京气候中心被世界气象组织正式认定为亚洲区域气候中心。

黄淮江淮江汉等地将有大范围雨雪天气过程，须积极防范对交通运输和群众生活不利影响

（中国气象局　第124期　2009年12月11日）

摘　要　受冷空气和暖湿气流的共同影响，12月11—16日，黄淮、江淮、江汉、江南、四川盆地、贵州等地将出现持续阴雨雪天气，其中，14—15日期间降雪强度最强，陕西东南部、湖北北部、河南中南部、安徽等地的部分地区有大到暴雪。

黄淮及以南大部地区持续阴雨雪天气将会对交通安全、群众生活、农业生产、疾病防控等造成较明显影响，须提前做好防范工作。

一、我国黄淮及以南大部地区将持续阴雨雪天气

未来一周，影响我国的冷空气势力逐渐加强，同时暖湿气流比较活跃。受其共同影响，预计12月11—16日，黄淮、江淮、江汉、江南、四川盆地、贵州等地将出现持续阴雨雪天气，降水量一般有5～15毫米，黄淮、长江中下游等地的部分地区降水量有20～40毫米、局部可达50毫米左右(图124-1)。其中，14—15日期间降雪强度最强，陕西东南部、湖北北部、河南中南部、安徽等地的部分地区有大到暴雪(5～15毫米)；黄淮最低气温将降至－7～－4℃，江淮、江汉、江南北部沿江最低气温将降至－5～－2℃，江南大部最低气温将降至0～4℃。

二、关注与建议

未来一周黄淮及以南大部地区将持续阴雨雪天气，此次雨雪天气过程影响范围广、低温持续时间长，将会对上述地区交通安全、农业生产、群众生活、疾病防控等造成较明显的影响。

各地须及时做好道路积雪和积冰清除工作，确保交通运输安全。

设施农业需防范大风、积雪影响，加固蔬菜温棚等生产设施，及时清除积雪。长江中下游等地降水将较常年同期偏多，对油菜和冬小麦生长不利，注意清沟理墒，力争降低农田土壤湿度，以防发生渍害。

加强流感等疾病防控和供电、供暖、供气工作。此外，提醒燃煤取暖用户注意通风换气，以防一氧化碳中毒。

今明两天鄂豫皖苏等地将有大到暴雪，黄淮以南地区将出现持续低温天气

（中国气象局　第125期　2009年12月14日）

摘　要　预计12月14—15日，西北地区东南部到长江中下游地区将有一次明显雨雪天气过程，其中湖北东部、河南东南部、安徽中部、江苏中部的部分地区有暴雪，这次降水过程将于16日基本结束。雨雪过后，黄淮以南地区将出现持续低温天气。

雨雪及持续低温将对交通运输、群众生活、农业生产和疾病防控等造成不利影响，相关各地各部门需及时采取处置措施，加强防范。

一、湖北河南安徽江苏部分地区将有暴雪，黄淮以南地区将持续低温

预计12月14—15日，西北地区东南部到长江中下游地区将有一次明显雨雪天气过程，降水量一般有5～15毫米，长江中下游的部分地区有20～40毫米。其中，陕西东南部、河南中南部、湖北、安徽、江苏等地有大雪，湖北东部、河南东南部、安徽中部、江苏中部的部分地区有暴雪，降雪量可达10～15毫米（图125-1），这次降水过程将于16日基本结束。

预计雨雪过后，上述地区的气温将持续较低。15—19日，黄淮地区日最低气温低达－9～－4℃，江淮、江汉、江南北部沿江地区为－7～－2℃，江南大部有0～2℃。

二、关注与建议

针对这次雨雪和持续低温天气，相关各地各部门需及时采取处置措施，加强防范。一是做好道路积雪结冰清除等工作，确保交通运输安全。二是做好校舍、简易屋棚积雪清除工作，加强供电供暖调配，保障群众生活正常。三是及时清除温室大棚积雪，加强大棚保温防风，防范作物冻害；江淮、江汉和江南北部等土壤过湿地区需注意清沟理墒，提高土壤透气性，避免作物遭受渍害冻害。四是由于气温持续偏低，需加强流感等疾病的防控，燃煤取暖用户需注意通风换气，以防一氧化碳中毒。

2010年我国农业气象年景分析报告

（中国气象局　第126期　2009年12月15日）

摘　要　综合分析2010年我国气候趋势对农业生产的影响，预计2010年我国粮食主产区农业气象灾害发生范围偏大，但对农作物影响程度偏轻，农业气象年景比常年略偏好。其中，东北地区西部可能发生阶段性春旱，春播可能受到较大影响；东北地区中北部夏季可能发生阶段性低温，但与2009年相比，低温范围偏小，影响程度偏轻。华北和黄淮地区早春可能发生大范围春旱，冬小麦生长发育可能受到较大影响。长江中下游地区夏季可能发生阶段性高温伏旱，对无灌溉条件地区的农业生产可能造成较大影响，但长江流域上游及长江流域以南大部地区发生大范围严重农业气象灾害的可能性不大。

建议根据天气条件提早采取措施，做好各项准备工作，防范和减轻气象灾害对农业生产的影响。鉴于影响气候的因素非常复杂，我们将密切监视天气气候变化，及时进行滚动订正分析。

一、2010年我国粮食主产区农业气象年景分析

综合分析2010年我国气候趋势对农业生产的影响，预计2010年我国粮食主产区农业气象灾害发生范围偏大，但对农作物影响程度偏轻，农业气象年景比常年略偏好。

1. 东北地区农业气象年景较好。2010年东北地区农业气象年景较好，比2009年农业气象年景明显偏好。春季，东北地区中东部降水偏多，西部降水偏少，东北地区发生大范围持续性干旱的可能性不大，但东北地区西部发生阶段性春旱的可能性较大，对春播可能造成较大影响。夏季，东北地区中北部发生阶段性低温的可能性较大，但与2009年相比，低温范围偏小，影响程度偏轻。

2.华北、黄淮地区农业气象年景略偏好。2010年华北、黄淮地区农业气象年景比常年略偏好。总体而言，春季华北和黄淮大部降水较常年同期偏多。其中，早春(3—4月中期)华北和黄淮地区降水偏少，发生大范围春旱的可能性较大，由于2009年冬麦区冬前积温较常年偏少，冬小麦根系发育不良，抗旱能力较弱，大范围春旱可能对冬小麦生长发育造成较大影响。但从4月中后期至5月，华北和黄淮地区降水量可能较多，早春干旱对上述地区的春播影响不大。

3.长江流域及其以南地区农业气象年景接近常年。2010年长江流域及其以南地区农业气象年景接近常年。夏季，长江中下游地区发生阶段性高温伏旱的可能性较大，对无灌溉条件地区的农业生产可能造成较大影响。6月下旬至7月，长江中下游大范围持续高温天气可能较多，对早稻灌浆、晚稻幼苗生长可能产生较大影响。但根据目前大气、海洋状况和天气气候特征，长江流域上游及长江流域以南大部地区发生大范围严重农业气象灾害的可能性不大。

二、对策建议

1.东北粮食主产区需重点做好春播防旱抗旱工作。东北地区西部(吉林西部、辽宁西北部、内蒙古东部的部分地区)发生阶段性春旱的可能性较大，建议有灌溉条件的地区在春季适时造墒播种，以免延误农时；无灌溉条件的地区需及早调度玉米早熟品种，待雨播种。

2.华北、黄淮粮食主产区需重点做好冬小麦防旱抗旱工作。华北和黄淮冬麦区早春发生大范围春旱的可能性较大，冬小麦生长发育可能受到较大影响，建议根据天气条件提前浇灌冬小麦返青水，增施返青肥，以促进冬小麦生长。

3.长江中下游地区需做好夏季高温伏旱防范工作。长江中下游地区夏季发生阶段性高温伏旱的可能性较大，大范围持续高温天气可能较多，建议采取防范措施，减轻对农业生产可能造成的不利影响。

23—26日我国大部地区将出现大风强降温天气，新疆北部内蒙古东部东北地区将有中到大雪局部暴雪

(中国气象局　第127期　2009年12月21日)

摘　要　12月21—22日，我国大部地区气温将有所回升，但23—26日，强冷空气将先后影响我国大部地区，新疆北部、内蒙古大部、华北北部、东北大部的气温将下降10～14℃，部分地区降温超过14℃，江淮大部、江南西部及贵州等地的气温也将下降6～8℃；新疆北部、内蒙古东部、东北地区等地的部分地区将有中到大雪，局部地区有暴雪。

建议有关部门尽早采取防范措施，减轻降温、大风、降水等天气对人民生活、交通运输和能源供应等的不利影响。

一、23—26日强冷空气将影响我国大部地区

12月21—22日，我国大部地区气温将有所回升。23—26日，新疆北部、西北地区东部、内蒙古、华北、东北以及黄淮等地将先后出现5～6级、阵风7级偏北风，新疆北部山口地区的风力可达8～10级、阵风11级；新疆大部、青藏高原北部、西北地区东部、内蒙古、华北、东北、黄淮等地的气温将下降6～10℃，其中新疆北部、内蒙古大部、华北北部、东北大部的气温下降10～14℃，部分地区降温超过14℃，江淮大部、江南西部及贵州等地的气温也将下降6～8℃(图127-1)；24—26日，西北地区东部、黄河中下游以北大部地区的最低气温将降至－8～－12℃，其中内蒙古中东部、东北地区部分地区可达－16～－20℃。新疆北部、内蒙古东部、东北地区等地的部分地区将有中到大雪，局部地区有暴雪。

二、关注与建议

此次冷空气过程影响区域较广，建议有关部门尽早采取防范措施，减轻降温、大风、降水等天气对人民生活、交通运输和能源供应等的不利影响。建议：

一是冷空气影响带来的剧烈降温易诱发感冒、呼吸道、心脑血管等多种疾病，需做好相关疾病防控工作；二是牧区要做好牲畜的防寒保暖工作；三是北方地区需及时做好道路积雪和结冰清除工作，确保

交通运输安全以及电力能源供应工作；四是设施农业和建筑工地需做好防风加固工作。

强冷空气将影响我国中东部大部地区，未来一周冷空气活动频繁，需加强防范不利影响

（中国气象局　第128期　2009年12月24日）

摘　要　12月22日开始，一股强冷空气自西向东影响我国大部地区，新疆北部已出现强降温、强降雪和大风天气。这次强冷空气天气过程具有降温幅度大、影响范围广、移动速度快等特点。

预计24—25日，内蒙古、陕西、山西、河北、辽宁、吉林等地部分地区的气温将下降14～18℃；江淮、江汉、江南、西南地区东部和华南等地的气温也将下降4～8℃，局地下降10～12℃。内蒙古东北部、东北地区大部将有中到大雪，局地暴雪。25日，渤海、黄海、东海海域将有8～9级大风，阵风可达10～11级。

未来一周，影响我国的冷空气活动频繁，气温起伏较大，强降温、大风、强降雪等灾害性天气将对农业生产、交通运输、群众生产生活等带来不利影响，建议采取措施，加强防范。

中国气象局将继续严密监视天气变化，加强灾害性天气的监测预报预警，做好气象服务工作。

一、12月22日开始，一股强冷空气自西向东影响我国大部地区

12月22日开始，一股强冷空气自西向东影响我国大部地区。22—24日，新疆北疆沿天山一带、天山山区、哈密北部等地的部分地区出现中到大雪，北疆沿天山一带局部地区出现暴雪，其中富蕴降雪22毫米、青河降雪20毫米、乌鲁木齐降雪15毫米。北疆大部地区气温下降了10～25℃，24日早晨，北疆大部地区最低气温在－20～－35℃之间。北疆大部地区还出现了5～6级西北风，局部地区风力达7～8级，瞬时最大风力达9～10级，阿拉山口和克拉玛依的瞬时最大风力均达12级。此次强冷空气天气过程具有降温幅度大、影响范围广、移动速度快等特点。

降温幅度大。目前，新疆北疆大部地区降温幅度已达10～25℃，预计内蒙古中西部、陕西北部、山西北部、河北西北部的过程降温幅度将为14～16℃，局部地区降温幅度可达16～18℃。整体而言，上述地区的过程降温幅度将接近常年同期，局部地区的过程降温幅度将接近10年一遇。

影响范围广。目前，新疆北疆的大部地区已出现强降温、强降雪和大风天气。预计未来3天，强冷空气将自西向东继续影响我国西北、华北、内蒙古、东北、黄淮、江淮、江南和华南等大部地区，覆盖我国国土面积将超过三分之二。

移动速度快。预计今明两天，此股冷空气将影响我国中东部大部地区；25日起，冷空气将影响至渤海、黄海、东海等海域，移动迅速。

二、未来一周，影响我国的冷空气活动频繁，气温起伏较大

1.未来一周影响我国的冷空气活动频繁，气温起伏较大

预计24—25日，受强冷空气影响，西北地区东部偏北地区、内蒙古、华北、黄淮、东北地区中南部将先后有5～7级、阵风8级的偏北风。上述大部地区的气温将下降8～12℃，其中内蒙古中部和东南部、陕西北部、山西北部、河北北部、辽宁西部、吉林西部的气温将下降14～16℃，部分地区降温幅度可达16～18℃；江淮、江汉、江南、西南地区东部、华南等地的气温也将下降4～8℃，局部地区降温幅度可达10～12℃。25日和26日早晨，内蒙古部分地区、陕西北部、山西北部、河北西北部的最低气温将下降到－20～－30℃，局地可达－30～－35℃；华北地区中南部、黄淮等地最低气温将下降到－7～－15℃，局地可达－15～－20℃。24—25日，内蒙古东北部、东北地区大部将有中到大雪（3～8毫米），局地有暴雪（10～12毫米）。25日，渤海、黄海、东海海域将有8～9级大风，阵风可达10～11级。

25—26日，受另一股冷空气的影响，新疆北部、西北地区东部气温将下降4～8℃，部分地区降温幅

度可达10～12℃，新疆北部、西北地区东部、黄淮、江淮、江汉等地将有小到中雪或雨夹雪。27日，华北、黄淮、江淮、江南、华南、西南地区东部的气温将下降4～8℃。

27—29日，还将有一股弱冷空气先后影响新疆北部、西北地区东部和华北等地。

2.北京地区今明两天将有大风降温天气

受强冷空气影响，24日夜间，北京地区将有5～6级、阵风7级的偏北大风；25日，气温将下降8℃左右，平原地区最低气温为－10～－12℃，山区气温将达－15～－18℃。

三、关注与建议

鉴于未来一周冷空气活动频繁，强降温、大风、强降雪天气多发的形势，建议：

一是加强防范灾害性天气对农业生产的影响。大风和局地强降雪天气将对设施农业带来较大不利影响，需及时采取防风保暖、整固维护等措施。进入越冬期的冬小麦需采取施用有机肥、秸秆覆盖等措施，确保麦苗安全越冬；尚未进入越冬期的冬小麦需适当进行划锄松土，追施冬肥，以提高地温，促进小麦根系生长，力争形成壮苗；江淮、江汉土壤过湿地区需进一步加强清沟理墒，对冬小麦、油菜等作物需重施有机肥，促进苗情转化，提高抗逆性。

二是加强防范灾害性天气对交通运输的影响。新疆、内蒙古和东北地区等地需及时清除道路积雪结冰，加强交通安全管理，特别是需做好交通受阻路段和地区滞留人员的防寒保暖工作。我国北部和东部海域的作业船舶和人员需防范海上大风带来的不利影响。

三是加强防范灾害性天气对群众生产生活的影响。剧烈降温会增加电力、供暖压力，对电煤、天然气及农副产品等的供需产生影响，需提前采取处置措施。冷空气活动频繁，气温起伏幅度较大，易诱发流感、呼吸道、心脑血管等多种疾病，需做好疾病防控工作。

四是加强防范强降温对黄河防凌工作的影响。受此次强冷空气及后续冷空气的影响，黄河内蒙古段、宁夏段的流凌密度均将增大，封河速度将进一步加快。而且近期冷空气活动频繁，气温起伏大，将对黄河流凌密度的变化带来影响，需加强监测，做好防凌工作。

中国气象局已于12月22日12时启动重大气象灾害Ⅳ级应急响应，新疆、内蒙古等地先后启动Ⅳ级应急响应。截至目前，中央气象台已发布寒潮橙色警报6次，新疆、内蒙古、甘肃、山西等省(区)也向社会公众提前发布了寒潮预警信息。中国气象局将继续严密监视天气变化，加强灾害性天气的监测预报预警，做好气象服务工作。

元旦期间我国北方地区气温低大风多，青藏高原东部至南方地区将有一次雨雪天气过程

(中国气象局　第129期　2009年12月30日)

摘　要　预计元旦期间我国北方地区冷空气活动频繁，气温较低，多大风天气。12月31日至1月3日，青藏高原东部至南方大部地区自西向东将有一次雨雪天气过程，其中西藏东部、川西高原北部等地有大雪，江南、华南及贵州有小到中雨、局部大雨。1月4—7日，我国东部大部地区气温偏低，东部海区将持续8～9级大风。

元旦期间我国北方地区冷空气活动频繁、南方大范围雨雪天气及节后东部大部地区气温持续偏低，将对交通、旅游、农业生产、疾病防控等造成一定影响，需加强防范。

一、元旦期间将有两次冷空气活动影响我国北方地区，青藏高原东部至南方大部地区将有一次雨雪天气

1.北方地区冷空气活动频繁

2010年1月1—2日，受弱冷空气影响，内蒙古中东部、华北、东北地区将有4～5级偏北风，东北地区南部、华北东部、黄淮地区等地的气温略有下降(降温幅度为2～4℃)。3日凌晨，黄淮地区最低气温一般为0～－4℃，华北地区中南部为－4～－8℃，东北大部、华北北部、内蒙古中部和东部偏南地区为

－14～－28℃，内蒙古东北部、黑龙江西北部最低气温可达－30～－35℃。

1月2—3日，受较强冷空气影响，新疆北部、西北地区东部、内蒙古、华北、东北、黄淮等地将有5～6级、阵风7级偏北风，新疆山口地区的风力可达10～11级；3日，渤海、黄海将有8～9级大风。冷空气前锋过后，上述地区气温将先后下降4～8℃，其中内蒙古中西部、华北南部、黄淮等地部分地区降温10～12℃，局地降温14℃。4日和5日凌晨，黄淮地区最低气温一般为－5～－10℃，华北地区中南部为－8～－12℃，华北北部、内蒙古中西部最低气温可达－20～－30℃。

另外，1月1—2日，新疆北部有小到中雪；1月2—4日，内蒙古中部和东部偏南地区、华北地区中北部、东北地区南部及山东半岛有小到中雪，局地有大雪（5～9毫米）。

2. 青藏高原东部至南方大部地区将有一次雨雪天气过程

2009年12月31日至2010年1月3日，青藏高原东部至南方大部地区自西向东将有一次雨雪天气过程。2009年12月31日至2010年1月1日，青藏高原东部有小到中雪（1～4毫米），其中西藏东部、川西高原北部等地部分地区有大雪（5～8毫米），西藏东南部局地有暴雪（10～15毫米）；1月1—3日，江南大部、华南及贵州等地有小到中雨，其中江南南部、华南北部等地的部分地区有大雨（25～45毫米）。

1日夜间至2日上午，华北平原、东北地区南部、黄淮、江淮等地有轻雾或霾，局部地区有能见度小于1000米的雾。

受冷空气影响，2010年1月4—7日，我国东部大部地区气温偏低，东部海区将持续8～9级大风。

3. 北京地区元旦期间天气预报

元旦期间，北京地区气温较低，1月2—3日有小到中雪。具体预报如下：

时间		天气状况	温度(℃)	风向风力
2009年12月31日	夜间	多云	－8～－3	南转北风1～2级
2010年1月1日	白天	多云	－7～1	北转南风2～3级
	夜间	多云	－7～－1	南转北风1～2级
2010年1月2日	白天	多云	－7～－2	偏北风2～3级
	夜间	阴转小雪	－7～－4	偏北风2～3级转偏南风3～4级
2010年1月3日	白天	小到中雪	－7～－2	南转北风3～4级
	夜间	阴转晴	－8～－4	偏北风5～6级

二、关注与建议

元旦期间我国北方地区冷空气活动频繁、南方大范围雨雪天气及节后东部大部地区气温持续偏低，将对交通、旅游、农业生产、疾病防控等造成一定影响，建议各地各相关部门加强防范。

一是需做好道路、桥面积雪和结冰清除工作，确保交通运输安全，南方部分地区需防范雾霾天气带来的不利影响。

二是需防范大风、积雪和降温对设施农业的影响，及时采取温棚加固保温、积雪清除等措施；南方低温阴雨天气对油菜等作物越冬不利，需注意清沟理墒，力争降低农田土壤湿度，以防发生冻害渍害；北方牧区需做好牲畜转场、饲草料储备、牲畜防寒保暖等工作。

三是需严密监视黄河流凌和封冻变化，加强巡堤查险，防范凌汛。

四是由于气温持续偏低，需加强流感等疾病的防控；燃煤取暖用户需注意通风换气，以防一氧化碳中毒。

五是由于北方地区风力较大，城镇、乡村和森林草原区需注意用火管理；我国东部海区需加强防范大风对海上作业和运输等带来的不利影响。

今年第8号台风“莫拉克”和第7号热带风暴“天鹅”，气象服务工作评估报告

（中国气象局　专题分析1　2009年8月15日）

一、今年第8号台风“莫拉克”过程及灾情

1. 台风“莫拉克”过程及特点分析

“莫拉克”具有台风强度强、维持时间长，移速变化大、停滞时间长，降雨强度大、影响范围广，强风圈半径大、风暴增水高等特点。

热带风暴“莫拉克”于8月4日凌晨在西北太平洋洋面上生成，5日凌晨加强为强热带风暴，下午加强为台风；7日23时45分在台湾省花莲市沿海登陆，登陆时中心附近最大风力有13级（40米/秒）；“莫拉克”在穿过台湾岛和台湾海峡后，于9日16时20分在福建省霞浦县沿海再次登陆，登陆时中心附近最大风力有12级（33米/秒），18时“莫拉克”在福建省霞浦县境内减弱为强热带风暴，10日02时减弱为热带风暴。10日05时10分前后“莫拉克”从福建省进入浙江省泰顺市境内，11日15时前后“莫拉克”由江苏省进入黄海西部海面，晚上在黄海减弱为热带低压，之后“莫拉克”强度继续减弱，12日02时中央气象台对其停止编号（图专1-1）。

台风强度强、维持时间长。“莫拉克”在发展最为旺盛时，其中心最大风力为13级（40米/秒），在登陆台湾和福建时均达到台风强度。尤其是在登陆台湾后，“莫拉克”维持台风强度仍长达42小时，属历史少见。

移速变化大、滞留时间长。“莫拉克”从生成到移至台湾近海，移速一般为15千米/小时左右，但在台湾东部近海停留12小时左右才登陆花莲；用时7小时穿过台湾岛后，又在台湾海峡滞留约31小时才再次登陆福建，“莫拉克”在台湾海峡平均每小时移动速度仅为5千米左右，在台湾岛和附近海域徘徊时间长约50小时。造成“莫拉克”移速慢的主要原因：一是“莫拉克”受其东西两侧高压的掣肘，引导气流偏弱；二是受第7号热带风暴“天鹅”及东侧新生成的热带低压（后发展为第9号热带风暴“艾涛”）的制约影响。

降雨强度大、影响范围广。台湾及福建、浙江三省均出现了暴雨和特大暴雨，闽浙台三省陆地过程降雨量超过200毫米的覆盖范围达到12.5万平方千米（图专1-2）。6日夜间至11日，福建柘荣乍洋降雨量达734.4毫米；浙江泰顺九峰过程雨量最大为1250毫米（24小时降雨量达750毫米，属历史罕见），文成桂山次之为881毫米；6日00时至11日08时，台湾嘉义县阿里山累计降雨量达到3016毫米。福建柘荣、浙江泰顺九峰、台湾嘉义阿里山过程降雨量均超过各省台风过程降水量历史最大记录。

强风圈半径大、风暴增水高。在“莫拉克”发展变化过程中，其最大7级风圈半径达到500千米，最大时其南侧风圈半径达800千米；从巴士海峡至长江口区的广大海域和沿海地区，都出现了8～12级、阵风13～15级的大风，福建霞浦西洋极大风速达到47.7米/秒（15级），浙江苍南渔寮达43.2米/秒（14级），沿海海面大风持续时间超过100小时。台风来袭期间，恰逢天文大潮，造成浙江东南部、福建中北部沿海频频出现大范围超警戒洪水，福建长乐市梅花站实测潮位4.73米，增水1.2米，是有历史记录以来第三高潮位。浙江鳌江站最大增水达2.67米，超警戒潮位0.22米。

2. 台风“莫拉克”致灾情况

据民政部统计，截至8月14日07时，“莫拉克”共造成福建、浙江、江西、安徽、上海、江苏6省（市）1430.8万人受灾，因灾死亡10人，失踪3人，紧急转移安置161.6万人；倒塌房屋1.5万间；直接经济损失128.1亿元。其中福建泉州、莆田、漳州、福州等7个市52个县（市、区）141.1万人受灾，因灾死亡3人，失踪1人，直接经济损失15亿元；浙江衢州、舟山、台州、湖州等11个市76个县（市、区）808.2万人受灾，因灾死亡4人，失踪2人，直接经济损失91.3亿元。经评估，在1951年以来所有影响浙江的台风中，“莫拉克”的综合影响强度排在第15位，约为4年一遇。此外，“莫拉克”带来的强风暴雨还造成华东地区房屋倒塌、城市积涝、农田积水、沿海养殖被毁、机场航班停飞等；宁芜铁路中断1.5小时，7趟列车

受影响。强降雨增加了太湖防汛压力，造成太湖超警戒水位再次上涨。

但是台风降雨也有有利的一面，一是有效增加了伏旱期间水库的蓄水量，二是缓解了夏季高温酷热天气，减轻了生产、生活电力供应压力。

3. 台风“莫拉克”致台湾受灾严重

“莫拉克”影响期间，台湾各地出现10～14级大风，普降暴雨到特大暴雨，其中台湾中南部雨量更是超强，自8月6日00时至11日08时，累积雨量较大的站点有：台湾中部嘉义县阿里山3016毫米（相当于近9年平均年降雨量的72%）、台湾南部屏东县尾寮山2959毫米、台湾南部高雄县御油山2901毫米。

据有关媒体报道：此次台风造成台湾南部50年来最严重水灾。造成台湾全岛102万户停电，约20座桥梁断裂。屏东县全县2/3泡在水中，最严重的地方积水深达1层楼高，3万多居民受困；台南地区溪水暴涨，使得台南县31个乡镇市全泡在水中，台南市安南区80%的区域淹水，造成2人死亡、3人失踪。高雄县4个村落遭泥石流淹没，甲仙乡小林村全村遭泥石流掩埋，数百名村民生死不明，灾情惨重为台湾全岛台风灾害之最。据台湾当局最新估计，截至14日，台湾在此次台风灾害中的死亡人数估计已超过500人。

二、今年第7号热带风暴“天鹅”过程及灾情

1. 热带风暴“天鹅”过程及特点

“天鹅”具有影响时间长、路径曲折和降雨强度大等特点。

今年第7号热带风暴“天鹅”于8月3日晚上在南海东北部海面生成，5日06时20分在广东省台山市沿海登陆，登陆时中心附近最大风力有9级（23米/秒）。“天鹅”登陆19小时后减弱为热带低压，7日早晨“天鹅”在穿过雷州半岛后进入北部湾海面，并于当日下午在北部湾海面再次加强为热带风暴；9日早晨“天鹅”又减弱为热带低压，下午“天鹅”在南海北部海面上强度继续减弱，9日17时对其停止编号。

影响时间长。“天鹅”从生成到消亡，历时163小时。“天鹅”影响海南时间约56小时。仅在粤西地区就滞留约50小时，这是广东省有台风记录以来在陆地滞留时间最长的热带风暴。

路径曲折。“天鹅”生成后先向西北方向移动，登陆广东后再折向西南，在北部湾南部海面又转向偏东方向移动，整个路径呈不完整的三角状（图专1-3）。

降雨强度大。“天鹅”和西南季风结合，造成粤西和海南出现较强降雨，其中广东8月3—8日全省平均降水量达108.9毫米，阳江东平镇累积雨量达703.4毫米；8月6日，阳江日降雨量328.2毫米，达到7年一遇。海南8月6日00时至9日17时有7个市县共有32个自动站过程雨量超过500毫米（图专1-4），昌江县有4个自动站过程雨量达700毫米以上（海尾镇五大水库达929.9毫米）；东方市（363.8毫米）和临高县（292.8毫米）日最大降雨量突破历史同期极值；昌江县（417.4毫米）和海口市（311.5毫米）日最大降雨量居历史同期第二位。另外，海南岛西部和北部陆地普遍出现7级以上阵风，儋州洋浦炼化原油码头测得最大阵风29.6米/秒（11级）。

2. 热带风暴“天鹅”灾情

据民政部统计，截至8月10日07时，“天鹅”造成广东、广西、海南三省（区）291万人受灾，因灾死亡6人（海南5人、广东1人），海南失踪14人，紧急转移安置15.1万人；倒塌房屋0.3万余间；直接经济损失17.1亿元。以广东、海南受灾最重。强降雨过程对晚稻育秧、移栽生长造成一定的影响，导致部分乡镇或城市出现内涝，农田受淹，部分地方出现山体滑坡及泥石流等地质灾害；海上大风还造成海南三艘渔船和柬埔寨、越南籍两艘货船失事。

但“天鹅”带来的丰沛降水也缓解了华南地区前段时间的高温天气，对增加水库蓄水、晚稻备耕，以及缓解华南电力负荷紧张较为有利。

三、贯彻落实国务院领导批示精神，加强防汛抗台气象服务工作

针对防御“莫拉克”和“天鹅”的气象预报预警服务工作，中国气象局党组认真贯彻落实党中央、国务院领导同志的批示精神，及时下发紧急通知作安排部署。8月5日22时，中国气象局局长郑国光在台风专题会商会上传达了回良玉副总理5日下午在中国气象局《值班快报》上的批示精神，要求中国气象局各有关部门和受台风影响省（区、市）气象局按照防台应急预案，密切跟踪台风变化情况，随时向有关部门和地方各级政府通报台风最新情况，及时通过各种媒体向社会发布预报预警信息，认真做好台风监测、预报、服务和对外宣传工作，全力以赴地完成防御“莫拉克”和“天鹅”的气象预报预警服务任务。

1.强化监测预警，准确预报台风动态

8月4日起，气象部门进入应急响应状态的单位和工作人员实行24小时主要负责人领班制度，全程跟踪台风动态，做好“天鹅”及“莫拉克”的监测、预警工作。中央气象台每1小时报告台风定位和预警信息；沿海7省(区、市)及内陆相关省启动了气象监测应急预案，确保每10分钟进行一次地面观测，每6小时一次高空观测。

热带风暴“天鹅”在南海生成后，中央气象台和海南、广东、广西等气象部门充分利用卫星、雷达、自动气象站等监测设备严密监视其发展动态，及时预报。8月2日，中央气象台即预报南海海面的热带低压未来有可能发展成为热带风暴，并提请广东、海南等地提前做好防台工作；4日6时发布台风橙色警报时强调“‘天鹅’可能于5日中午到夜间在广东深圳至台山一带沿海登陆”，比较早地预报了“天鹅”的登陆时间和地点。期间，中央气象台针对“天鹅”共发布台风预报8期、台风橙色警报7期。福建、浙江、广东等省气象局发布台风预警信号20余次。

台风“莫拉克”8月4日生成，6日上午当“莫拉克”距离台湾基隆市约600千米时，中央气象台发布台风橙色警报：“莫拉克”有可能于明天晚上到后天早晨擦过或登陆台湾东北部沿海地区，然后向福建北部到浙江中部一带沿海靠近；6日下午中央气象台开始发布台风红色警报，这也是今年以来中央气象台首次发布台风红色警报；8日2时发布台风红色紧急警报。中央气象台提前54小时准确预报了“莫拉克”的登陆地点。针对第8号台风“莫拉克”，中央气象台共发布台风预报(消息)6期、台风橙色警报2期、台风红色警报4期、台风红色紧急警报6期。8月6日下午，气象部门参加了国家防总的专题会商。经检验，中央气象台24小时、48小时和72小时台风路径预报平均误差分别为97千米、149千米和251千米，均好于日本和美国的平均水平。

2.强化信息报送，主动及时提供服务

8月2日，中国气象局通过《中国气象局值班快报》、《灾害天气与灾情快报》向党中央、国务院报告“天鹅”未来发展情况及近期可能产生的影响；3日，“莫拉克”在菲律宾以东洋面仅为热带低压强度时，中国气象局即将“莫拉克”的有关信息上报党中央、国务院，并向有关部门通报；4日，当“天鹅”加强并移向广东沿海且“莫拉克”达到热带风暴强度时，中国气象局通过《重大气象信息专报》(《7号“天鹅”靠近广东沿海，强度加强　8号“莫拉克”已经生成，向东海靠近》)向党中央、国务院报告；5日、6日连续上报《重大气象信息专报》，提出“‘莫拉克’将登陆浙闽沿海，须及早做好防御工作，同时仍需关注‘天鹅’后期的不利影响”。据统计，从台风生成到影响减弱，中国气象局共向党中央、国务院上报决策服务材料40余期。海南、广东、福建、浙江等地气象部门也在第一时间向当地政府和有关部门报送服务材料200余期。

中国气象局还进一步强化了部门联动，形成防台减灾的合力。中国气象局组织专家三次赴防办进行台风会商，同时向民政、国土资源、交通运输、农业等部门及时通报台风预警预报信息。各有关省(市)气象部门也积极与当地防办密切合作，滚动会商，各有关部门及时根据台风监测预警预报信息做出了相应的防御部署。

在公众气象服务方面，气象部门加强与广播、影视、城市建设等部门的沟通与协作，通过各级电台、电视台以及手机短信、网站、手机WAP网、96121电话、电子显示屏、报纸等多种方式和途径向社会公众及时报告台风动态，并提出有效的防御措施和建议。在防台抗台期间，浙江、福建、广东、海南四省共发布台风预警信息短信2.8亿条，为取得防台工作的主动赢得先机。另外，8月8日浙江省气象部门还首次开展了小区气象短信业务，紧急向包括苍南县在内的温州市大范围地区共发布台风预警应急小区短信息76.6万余条，提醒台风可能严重影响的地区注意加强防范。

3.强化应急响应，及时派工作组奔赴一线

8月4日08时30分，当“天鹅”的中心距离香港约195千米、“莫拉克”距离台湾基隆约1450千米时，中国气象局按照《重大气象灾害预警应急预案》发布了《气象灾害Ⅲ级应急响应命令》，广东、海南也分别启动了气象灾害Ⅲ级应急响应；6日14时，“莫拉克”在距离台湾省基隆市约540千米时，中国气象局将应急响应等级从Ⅲ级提升至Ⅱ级，同时福建和浙江两省、上海市气象局也从Ⅲ级进入Ⅱ级应急响应状态。7日，中国气象局副局长宇如聪率工作组赴福建指导防抗台风“莫拉克”工作。

4.强化上下联动，发挥部门整体气象防灾减灾效益

在应急响应期间，中央气象台会同上海、浙江、福建、海南等气象部门专家每天举行3次针对台风的专题视频会商，加强对海南、广东、广西、福建、浙江、江西、上海、江苏和安徽等省（区、市）气象部门的预报服务指导和信息沟通，共同商讨台风登陆前后的强度、路径以及带来的风雨影响情况；中国气象局与前方应急移动观测车保持密切联系，福建、浙江、上海、江苏等省（市）气象局每日3次向中国气象局报告工作情况。

根据气象部门的预报，福建、浙江、海南、广东等省积极组织出海渔船进港避风和人员转移工作，最大限度减少了人员伤亡和财产损失。截至8月9日17时，福建省共转移人员52.75万人，全省4.8万艘出海船只全部进港避风。截至8月10日15时，浙江省共转移人员87.8万人，全省3.6万艘出海船只回港或到安全区避风，全省水库预泄9.11亿立方米，河网预排6.96亿立方米，拦洪蓄水21亿立方米。为应对“天鹅”的影响，海南省所有出海船只全部进港避风，紧急转移安置9.19万人；广东省紧急转移安置4.14万人。

“莫拉克”是今年以来登陆我国最强的台风，与近年来登陆闽浙强度相当的台风相比，“莫拉克”造成的人员死亡人数低于2006年台风“格美”（64人）、2007年台风“圣帕”（63人）和2008年台风“凤凰”（15人）造成的人员死亡人数，防灾减灾效益显著。

5.强化台风防御科普宣传，提高公众自救互救能力

中国气象局依托现有宣传渠道，第一时间滚动报道台风最新动向和政府应急措施，提供针对性的防御指引，为公众提供防台减灾知识。中国气象局组派7路追风记者赶赴抗台前线，随时编发相关台风影响及防御行动报道。中国气象局门户网、中国天气网、《中国气象报》累计发布有关报道近100篇。中国气象频道、中国兴农网还专门增设台风报道专题，实时播发最新预报预警信息及防范知识等。

另外，中国气象局充分发挥与主流媒体的合作优势，不断扩大灾害防御科普宣传面。新华网、政府网、人民网、人民日报、央视网、中新网、中国广播网等多家媒体均对气象部门台风应急响应情况进行了连续、滚动报道。中央电视台、中央人民广播电台还与中国气象局有关专家多次进行视频和电话连线直播，就如何防范和应对台风向公众提出科学建议。受台风影响的省、市（地）气象部门也纷纷与当地媒体合作，通过专家访谈、现场直播、信息插播等多种方式，对台风发展进行重点分析和预测，为公众提供防御提示。

四、下一步工作计划

气象部门通过启动加密观测、组织专题预报会商，加强上下联动、区域联防和部门联合，提高了台风预报预警能力，在此次防台减灾工作中发挥了积极作用。但在分析总结中，我们也清醒地看到，“莫拉克”和“天鹅”的移速与移动方向复杂，十分异常，国内外的气象机构在先期预报中都有偏差，给灾害防御带来一定影响。为更好地发挥台风预报预警服务在防台减灾中的作用，中国气象局将从以下三个方面对工作加以改进：

1.开展针对疑难路径的台风科研工作，结合重大科研项目开展台风外场观测，获取登陆台风的第一手资料，研究台风移速缓慢、移动路径多变及双台风效应等科学问题，进一步改进台风数值预报模式，提高台风预报预警准确率。

2.认真总结经验，加强台风灾害预评估工作，为各级党委、政府有效组织防台减灾救灾工作提供科学依据，尽可能节省防灾成本。

3.在防汛抗台期间，与各有关部门积极沟通合作，争取共享重点流域、水库、地质灾害隐患点的监测数据，开展针对性的气象预警预报服务，提高多部门联合防台减灾的综合防御能力。

近期北方地区干旱气象服务工作评估报告

（中国气象局　专题分析 2　2009 年 8 月 22 日）

一、8 月份以来北方部分地区气象条件与旱情分析

8 月 1—16 日，东北、内蒙古及华北地区由于降水少气温高，导致旱情迅速发展蔓延。这次干旱发生在粮食主产区及作物产量形成关键期，干旱范围大，旱情严重。8 月 16 日以来，旱区普降喜雨，旱情缓解。

1. 降水极端偏少，气温偏高。8 月 1—16 日，辽宁、吉林和内蒙古的平均降水量分别为 10 毫米、11.6毫米和 16.1 毫米，均为 1951 年以来历史同期最小值（图专 2-1 左），分别比常年同期偏少 9 成、8 成和 6 成（图 1 右），其中辽宁大部、吉林西部和内蒙古东南部降水量不足 10 毫米。山西平均降水量为 22.4毫米，为历史同期第 3 小值；河北平均降水量为 29.7 毫米，为历史同期第 4 小值。

同时，东北、华北北部及内蒙古大部气温较常年同期偏高 1℃以上，部分地区偏高 2～4℃。8 月 11—15 日，华北大部及辽宁持续出现大范围大于 35℃以上的高温天气，其中河北、辽宁、内蒙古、吉林等省（区）部分站点日最高气温突破 8 月历史极值。

2. 干旱范围大，旱情严重。8 月 1 日，内蒙古东部、辽宁、吉林大部以及黑龙江西南部出现轻度气象干旱。其中，吉林西部、内蒙古东部局地有中度气象干旱（图专 2-2）；8 月 5 日，中度干旱范围扩展至内蒙古东南部、吉林西部和东南部等地，局部地区出现重度气象干旱（图专 2-3）；8 月 10 日，内蒙古东南部、辽宁西北部中度干旱范围进一步扩大（图专 2-4）。至 8 月 16 日，干旱范围达到最大，程度最重（图专 2-5）。据统计，全国干旱面积达 2000 万公顷，其中辽宁朝阳、锦州，吉林白城、松原和四平，内蒙古中东部大部，黑龙江杜尔伯特、大庆，山西运城、临汾、长治、晋城，河北张家口以及黑龙港流域部分地区的旱情较为严重。

3. 旱区普降喜雨，旱情缓解。8 月 16—21 日，内蒙古中东部、华北及东北普遍出现 10～30 毫米降雨，山西中部、河北东部、辽宁中东部、吉林东部和南部、黑龙江中南部及内蒙古东北部的部分地区降雨量有 50～80 毫米，河北南部、辽宁东部、吉林东南部、黑龙江西南部及内蒙古东北部降雨量有 90～120 毫米，其中内蒙古莫力达瓦旗（142 毫米）、黑龙江甘南（146 毫米）和龙江（160 毫米）雨量较大。

此次降水范围基本上覆盖了北方大部干旱区，在北方 6 省（区）降水量达 25 毫米以上的覆盖面积约有 119.3 万平方千米，降水量达 50～100 毫米的约有 36.4 万平方千米。经估算，16—21 日，北方主要旱区 6 省（区）平均降雨量为 39 毫米。

8 月 21 日，农业干旱监测表明，除吉林西部旱区大部、辽宁西部部分旱区、内蒙古中部和东南部部分旱区、山西南部部分旱区仍存在轻到中度旱情外，北方其余地区基本无旱情（图专 2-6 左）；与 8 月 16 日相比，干旱范围显著缩小，干旱程度显著减轻（图专 2-6 右）。

二、8 月份以来干旱影响分析

1. 干旱影响范围超过常年同期。2004 年以来全国 8 月最大干旱面积平均为 1300 多万公顷。而今年 8 月全国最大干旱面积约 2000 万公顷，比常年同期明显偏大，干旱面积仅次于 2006 年的 3100 万公顷。

2. 干旱主要发生在粮食主产区。干旱主要发生在华北、东北等我国粮食主产区，主要发生在春玉米、大豆、春小麦、谷子、马铃薯等作物种植区。而 2006 年大范围的严重干旱主要发生在西南地区及湖北、新疆、青海、甘肃等地。

3. 干旱发生在作物产量形成期。干旱发生期正处于玉米抽雄、开花吐丝至灌浆期，大豆结荚期，春小麦乳熟至成熟收获期，谷子抽穗开花期，马铃薯块茎膨大期，危害程度较重。大部分作物受干旱影响时间为半个月左右。其中，大部分玉米种植区域受旱时间达 20 天，辽宁朝阳、锦州部分地区和山西运城受旱时间多达 1 个月。

三、干旱影响评估

1. 秋粮作物减产。干旱使东北地区西部、内蒙古东部、山西南部、河北部分地区、宁夏中南部、甘肃中部等地部分旱区的玉米灌浆缓慢，局部地区作物生长停滞，植株矮小、叶片枯黄，雄穗无粉干瘪，吐丝困难，花期不遇，造成空秆，大面积枯黄绝收。吉林和山西部分旱区发育期偏晚的玉米遭受“卡脖旱”；干旱使大豆灌浆鼓粒受到阻碍，落荚增加，产量受到影响。根据粮食产量气象评估模型综合计算，8月以来的干旱将导致东北旱区玉米、大豆等秋收粮食作物产量损失200～300万吨。

2.牧草产量减少。干旱造成内蒙古牧区牧草长势偏差，部分地区出现停止生长、黄尖、萎缩和枯黄等现象，产草量减少，对牧业生产造成影响。

3.棉花长势偏差。河北中南部黑龙港流域部分棉田受旱，棉株长势较差，有早衰迹象，对棉花开花结铃有一定不利影响。

4.地下水位下降。8月10日与6月20日相比，辽宁西北大部地区地下水位下降了0.2～0.6米，其他地区普遍下降0.1～0.4米；与2008年同期相比，辽西北大部地下水位下降1～2米，凌海市下降近4.7米，北宁下降3.1米，其他地区地下水位也普遍下降0.3～1.4米。地下水不足直接导致灌溉用水紧缺，部分乡镇出现人畜饮水困难。

四、抗旱气象服务工作情况

中国气象局党组认真贯彻落实党中央、国务院领导同志的重要批示精神，及时对抗旱气象服务作出工作部署。气象部门密切跟踪监视旱区天气变化，准确预报降水天气过程，抓住有利时机开展人工增雨作业，及时组织旱情、墒情评估，全力做好抗旱气象服务工作。

1.加强专题会商，全力做好旱区气象预报。针对干旱发生发展情况，气象部门加强了旱区天气预报和气候趋势预测工作。及时组织旱区天气、气候专题会商，增加北方旱区精细化预报，加强旱区中短期天气预报、月度气候预测以及未来旱情发展趋势评估。中央气象台、有关省（区）气象部门全力做好重大转折性天气预报，特别准确预报出8月16—21日北方旱区的降雨天气过程。

2.加强技术指导，全力做好旱情监测调查。根据抗旱气象服务工作需要，中国气象局组织3个专家组赴辽宁、吉林、内蒙古旱区实地调查旱情、灾情，开展旱情评估、指导人工增雨作业，为抗旱气象服务提供现场技术支持。气象部门利用土壤测墒、卫星遥感监测等多种监测手段，实时滚动监测北方旱区的旱情，及时分析干旱的影响范围、程度。

3.加强信息报告，全力做好抗旱气象保障。针对北方旱情，中国气象局先后报送2期《重大气象信息专报》、20期《值班快报》，为有关部委管理、业务人员发送旱区天气实况和预报短信2000条次。8月17日开始，针对旱区降水天气过程，中国气象局每天早晨向国务院应急办报告24小时降水实况及未来3天天气预报。旱区气象部门主动向当地党委、政府报告气象信息，加强与民政、农业、水利等有关部门的协作沟通，提供土壤水分与农业干旱综合监测、旱情未来发展趋势、旱区降水预报及实况、对农业生产影响评估以及相关生产建议等气象服务。

4.加强上下联动，全力做好人工增雨作业。中国气象局加强了对干旱省（区）人工影响天气工作的指导，提前做好抗旱人工增雨装备保障、调配以及专供人雨弹、火箭弹的测试，加密会商分析人影作业天气条件，为旱区人影作业提供准确的增雨条件预报。旱区气象部门在相关部门的支持配合下，紧紧抓住每一次有利天气条件，组织人工增雨作业。据初步统计，8月1—20日，内蒙古、吉林、辽宁、黑龙江、山西、河北等省（区）共组织开展飞机人工增雨作业47架次、累计飞行115小时，燃烧烟条161根，发射焰弹400枚；组织地面作业1229次，发射增雨炮弹26892发，增雨火箭7257枚，作业影响区达96万平方千米。在自然降水和人工增雨共同作用下，作业影响区域普降小到中雨，局部大雨。

五、旱区未来一周天气预报

预计24日之前，内蒙古、辽宁、吉林等气象干旱区基本无降雨，25—27日旱区将有一次降雨过程，但雨量分布不均。具体预报如下：

22—24日，内蒙古东部偏南地区、辽宁、吉林等旱区基本无雨。

22日和25日，山西南部有阵雨，雨量一般不足10毫米。

25—27日，内蒙古东部、辽宁、吉林和河北北部等旱区将有一次降雨天气过程，大部分地区过程降雨量有 5～10 毫米，局部有 15～30 毫米。

六、下一步工作计划

气象部门通过加强监测调查、组织专题会商、强化信息报告、开展人影作业，在此次北方地区抗旱工作中发挥了积极作用。在认真总结前期抗旱气象服务工作的基础上，气象部门将在以下四个方面加强气象干旱监测预警服务工作：

1.进一步完善气象干旱预报、评估业务。加强农业干旱预报、评估业务建设，改进干旱预评估、旱情评估工作。

2.进一步加大气象干旱监测及人影作业能力建设。继续为基层气象台站配备便携式测墒仪等农业干旱监测装备。争取地方政府支持，增配火箭、高炮等人影作业装备。

3.进一步加强干旱发生地区的后期气象服务。做好北方地区初霜冻的气象预报服务工作，努力减轻不利气象条件对农牧业生产的影响。

4.进一步做好后期抗旱气象服务工作。8 月 15 日起，江南、华南地区已持续出现日最高气温达 35℃以上高温天气。未来一周，江南华南大部仍将持续高温少雨天气，南方部分地区气象干旱将抬头，气象部门将全力做好有关抗旱气象服务工作。

今年第 13 号热带风暴“彩虹”气象服务工作评估报告

（中国气象局　专题分析 3　2009 年 9 月 13 日）

一、热带风暴“彩虹”过程及特点分析

今年第 13 号热带风暴“彩虹”于 9 月 10 日凌晨在南海中部海面生成，11 日 02 时 20 分在海南省文昌县沿海登陆，登陆时中心附近最大风力有 8 级（20 米/秒）；“彩虹”穿过海南省于 11 日 09 时 30 分进入北部湾，12 日 10 时 30 分“彩虹”在越南北部清化沿海再次登陆，登陆时中心附近最大风力有 8 级（18 米/秒）；12 日 11 时在越南北部减弱为热带低压（图专 3-1）。

热带风暴“彩虹”具有生命史短、强度弱、移向稳定、移速变化大等特点。

生命史短。“彩虹”从 9 月 10 日 05 时生成至 12 日 11 时减弱为热带低压，生命史仅 54 个小时。

强度弱。“彩虹”在其生成到减弱为热带低压的整个过程中，一直维持在热带风暴的强度，其中心最大风力仅有 8 级（20 米/秒）。

移向稳定。“彩虹”从生成到减弱为热带低压，稳定地向偏西方向移动，其路径在南北方向相距只有 1 个纬距。

移速变化大。“彩虹”从生成到进入北部湾，移速一般在 25～30 千米/小时，登陆前 3 小时移速超过 40 千米/小时；但从北部湾中部到登陆越南期间，移速明显减慢至不足 10 千米/小时。

二、热带风暴“彩虹”风雨情况及影响评估

受热带风暴“彩虹”影响，广东雷州半岛出现了大到暴雨，海南岛北部普降暴雨到大暴雨，局部特大暴雨。9 月 10 日 08 时至 12 日 08 时，海南北部及广东西部沿海局地累计降雨量有 100～200 毫米（图专 3-2），海南儋州、白沙部分地区降雨量超过 300 毫米，儋州市西庆农场降雨量达 324.2 毫米。

与此同时，南海西北部、琼州海峡、海南、广东西部沿海、广西沿海地区普遍出现了 6～8 级、阵风9～10 级的大风，其中广东徐闻南华农场最大阵风风速达 34.4 米/秒（风力 12 级），海南临高美台最大阵风风速有 27.6 米/秒（风力 10 级）。

总体而言，热带风暴“彩虹”的影响以有利一面为主。“彩虹”带来的降雨，对华南部分地区增加水库蓄水、晚稻备耕、缓解电力负荷等较为有利。海南省水库增加蓄水 9233 万立方米，有利于今冬明春的灌溉；广西壮族自治区南部出现的小雨，对当地作物的生长有利；降雨还缓解了广东省前段时间高温炎热天气及局部旱情。

但热带风暴“彩虹”也给海南、广东两省造成一定损失。9 月 10 日下午至 11 日上午，琼州海峡停航；海南省 1 艘渔船和 3 条玻璃钢小艇沉没，但无人员伤亡，部分渔船受损。据不完全统计，海南省共有

6个市(县)39个乡镇的23.72万人受灾,转移人口4.89万人;倒塌房屋33间,直接经济损失5643万元;广东省经济损失1860万元。

三、热带风暴“彩虹”防台减灾气象服务工作情况

中国气象局认真贯彻落实国务院领导同志的重要指示精神,切实加强热带风暴“彩虹”的气象监测预警预报服务工作。

一是严密监视、滚动预报、主动服务,及时启动台风应急响应预案,为各级党委、政府有效组织防台减灾救灾工作提供参考依据。自9月8日下午开始,中央气象台密切监视在南海活动的低压云团;10日06时开始,中央气象台发布《台风橙色警报》,准确预报出“彩虹”的登陆时间、地点和强度;10日08时40分,中国气象局启动台风Ⅳ级应急响应命令,并开始以《中国气象局值班快报》和《重大气象信息专报》的形式向党中央、国务院上报“彩虹”气象服务信息,及时向民政、国土资源、水利、农业等部门通报台风预报预警信息。海南、广西和广东省(区)气象局分别启动气象灾害Ⅲ级应急响应,9月9日起每天向当地政府和相关部门报送“彩虹”最新动态,强化灾害评估,提出防台救灾措施建议。

二是通过网络、报纸、广播、电视、电子显示屏、手机短信、渔汛通等多种渠道及时向社会公众发布“彩虹”预报预警信息。中央气象台共发布《台风(低压)预报》15期、《台风橙色警报》3期;广东省气象局发送气象服务短信1340余万条,广西壮族自治区气象局发送气象服务短信近1620万条,海南省气象局先后发布热带气旋消息、警报22次、台风蓝色预警信号2次、暴雨橙色预警信号2次,召开“彩虹”气象服务新闻发布会,并于10日07时41分对海南全省18个市(县)有线数字电视全网约60万用户发送了“彩虹”预警信息。

中国气象局将严密监视今年第14号热带风暴“彩云”和第15号热带风暴的未来动向及其影响,继续做好防台减灾气象服务工作。

今年第15号台风“巨爵”气象服务工作评估报告

(中国气象局　专题分析4　2009年9月18日)

一、台风“巨爵”过程及特点分析

台风“巨爵”具有强度发展快、登陆强度强、移向移速稳定和局地停留时间长等特点。

今年第15号台风“巨爵”于9月13日凌晨在菲律宾北部近海生成,13日上午进入南海东北部海面,以每小时20千米左右的速度向广东西部沿海靠近,14日10时在南海北部海面加强为强热带风暴,17时加强为台风,15日00时达到强度极值,最大风力为13级(38米/秒)。15日07时“巨爵”在广东台山登陆,登陆时中心附近最大风力12级(35米/秒)。之后,向西偏北方向移动且强度减弱,分别于15日10时、14时和23时先后在广东阳江、广西玉林和广西南宁境内减弱为强热带风暴、热带风暴和热带低压。16日08时中央气象台对“巨爵”停止编号(图专4-1)。

强度发展快。“巨爵”从强热带风暴加强为台风,仅用7小时,在近海强度发展之快比较少见。

登陆强度强。“巨爵”登陆广东台山时强度达12级(35米/秒),是今年登陆我国大陆时强度较强的一个,仅次于6号台风“莫拉菲”登陆强度(13级,38米/秒)。

移向移速稳定。“巨爵”生成后一直以20～25千米/小时的速度向西偏北方向移动,路径比较稳定。

局地停留时间长。“巨爵”在广西境内停留时间较长,以热带风暴强度维持9个小时,以热带低压强度又持续了近10个小时。

二、台风“巨爵”风雨情况及影响评估

粤、桂等地出现丰沛降水。受台风“巨爵”影响,广东中西部、广西中东部、海南东部出现了大到暴雨,广东西部、广西东南部普降暴雨到大暴雨,局部特大暴雨。9月14日08时至18日08时,广东中西部、广西东部及海南东南局地累计降雨量有100～180毫米,广东西部及广西东南局地降雨量有330～370毫米,广东茂名信宜思贺镇雨量达518.3毫米;16日,广东云浮市罗定日降雨量有335.2毫米,为当地有观测历史以来的最大值(182.9毫米,1985年)。另外,香港15日普降大暴雨,雨量一般为100～

150毫米，东南部雨量达160～200毫米(图专4-2)。

同时，贵州中东部、湖南南部、江西中南部以及广东中东部等气象干旱区也出现10～15毫米降雨，其中贵州东南部部分地区、江西南部、广东东部等雨量有20～40毫米，局地超过50毫米。

受“巨爵”影响期间，南海中北部、北部湾、广东中西部沿海、海南沿海、广西沿海普遍出现了7～10级大风，其中南海西北部、广东西部沿海出现了11～13级大风，“巨爵”中心经过海面和地区的瞬间阵风有14～16级，广东上川岛最大瞬时大风达16级(50.4米/秒)。

南方省区旱情有效缓和。台风“巨爵”带来的丰沛降水使广东、广西两省(区)前期存在的气象干旱得到有效缓和或解除，贵州、云南等部分地区的旱情也得到一定程度的缓和。广西降水后的干旱总县(市)数比降水前减少24个，其中特旱减少11个，重旱减少18个。贵州石阡、沿河6个重旱县(市)，龙里、贵定6个中旱县(市)及纳雍轻旱地区旱情得到解除。广东中东部旱区的气象干旱得到一定程度的缓和，其中广宁已从特旱降为中旱；同时，中旱以上等级的干旱区域范围较前期缩小。

部分地区有人员财产损失。“巨爵”带来的强风劲雨，给广东、广西、海南等地带来一定损失，广东损失较重。截至9月18日07时统计，“巨爵”已造成广东、广西两省(区)190.9万人受灾，10人死亡，8人失踪，紧急转移安置14.7万人；直接经济损失22亿元，其中广东21.7亿元。广东云浮罗定市船布镇等3个镇水浸严重，7000多群众被围困，茂名信宜市部分地区交通、通信一度中断；14日下午，琼州海峡客滚船全部停航，港口作业全面停止。

三、台风“巨爵”防台减灾气象服务工作情况

中国气象局党组认真贯彻落实党中央、国务院领导同志的重要批示精神，及时对防御台风“巨爵”的气象预报预警服务工作作安排部署，中国气象局各直属业务单位和受台风影响省(区、市)气象局按照防台应急预案，认真做好台风监测、预报、服务和信息发布工作，全力以赴做好防御台风“巨爵”的气象监测预警和预报服务任务。

1.加强实时监测，准确预报台风动态。中央气象台于9月13日凌晨就对“巨爵”进行了编号和预报，而日本和美国分别在14日凌晨才对其进行编号和命名，中国对“巨爵”的编号最早，为沿海省份做好防御台风的准备争取了时间。经检验，中央气象台24小时、48小时和72小时台风路径预报平均误差分别为56千米、108千米和105千米，均好于日本和美国气象部门发布的预报。13日凌晨，当“巨爵”在菲律宾吕宋岛北部海面刚刚生成尚未正式编号时，中央气象台即预报出它将在强度加强的过程中逐渐向广东中部到海南东部一带沿海靠近，并提请海南、广西、广东等地提前做好防台工作。9月13日14时起，气象部门进入应急响应状态，中央气象台每1小时分析报告台风定位和预警信息，华南沿海各省(区)及内陆相关省迅速启动气象监测应急预案，每10分钟进行一次地面观测，每6小时实施一次高空观测，加强“巨爵”的动态监测。中央气象台以及相关地方台站对其登陆地段、登陆时间、影响时间及影响程度都做出准确的预报，对影响范围的预测也基本准确。

2.加强专题会商，及时提供决策服务。从台风生成到影响减弱，中国气象局加强专题会商，共向党中央、国务院上报决策服务材料30余期。海南、广西、广东等地气象部门也在第一时间向当地政府和有关部门报送服务材料200余期。13日，中国气象局即通过《重大气象信息专报》、《灾害天气与灾情快报》和《中国气象局值班快报》形式，向党中央、国务院及有关部门报告当时还未命名的第15号热带风暴预警消息及针对海南、广东等地防台措施建议。在“巨爵”应急响应期间，中央气象台会同广东、广西、海南、云南和贵州等地气象台每天举行3次针对台风“巨爵”的专题视频会商，加强对海南、广东、广西、云南、贵州等省(区)气象部门的预报服务指导和信息沟通，共同商讨台风登陆前后的强度、路径以及带来的风雨影响评估情况。在14日午夜，中央气象台就“巨爵”的强度确定等问题主动与香港天文台进行了电话会商。

3.强化应急响应，努力提高预警时效。气象部门根据《重大气象灾害预警应急预案》，迅速启动应急响应状态，通过多种媒介向社会公众发布台风预警信息，努力提高预警时效和覆盖面。在防台抗台期间，海南、广西、广东等省(区)共发布台风预警信息短信1.8亿条。13日16时30分，在“巨爵”距离广东阳江760千米时，中国气象局发布了气象灾害Ⅳ级应急响应命令，海南、广东、广西等省

（区）气象部门也分别启动了防御气象灾害Ⅳ级、Ⅲ级应急响应；14 日 14 时 30 分，中国气象局将应急响应提高为Ⅲ级，广东、广西省（区）气象局从Ⅲ级应急响应提升至Ⅱ级。根据“巨爵”的发展和变化情况，中央气象台于 13 日 10 时开始连续发布了 7 次台风橙色警报和紧急警报，14 日 18 时，将台风警报从橙色提升到红色，并发布 2 次警报。气象部门通过各级电台、电视台以及手机短信、网站、手机 WAP 网、96121 电话、电子显示屏、报纸等多种方式和途径及时向社会公众发布台风动态，并提出有效的防御措施和建议。

4. 强化部门联动，提高综合减灾效益。气象部门主动加强与有关部门的沟通合作，开展针对性气象预警预报服务，努力提高多部门联合防台减灾的综合能力。9 月 12 日，当“巨爵”还是一个位于菲律宾以东海面的热带低压时，中国气象局组织专家赴国家防总报告情况，预报该低压将有可能于 12 日夜到 13 日早晨在菲律宾吕宋岛附近海面发展为热带风暴，然后擦过菲律宾吕宋岛北部，进入南海北部海面，并向广东东部到海南东部一带沿海靠近，有可能于 15 日前后在这一带沿海登陆。14 日，中国气象局再次组织专家赴国家防总进行台风会商，预报“巨爵”将于 14 日下半夜到 15 日中午在广东省珠海到湛江一带沿海登陆，最大可能在广东省阳江到吴川沿海登陆。同时，气象部门向民政、国土资源、交通运输、农业等部门及时通报台风预警预报信息。各有关省（市）气象部门也积极与当地防办及有关部门密切合作，滚动报告，各有关部门及时根据台风监测预警预报信息做出了相应的防御部署。

5. 抓住有利时机，适时开展人工增雨作业。9 月份以来，南方大部地区持续高温少雨天气，导致南方旱区气象干旱迅速发展。气象部门紧紧抓住台风“巨爵”带来丰沛降水的有利天气条件，积极组织人工影响天气作业，为抗旱减灾作出贡献。在台风“巨爵”影响期间，广西共有桂林、河池等 8 个地市的 38 县成功实施了火箭人工增雨作业 71 次，发射增雨火箭弹 176 枚，增雨效果显著，缓解了当地前期的严重干旱。广东省在韶关、清远和汕头先后发射增雨火箭共 28 枚。贵州省也抓住有利天气时机组织了多次人工增雨作业。

四、下一步工作计划

1. 进一步加强与亚太经社理事会（ESCAP）/世界气象组织（WMO）台风委员会的沟通，提高我国在南海热带气旋命名方面的话语权。根据目前亚太经社理事会（ESCAP）/世界气象组织（WMO）台风委员会对西北太平洋和南海热带气旋编号命名的规则，热带气旋编号命名由世界气象组织东京区域专业气象中心给出。但日本气象厅通常对南海热带气旋的监测表现出关注度不够的倾向，热带气旋编号命名偏晚的现象时有发生，有的年份还会出现不编号不命名的热带气旋，给我国的防台抗台工作造成一定的被动影响。中国气象局将在 2010 年 1 月在新加坡召开的第 42 届亚太经社理事会（ESCAP）/世界气象组织（WMO）台风委员会届会上提出南海台风以我国为主编号命名的提案。

2. 进一步改进台风服务工作，为防台减灾救灾提供更有针对性的建议。为了进一步改进台风服务工作，中国气象局今后将着重从台风监测信息的细化、台风预报信息的细化以及加强服务信息的针对性和精细化等三个方面来开展工作，更多关注台风的风雨影响、强风半径、最大可能登陆地点时间等，为防台减灾救灾提供更有针对性的建议。

3. 进一步改进台风强度信息发布内容，增强台风警报对公众的警示。由于台风的破坏力一般是由瞬间阵风造成的，因此中国气象局将改进台风强度信息发布内容，除了台风中心平均风力的发布外，增加对瞬间阵风的描述，以增强台风警报对公众的警示作用。

4. 进一步加强部门合作、深化和拓展港澳台合作，争取早日建立港澳台台风联防合作机制。中国气象局将进一步加强与各有关部门积极沟通合作，提高多部门联合的综合减灾效益。台风灾害对我国大陆及港澳台均有着严重影响，中国气象局将进一步深化和拓展与港澳台气象部门的合作，建立台风监测和预警信息及时交换和共享机制，争取早日建立大陆、港澳台台风联防机制。

今年第16号台风“凯萨娜”气象服务工作评估报告

（中国气象局　专题分析5　2009年9月30日）

一、台风“凯萨娜”过程及灾情

1.台风“凯萨娜”过程

2009年第16号台风“凯萨娜”于9月26日08时在菲律宾以东洋面生成，之后穿越菲律宾吕宋岛进入南海中部海域，继续向偏西方向移动，强度明显加强。27日05时加强为强热带风暴。28日加强成为台风，达到其生命史中的强度极值(13级，40米/秒)。29日15时30分前后在越南广义省北部沿海登陆，登陆时中心附近最大风力12级(35米/秒)，中心最低气压968百帕。29日20时减弱为强热带风暴。30日08时，在泰国和老挝的交界处减弱为热带低压，对我国的影响趋于结束(图专5-1)。

受“凯萨娜”影响，9月27日08时至30日08时，海南(图专5-2)、广东珠江口及东部沿海地区出现了大到暴雨，局部大暴雨或特大暴雨。海南有189个乡镇自动站出现100毫米以上降水，42个乡镇自动站雨量超过200毫米，其中10个乡镇自动站雨量达300毫米以上，最大为琼中黎母山林场自动站568.7毫米；同时，海南大部和广东东部沿海地区出现7～9级的大风，海南出现8级以上阵风的乡镇自动站达199个，最大为三亚站六道岭34.2米/秒(12级)，广东中山五桂山录得最大瞬时风速43.2米/秒(14级)。

2.台风“凯萨娜”风雨影响及特点

台风“凯萨娜”具有云系覆盖范围大、移动路径稳定、强度增幅快、降雨强度大等四大特点。

云系覆盖范围大。“凯萨娜”云系覆盖范围非常大，直径超过1000千米，外围云系对福建、广东也都有影响，几乎覆盖整个南海。

移动路径稳定。“凯萨娜”生成于菲律宾以东洋面，之后穿过菲律宾进入我国南海海域，并在越南登陆，路径一直稳定西行，未发生明显摆动。

强度增幅快。“凯萨娜”27日05时加强为强热带风暴，28日10时加强为台风，只用了1天多时间，完成了热带风暴向台风强度的演变，对菲律宾、越南等东南亚国家造成了严重的影响。“凯萨娜”是今年登陆越南最南、强度最强的热带气旋。

降雨强度大。菲律宾马尼拉9小时内降雨410.6毫米，远远超过了9月份的平均降雨量，刷新1967年6月7日的最高降雨量纪录，是42年以来马尼拉的降雨极值。

3.台风“凯萨娜”灾情

截至9月29日18时统计，今年第16号台风“凯萨娜”造成海南13个市县110个乡镇受灾，受灾人口49万人，紧急避险转移人口10.8万人；受灾农作物20.3千公顷，直接经济损失8063万元。另外，琼州海峡全线停航，粤海铁路渡海列车调整中断运行，琼州海峡铁路受影响停运，海口和三亚99个航班取消。

台风“凯萨娜”造成菲律宾40余年来最严重水灾，首都马尼拉八成地区被水淹浸，政府宣布马尼拉和25个省进入“灾难状态”。据最新消息，“凯萨娜”造成菲律宾240人死亡，逾60万人受到洪水影响，现在已经有超过37万人撤离到临时搭建的救灾帐篷。越南暴雨引发洪灾和山体滑坡，已造成至少31人死亡。柬埔寨磅同省至少8人死亡。

另外，“凯萨娜”给粤东沿海带来大雨到暴雨，有效地缓和了广东东部地区的旱情，对改善该地区的土壤墒情、缓和持续多日的旱情极为有利。对我国影响的总体评价是利大于弊。

二、台风“凯萨娜”气象预报服务情况

中国气象局认真贯彻落实您的重要批示精神，立即印发紧急通知，要求各有关直属单位和受台风影响省(区)气象局密切监测跟踪台风走向和强度，随时向地方各级政府报告台风最新情况，及时通过媒体向社会发布预报预警信息，全力以赴做好台风监测、预报、服务和防台减灾科普宣传工作，确保圆满完成防御台风“凯萨娜”的气象预报服务任务。

1. 中国气象局提前部署，主动做好决策服务

早在9月24日，“凯萨娜”在菲律宾以东洋面仅为热带低压强度时，中国气象局即将“凯萨娜”的有关信息通过《中国气象局值班快报》、《灾害天气与灾情快报》上报党中央、国务院，并向有关部门通报，并在“凯萨娜”强度变化过程中每天及时报告相关信息。据统计，从“凯萨娜”生成到影响减弱，中国气象局共向党中央、国务院上报决策服务材料20余期。海南、广东、广西等地气象部门也在第一时间向当地政府和有关部门报送服务材料200余期。

2. 严密监视台风动向，迅速启动台风应急响应

9月27日08时30分，“凯萨娜”位于海南省三亚市东南方约860千米的海面上，强度为强热带风暴时，中国气象局启动气象灾害Ⅳ级应急响应。中国气象局所属各业务单位及海南、广东、广西等省（区）气象局进入应急响应状态，各有关单位和工作人员实行24小时主要负责人领班制度，全程跟踪台风动态，做好“凯萨娜”的监测、预警、预报服务工作。中央气象台每小时报告一次台风定位、警报预报信息。9月27日20时，海南气象局启动气象灾害Ⅲ级响应。沿海相关省区启动了气象监测应急预案，对地面和高空气象数据进行加密观测。28日09时，广东省气象局也及时将应急响应状态提升到Ⅲ级。

3. 加强专题会商，准确发布台风预报预警信息

中央气象台每天组织3次针对台风“凯萨娜”的专题会商，加强对海南、广东、广西等省（区）气象部门的预报服务指导和信息沟通，共同商讨台风登陆前后的强度、路径以及带来的风雨影响情况。在公众服务方面，针对台风“凯萨娜”的风雨影响，中央气象台共计发布《热带气旋公报》13期，其中台风预报3期、台风橙色警报9期。各有关省（区）气象部门加强了与广播、影视、信息、城市建设等部门的沟通与协作，通过电台、电视台、手机短信、网站、手机WAP网、96121电话、电子显示屏、报纸等多种方式、途径向社会公众及时报告台风动态，并提出有效的防御措施和建议，为取得防台工作的主动奠定了基础。

4. 强化部门联动，多渠道开展灾害防御科普宣传

气象部门及时发布预警预报作息，第一时间向政府和有关部门滚动报道台风最新动向，提供针对性防御建议。防总、民政部、国土资源部、交通运输部、水利部、农业部及时根据气象监测预警信息部署有关防台减灾工作。海南、广东等省政府部门根据气象部门提供的台风最新信息，积极组织出海渔船进港避风和人员转移工作，有效减少了人员伤亡和财产损失，确保出海作业渔船回港，确保回港渔船上的渔民上岸，确保住危房和住低洼地区群众撤离。28日17时，海南省所有渔船和客滚轮（2万多艘）就已全部回港避风，渔船上已撤离上岸47574人，渔排养殖人员撤离上岸2032人，高水位蓄水的水库紧急排泄水。另外，中国气象局依托各种新闻宣传渠道，为公众提供防台减灾知识。中国气象局门户网、中国天气网、《中国气象报》累计发布有关报道近50篇。中国气象频道、中国兴农网还专门增设台风报道专题，实时播发最新预报预警信息及防范知识等。

今年8月9日登陆我国福建的第8号台风“莫拉克”强度大于第16号台风“凯萨娜”登陆菲律宾时的强度，浙江、福建等地也出现了强风暴雨，其中浙江泰顺九峰过程雨量最大为1250毫米（24小时降雨量达750毫米，属历史罕见），文成桂山次之为881毫米。由于，各级党委、政府及有关部门重视台风监测预报预警、防台减灾工作，提前根据气象部门预报服务信息，部署台风防灾、抗灾、救灾工作，台风造成人员伤亡损失远远小于台风“凯萨娜”对菲律宾造成的损失（“莫拉克”造成福建、浙江等6省、市因灾死亡10人），防台减灾效益显著，凸显了我国防灾减灾工作的体制优势和科技优势。

三、近期工作安排

1. 目前，“凯萨娜”对我国的影响基本结束，但第17号热带风暴“芭玛”和第18号热带风暴“茉莉”相继在西北太平洋洋面上生成，“芭玛”今天下午将加强为台风，可能在5日前后影响我国东南沿海。中国气象局将继续做好台风监测预报预警以及次生灾害的预警和跟踪服务工作，统筹做好国庆节、中秋节假日全国各地的各项气象保障服务工作。

2. 目前，华南部分地区仍存在旱情，气象部门将抓住各种有利天气条件，组织开展人工增雨作业，为水库增蓄作出贡献。

今年第17号台风“芭玛”气象服务工作评估报告

（中国气象局　专题分析6　2009年10月16日）

一、台风“芭玛”情况

1.概况

今年第17号台风“芭玛”(Parma)于9月29日08时在西北太平洋洋面上生成，30日下午加强为台风，10月1日中午增强为超强台风，之后，“芭玛”强度趋于减弱，转向西北方向移动。10月3日中午在菲律宾吕宋岛东北部沿海登陆。10月4日00时“芭玛”移入吕宋岛北部海面以后，在南海东北部到菲律宾吕宋岛北部及附近海域徘徊少动，期间台风中心又两次登陆菲律宾吕宋岛(图专6-1)。

10月8日晚，“芭玛”结束徘徊少动状态，转向偏西方向缓慢移动，9日中午再次进入南海东部海面，并于12日09时50分在海南省万宁市北部沿海登陆，登陆时中心附近最大风力有9级(23米/秒)。“芭玛”登陆海南后，发展为强热带风暴，进入北部湾后，强度维持，缓慢向越南北部沿海靠近。14日下午减弱为热带风暴，并于16时30分前后在越南北部一带沿海登陆，23时停止编号。

2.降雨及大风

受“芭玛”影响，海南、广东西部沿海、广西沿海普遍出现暴雨到大暴雨。海南有23个乡镇自动站累积降雨量达300毫米以上，降雨量最大为临高县博厚镇，高达459.0毫米(图专6-2)。广东雷州半岛累积降雨量达暴雨到大暴雨量级，其中雷州累积降雨量236.8毫米，广西防城港市防城区江山乡的累积降雨量有280.6毫米。台湾省宜兰县大同乡古鲁、冬山乡寒溪和大同乡牛斗累积降雨量分别为1657毫米、1338毫米和1334毫米。

受“芭玛”和冷空气共同影响，海南岛陆地普遍出现8级以上阵风，测得8级以上阵风的乡镇自动站达206个，最大风速为昌江十月田镇的32.0米/秒(11级)；广东湛江廉江石角镇政府大楼最大瞬时风速达48.1米/秒(15级)。另外，10月3—14日08时，浙江沿海、福建沿海一直持续5～7级的阵风，其中福建中部部分沿海地区还出现了较长时间的8～10级阵风。

3.特点

“芭玛”具有持续时间长、路径诡异复杂、强度变化大、降雨强度大等4个特点。

持续时间长。“芭玛”于9月29日上午在西北太平洋洋面上生成，截至10月14日登陆越南，其生命史达15天，达到一般台风生命期的3倍。

路径诡异复杂。“芭玛”于10月3日下午登陆菲律宾吕宋岛东北部后，随着与其东侧的今年第18号台风“茉莉”的接近，两者之间的双台风相互作用显现，致使“芭玛”自10月4—8日晚在南海东北部到菲律宾吕宋岛北部一带徘徊少动，出现停滞和打转的诡异路径。同时，“芭玛”移动速度缓慢，三次登陆菲律宾、然后登陆海南，14日再次登陆越南，共有5次登陆，这种情况也极为罕见。

强度变化大。“芭玛”在其生命强盛期时达到超强台风，中心附近最大风力达16级(55米/秒)；第三次登陆菲律宾减弱为热带低压后，又再度发展为热带风暴；在重新移回南海减弱为热带低压后，又再次加强为热带风暴；而在登陆海南岛后，在南下弱冷空气的激发下，“芭玛”又增强为强热带风暴(中心附近最大风力为10级)。

降雨强度大。受“芭玛”和南下冷空气的共同影响，10月5日00时至6日00时，台湾省宜兰县大同乡古鲁、冬山乡寒溪和大同乡牛斗24小时降雨量分别达1086.5毫米、1028.5毫米和731.0毫米。

4.灾情及影响

“芭玛”先后三次登陆菲律宾，强降雨在菲律宾北部地区引发了严重的山体滑坡和洪灾，菲律宾沿海地区60%到80%的省份都遭到洪水袭击。据菲律宾官方消息，截至10月10日，菲律宾有299人因灾死亡，且仍有失踪人员等待搜救，仅本格特省因山体滑坡死亡人数已超过120人。另外，“芭玛”致台湾省1人死亡，7860人撤离，部分地区交通中断，其中宜兰受灾较重。

截至10月15日，受“芭玛”影响，海南省有2条35千伏线路跳闸，175条10千伏线路跳闸，万宁、琼海、澄迈大面积停电，部分路段积水严重，城市绿化树枝部分拆断。海南省因灾直接经济损失4.3亿元，有18个县(市、区)166.9万人受灾，因灾死亡5人，紧急转移安置8.5万人，2.6万艘渔船全部就近港口避风。广东和广西尚未出现明显灾情。

另一方面，“芭玛”给海南、广东西部、广西南部带来大雨到暴雨，有效缓和了上述地区前期的旱情，与降雨前相比，广西有8个县市干旱解除，同时降低了森林火险等级，对改善当地的蓄水状况和土壤墒情有利。

二、台风“芭玛”气象预报服务情况

中国气象局认真贯彻落实回良玉副总理的重要批示精神，10月11日08时30分启动气象灾害应急预案Ⅳ级应急响应命令，要求各有关直属单位和受台风影响省(区)气象局密切监测跟踪台风走向和强度，做好台风及风雨预报，随时向地方各级政府报告台风最新情况，及时向社会公众发布预报预警信息，全力以赴做好台风监测、预报、服务和防台减灾科普宣传工作。

1.做好防台减灾决策气象服务。中国气象局及时将“芭玛”的有关信息上报党中央、国务院，并向有关部门通报，从“芭玛”生成到影响减弱，共向党中央、国务院和有关部门报送《中国气象局值班快报》、《重大气象信息专报》、《灾害天气与灾情快报》等决策气象服务材料30余期。海南、广东、广西等地气象部门也在第一时间向当地政府和有关部门报送决策气象服务材料百余期，海南、广东等省根据气象部门提供的台风预报预警信息，于10月11日23时30分将琼州海峡封航，积极组织出海渔船进港避风和人员转移工作，有效减少了人员伤亡和财产损失；广西北海市海事局根据气象预报，及时停开“北一涠”航线高速客船、“北一琼”航线客滚船，指派抗风能力强的“北部湾3号”船前往涠洲搭载滞留旅客返回北海。特别是9月下旬以来，海南省大部分地区连续遭受强降雨袭击和台风“凯萨娜”的影响，在“芭玛”来临前，全省水库蓄水多、水位高，万宁市三防办根据气象预报意见要求3个达到警戒水位的水库立即泄洪，“芭玛”登陆万宁后虽然出现了明显暴雨，但由于登陆前的周全准备，全市水库没有出现一例溃坝危险；万宁市气象局在“芭玛”登陆前向市三防办提出“渔排作业人员于11日18时前全部撤离上岸”的建议，市三防办参考了气象部门的意见，于当天17时起快速撤离渔排作业人员，当晚20时起万宁市海面和陆地风力逐渐增大，渔排上所有人员已全部安全撤离上岸。

2.及时发布台风预报预警信息。据统计，针对台风“芭玛”的风雨影响，中央气象台共发布《热带气旋公报》43期，其中台风预报24期、台风橙色警报10期。中国气象频道、中国兴农网专门增设台风报道专题，实时播发最新预报预警信息和防范知识。各有关省(区)气象部门加强与广播、影视、信息、城市建设等部门的沟通与协作，通过电台、电视台、手机短信、网站、手机WAP网、96121电话、电子显示屏、报纸等多种方式和途径向社会公众及时报告台风动态，并提出有效的防御措施和建议。

3.加强应急响应和专题会商。10月4日，中国气象局局长郑国光在全国天气会商后要求要提高警惕，时刻关注并及时报告热带气旋最新动向。10月10日08时30分，广东省气象局启动台风Ⅳ级应急响应。11日08时30分，中国气象局启动气象灾害应急预案Ⅳ级应急响应命令，海南省气象局启动热带气旋Ⅲ应急响应。11日17时，广西壮族自治区气象局启动台风预警应急Ⅳ级响应，12日10时，提升为台风预警Ⅲ级应急响应。在台风应急响应期间，中央气象台每天组织3次针对台风“芭玛”的专题预报会商，与海南、广西、广东等省(区)气象部门共同分析台风登陆前后的强度、路径及带来的风雨影响等情况。10月11日，中国气象局参加国家防总召开的防御第17号热带风暴“芭玛”视频会商会，通报台风“芭玛”监测预报情况。

4.加强热带气旋国际区域联防。10月12日，中国气象局台风与海洋气象预报中心致电越南气象局有关部门，就“芭玛”未来的动向和影响与越南气象同行进行了深入的讨论和分析。双方表示，今后针对在南海活动的热带气旋要经常进行电话会商，对热带气旋的预报进行交流和讨论，加强南海热带气旋国际区域联防。

5.抓住有利时机开展人工增雨作业。10月13日16时，广西壮族自治区河池、贵港、来宾、崇左和南宁等5个市的17个县(区)抓住有利天气时机，实施火箭人工增雨作业31次，发射增雨火箭弹81枚，增雨效果显著，对缓解前期严重的旱情、降低森林火险等级起到了积极作用。

三、未来台风趋势

截至10月16日，西北太平洋和南海共有20个编号热带气旋生成，较常年平均值(21.9个)偏少1.9个，其中共有9个编号热带气旋在我国沿海地区登陆，较常年平均值(6.4个)偏多2.6个。另外，今年10月仅有2个热带气旋生成，低于常年平均(4个)的数量。

“芭玛”对我国的影响已基本结束，但10月中下旬热带气旋仍呈活跃态势，秋季特别是近期的防台减灾工作仍不能放松。16日02时，今年第20号热带风暴“卢碧”(Lupit，来源菲律宾，意义：残酷)已在菲律宾以东的西北太平洋上生成，08时其中心位于菲律宾马尼拉东偏南方大约1820千米的西北太平洋洋面上，中心附近最大风力有8级(20米/秒)。预计“卢碧”将以每小时20千米的速度向西偏北方向移动，未来3～4天不会影响我国近海。另外，目前在南海中部海面有一个热带系统活动，16日08时其中心位于北纬14.0度、东经113.0度附近，最大风力有5级(10米/秒)，预计该热带系统将向西偏北方向移动，强度缓慢发展。受其影响，16日白天到夜间，巴士海峡、巴林塘海峡、南海大部海面将有5～7级大风，部分海域阵风可达8级；海南东南部将有大雨。

气象部门将继续加强台风监测预报预警和服务，针对近年来台风登陆多、路径复杂多变、双台风效应等情况进行研究分析，进一步提高台风预报预警准确率。同时，针对当前华南部分地区仍存在的干旱，气象部门将抓住有利天气条件，及时组织开展人工增雨作业，为水库增蓄、缓解旱情作出贡献。

彩 色 插 图

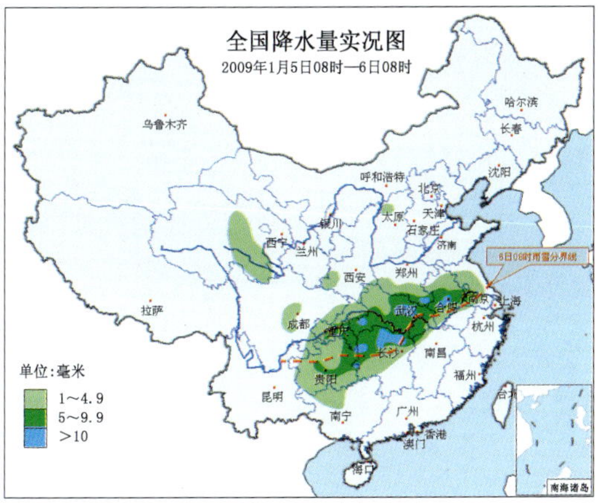

图 1-1　全国降水量实况图
（2009 年 1 月 5 日 08 时—6 日 08 时）

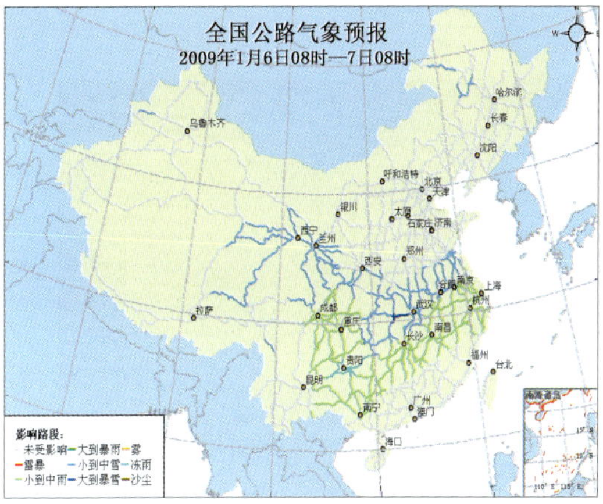

图 1-2　全国公路气象预报图
（2009 年 1 月 6 日 08 时—7 日 08 时）

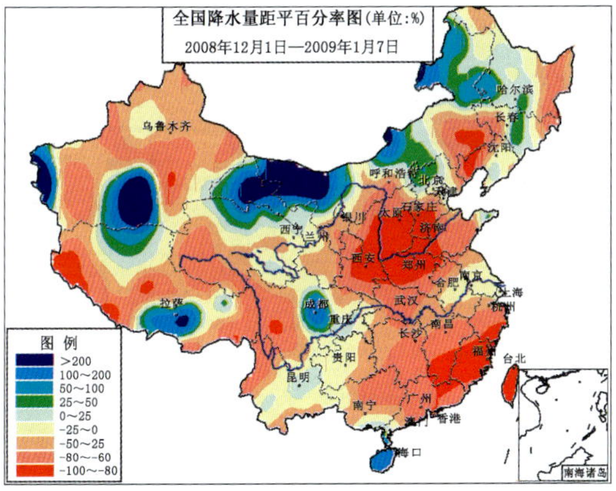

图 2-1　全国降水量距平百分率图
（2008 年 12 月 1 日—2009 年 1 月 7 日）

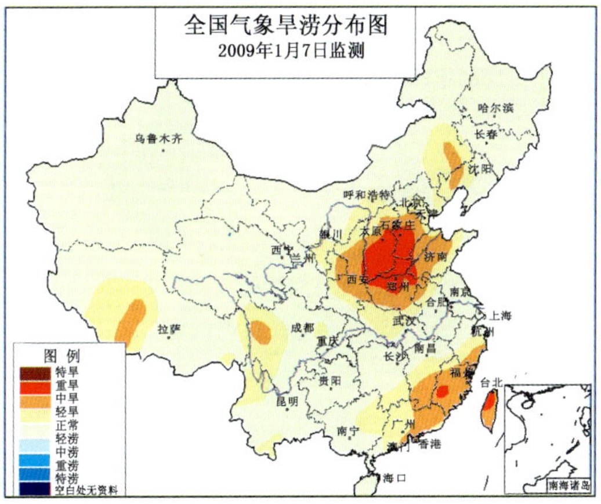

图 2-2　全国气象旱涝分布图
（2009 年 1 月 7 日）

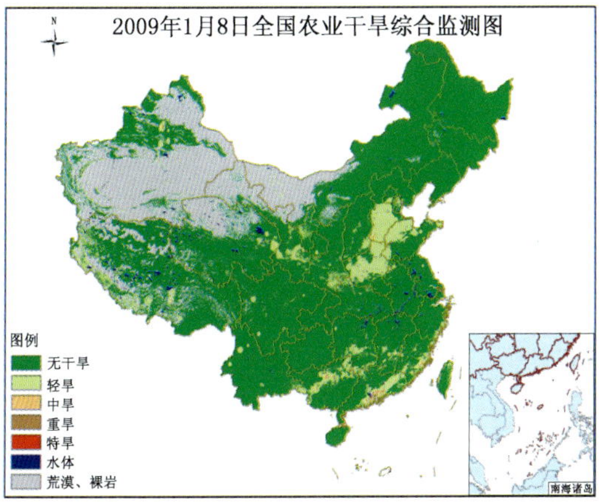

图 2-3　全国农业干旱综合监测图
（2009 年 1 月 8 日）

图 2-4　安徽颍上县小麦受旱图
（2008 年 12 月 24 日）

图 2-5　安徽颍上县小麦绝收图
（2008 年 12 月 24 日）

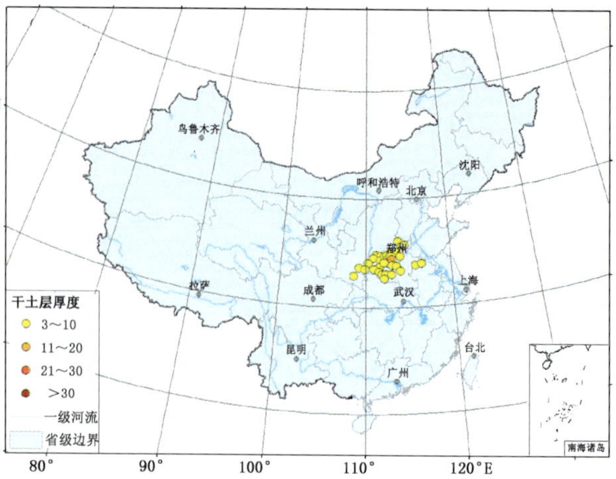

图 4-1　2009 年 1 月 8 日干土层厚度图

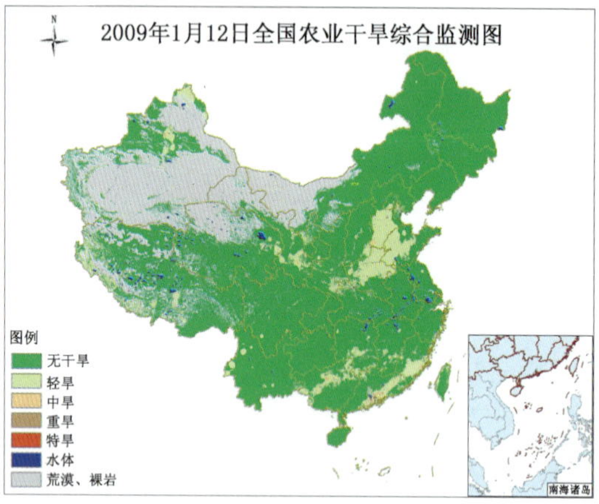

图 4-2　全国农业干旱综合监测图
（2009 年 1 月 12 日）

图 6-1　河南兰考县冬小麦受旱实况图
（2009 年 1 月 15 日）

图 6-2　安徽宿州市冬小麦受灾实况图
（2009 年 1 月 14 日）

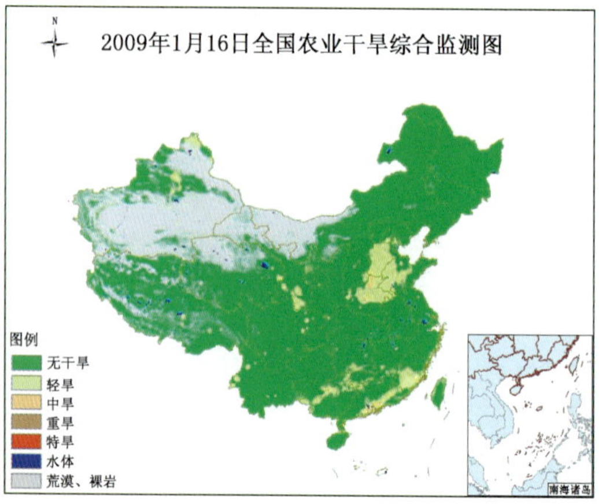

图 6-3　全国农业干旱综合监测图
（2009 年 1 月 16 日）

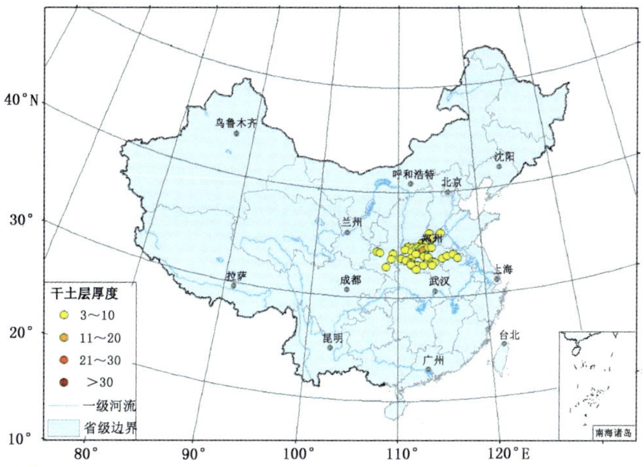

图 7-1　2009 年 1 月 18 日干土层厚度图

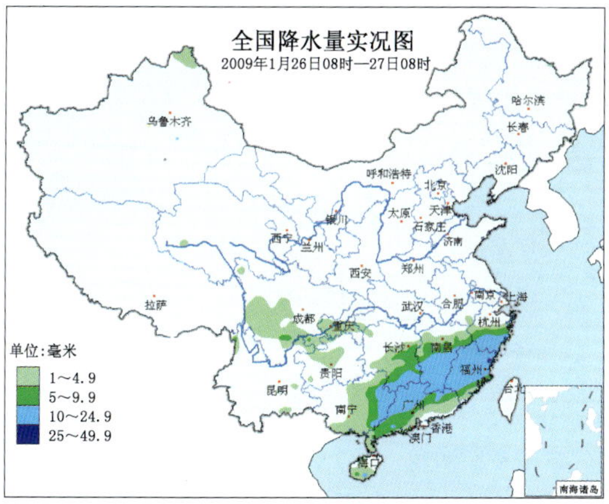

图 8-1　全国降水量实况图
（2009 年 1 月 26 日 08 时—27 日 08 时）

图 8-2　全国降水量预报图
（2009 年 1 月 28 日 08 时—29 日 08 时）

图 8-3　全国降水量预报图
（2009 年 1 月 29 日 08 时—30 日 08 时）

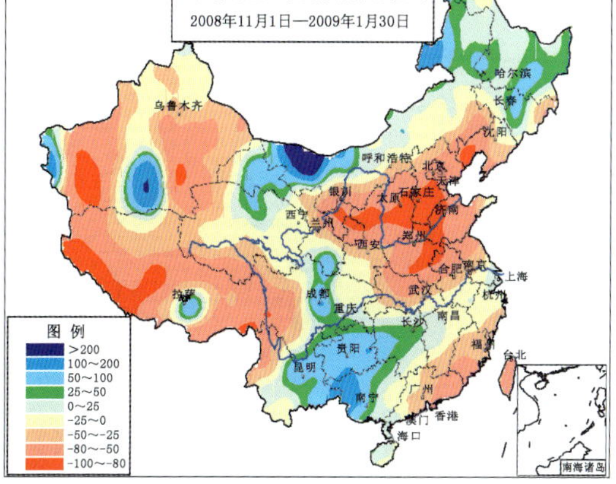

图 9-1　全国降水量距平百分率图
（2008 年 11 月 1 日—2009 年 1 月 30 日）

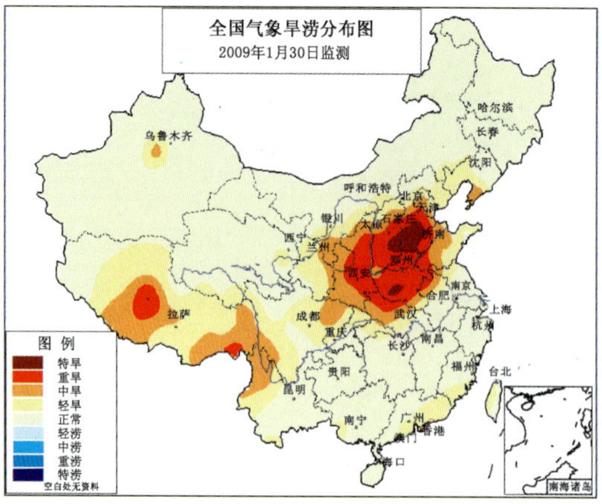

图 9-2　全国气象旱涝分布图
（2009 年 1 月 30 日）

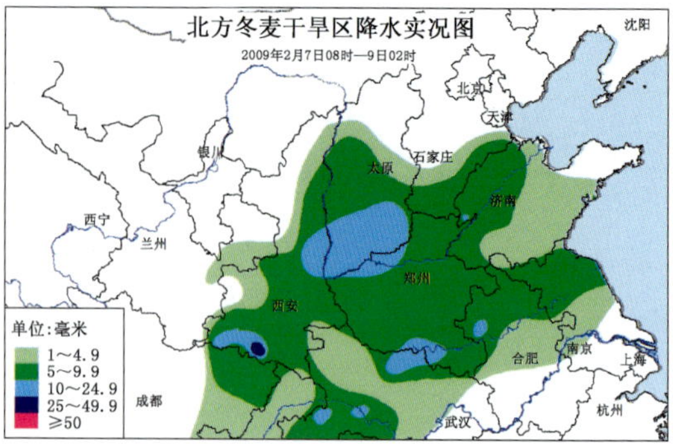

图 10-1　2009 年 2 月 7—9 日北方冬麦
干旱区降水实况图

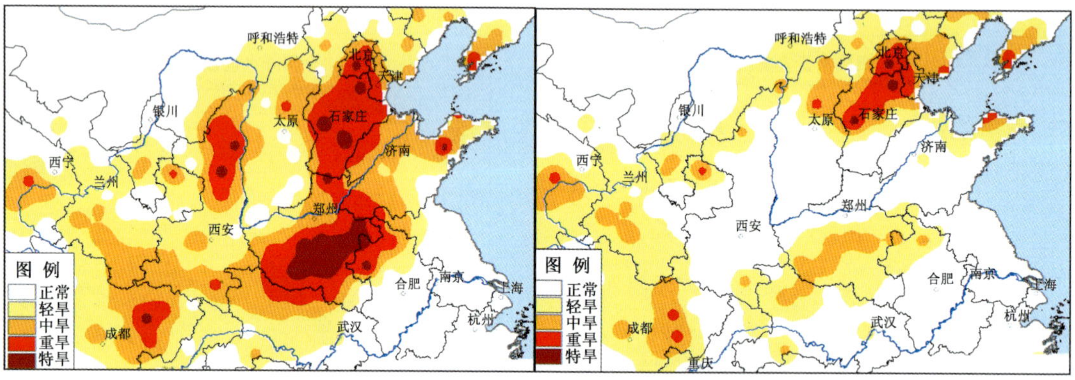

图 10-2　北方冬麦干旱区气象干旱监测图
左:降水前(2009 年 2 月 7 日)；右:降水后(2009 年 2 月 9 日)

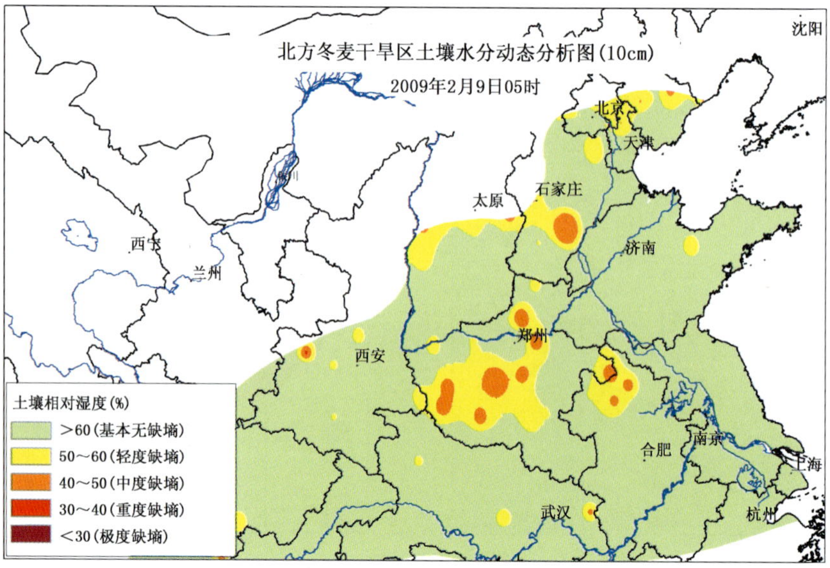

图 10-3　北方冬麦干旱区土壤水分动态分析图（2009 年 2 月 9 日 05 时）

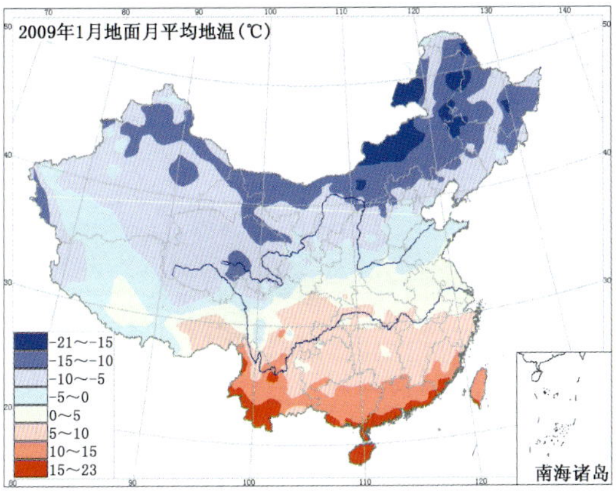

图 12-1　2009 年 1 月全国地表平均温度(℃)图

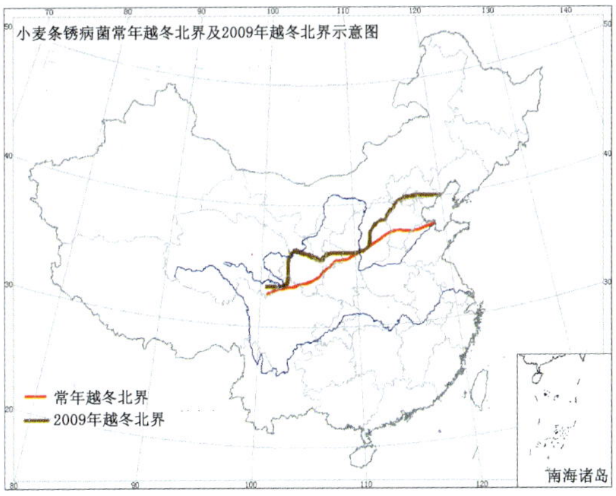

图 12-2　小麦条锈病常年越冬北界(红色线)及 2009 年越冬北界(棕色线)示意图

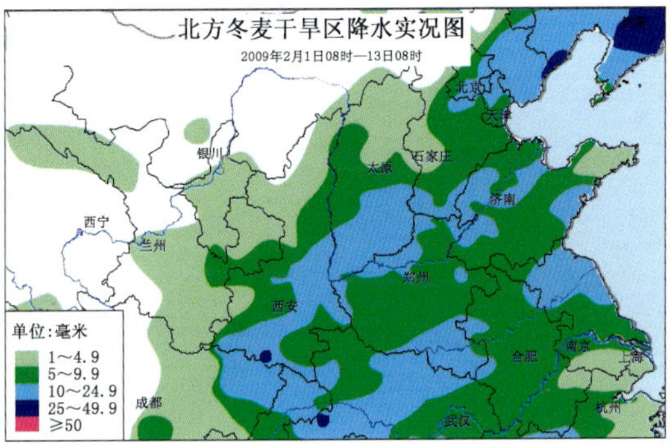

图 13-1　2009 年 2 月 1—13 日北方冬麦干旱区降水实况图

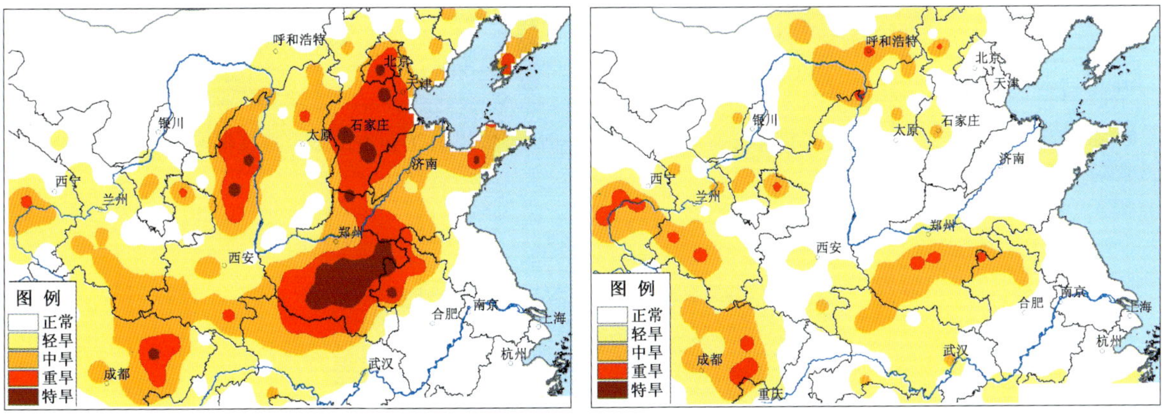

图 13-2　北方冬麦干旱区气象干旱监测图(左:2009 年 2 月 7 日;右:2009 年 2 月 13 日)

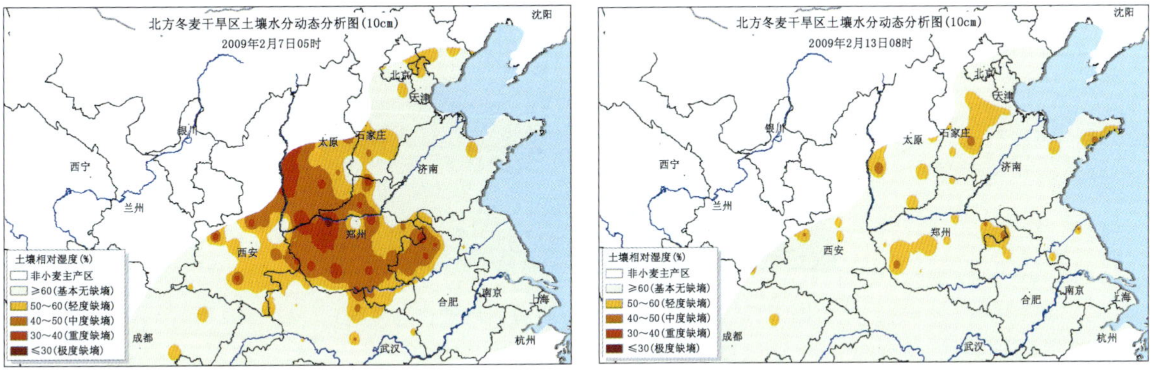

图 13-3　北方冬麦旱区土壤水分动态分析图(10 厘米)(左:2009 年 2 月 7 日;右:2009 年 2 月 13 日)

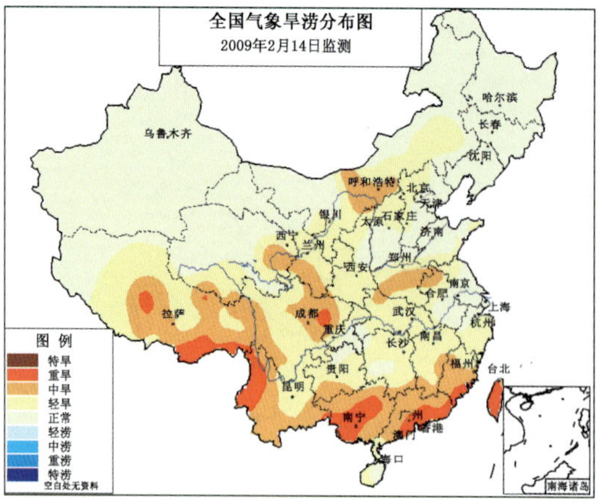

图 14-1 全国气象旱涝分布图
(2009 年 2 月 14 日)

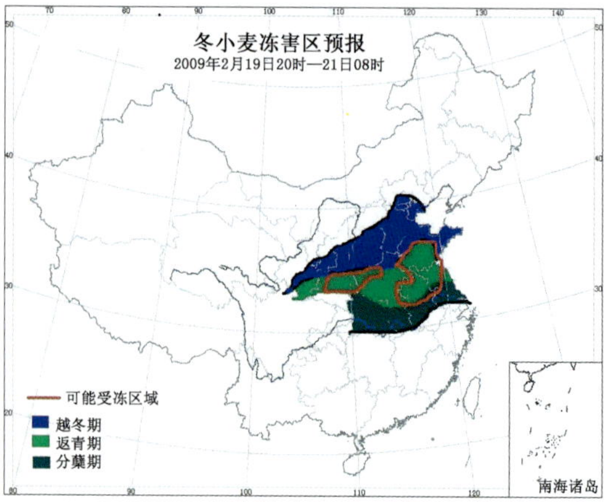

图 15-1 北方冬小麦冻害区预报图
(2009 年 2 月 19 日 20 时—21 日 08 时)

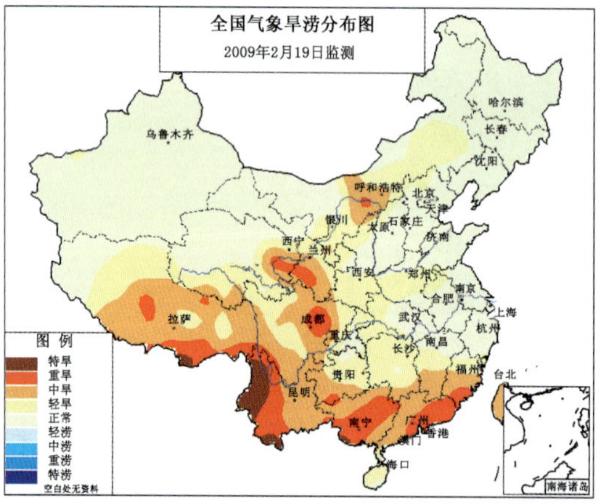

图 16-1 全国气象旱涝分布图(2009 年 2 月 19 日)

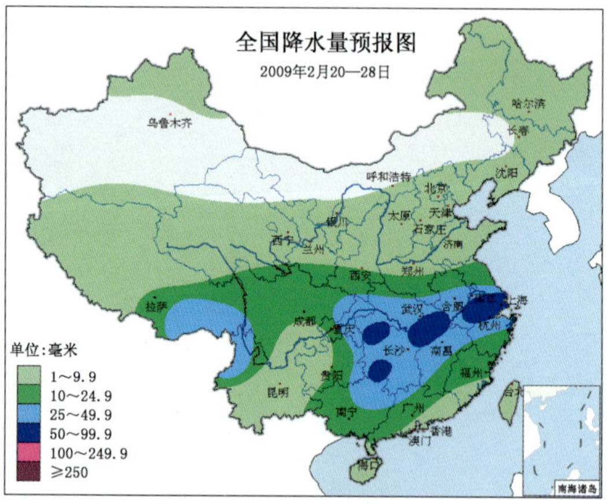

图 16-2 2 月下旬全国降水量预报图(2 月 20—28 日)

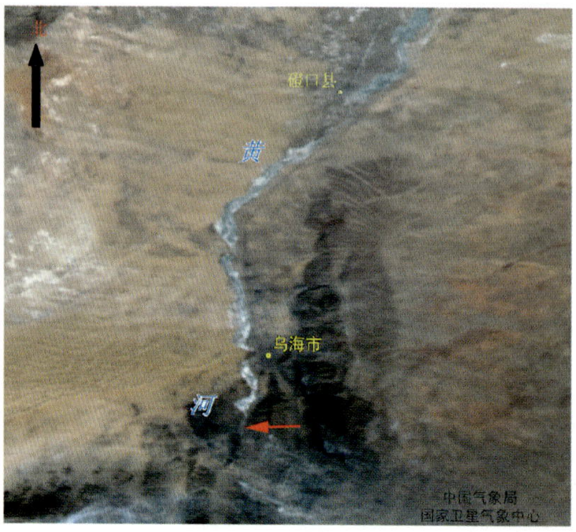

图 17-1 风云三号气象卫星黄河内蒙古乌海段
冰凌监测图(2009 年 2 月 19 日)

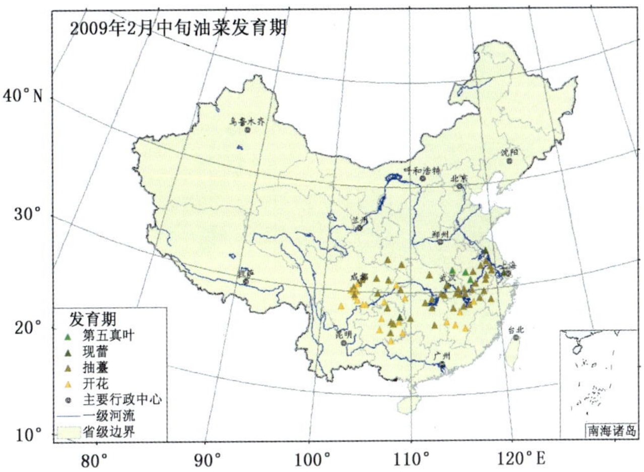

图 18-1　2009 年 2 月中旬全国油菜发育期监测图

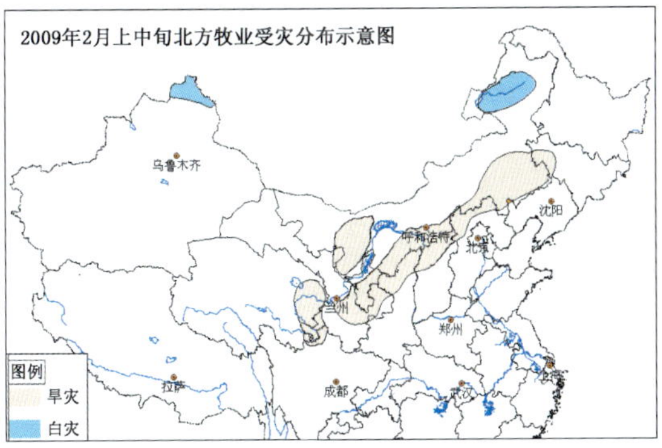

图 19-1　2009 年 2 月上中旬北方牧业受旱灾和白灾分布示意图

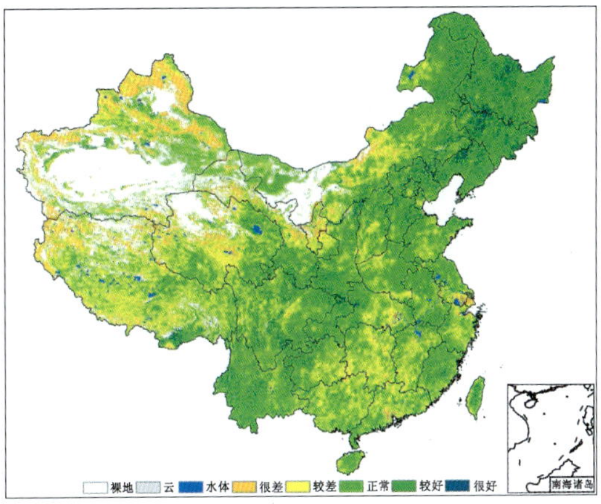

图 20-1　2008 年我国植被长势等级分布图

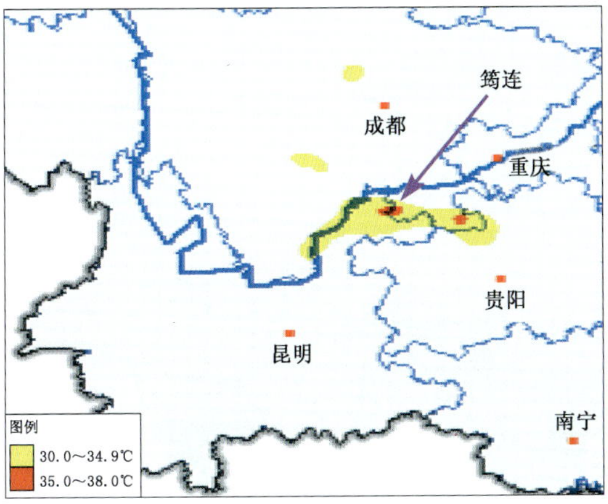

图 21-1　西南地区日最高气温实况图
（2009 年 2 月 12 日）

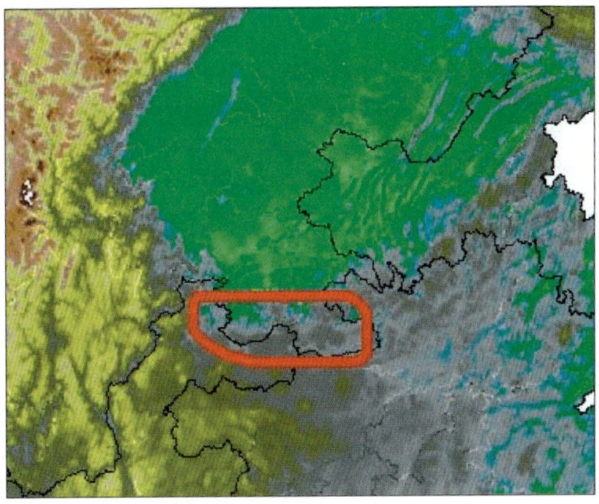

图 21-2　西南地区发生焚风的区域图
（2009 年 2 月 12 日）

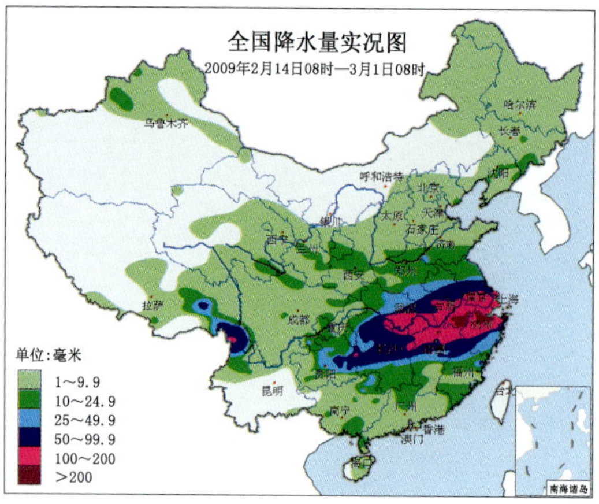

图 22-1　全国降水量实况图
（2009 年 2 月 14 日 08 时—3 月 1 日 08 时）

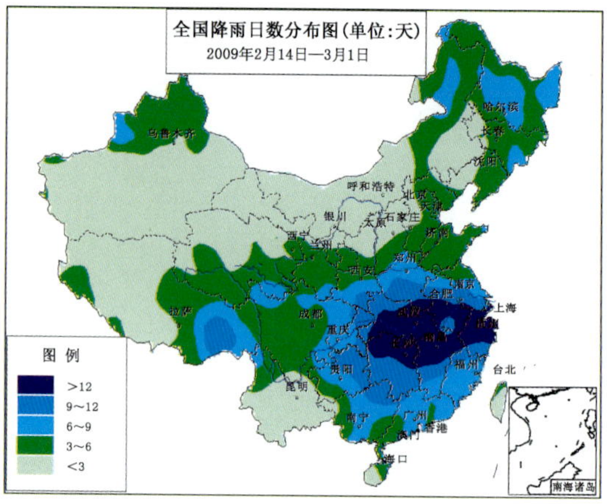

图 22-2　全国降水日数分布图
（2009 年 2 月 14 日—3 月 1 日）

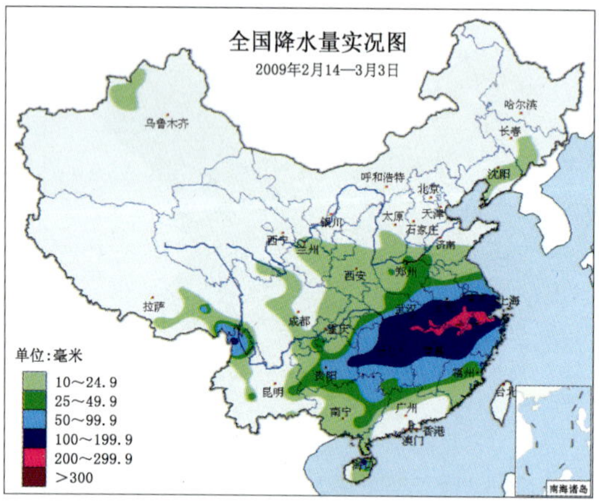

图 25-1　全国降水量实况图
（2009 年 2 月 14 日—3 月 3 日）

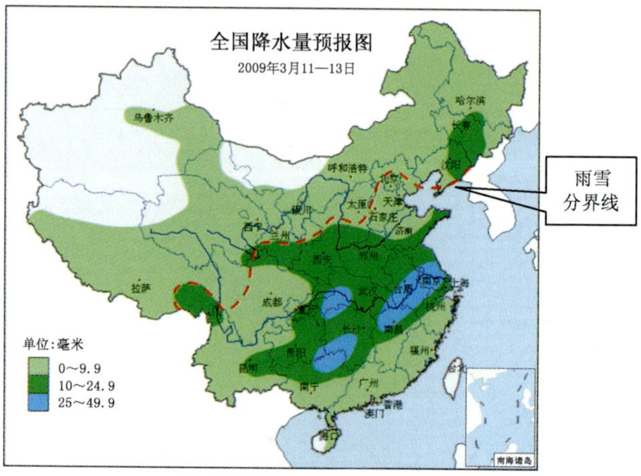

图 27-1　2009 年 3 月 11—13 日全国降水量预报图

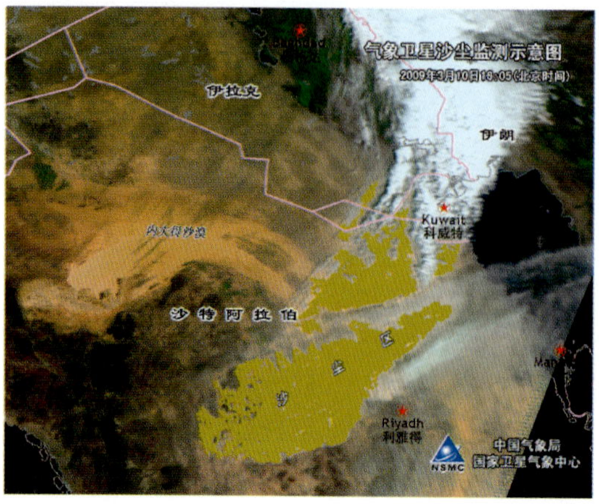

图 28-1　风云 3 号气象卫星沙尘监测示意图
（北京时:3 月 10 日 16 时 05 分）

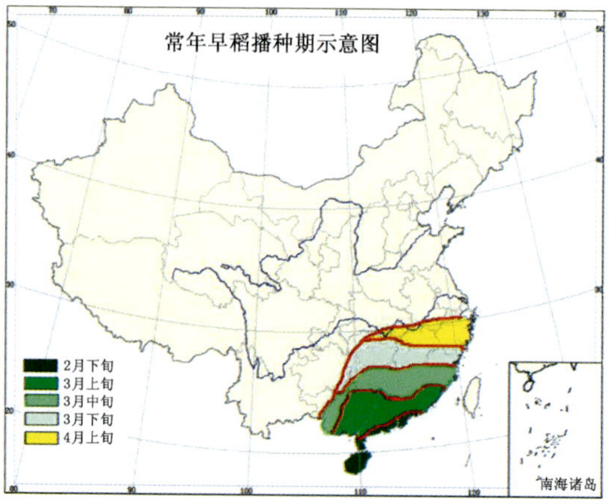

图 29-1　常年早稻播种期示意图

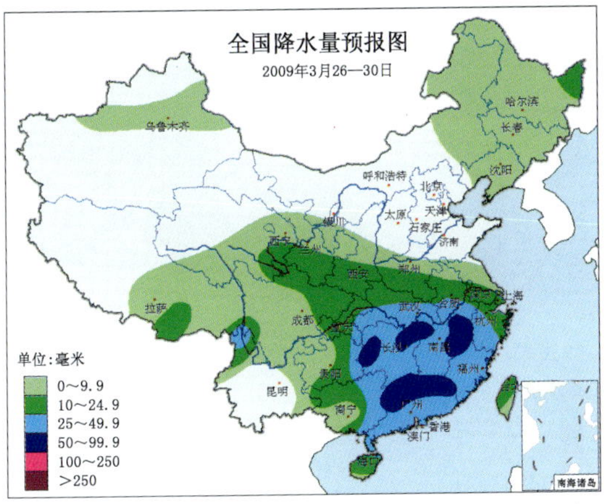

图 30-1　3 月 26—30 日全国降水量预报图

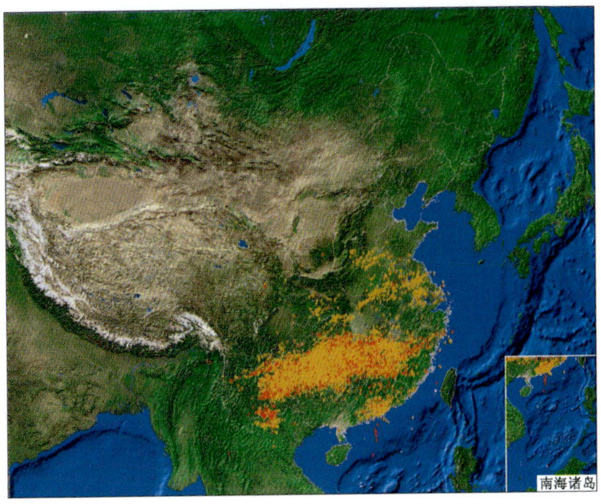

图 31-1　2009 年 3 月 1—22 日雷电活动分布图

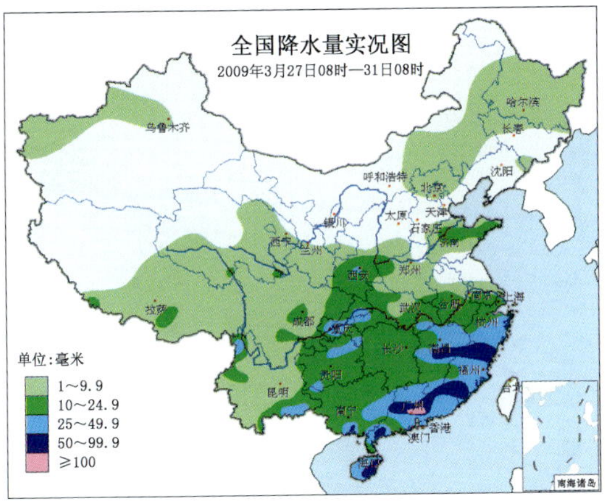

图 32-1　全国降水量实况图

（2009 年 3 月 27 日 08 时—31 日 08 时）

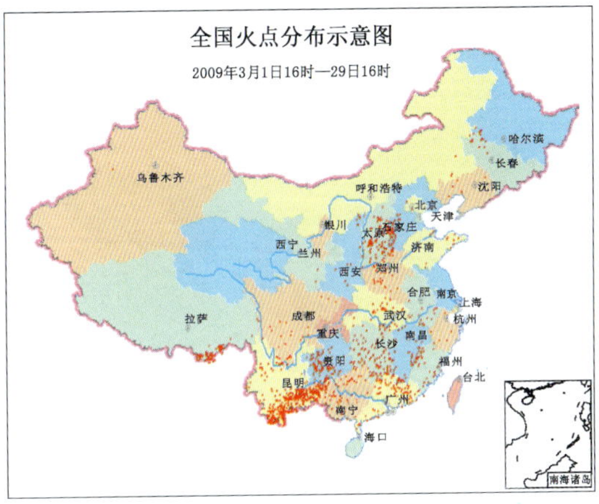

图 32-2　全国火点分布示意图

（2009 年 3 月 1 日 16 时—29 日 16 时）

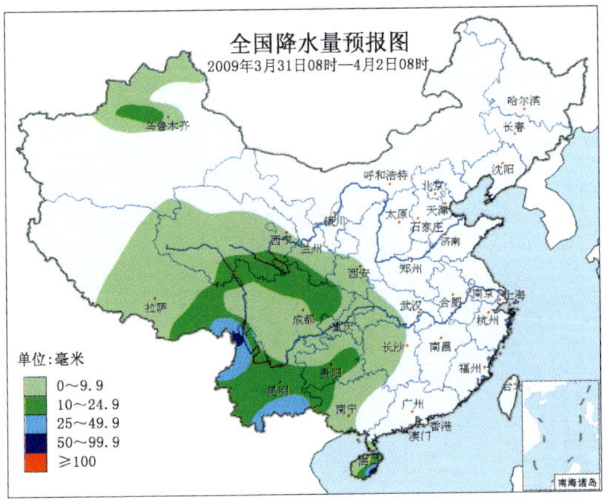

图 32-3　全国降水量预报图

（2009 年 3 月 31 日 08 时—4 月 2 日 08 时）

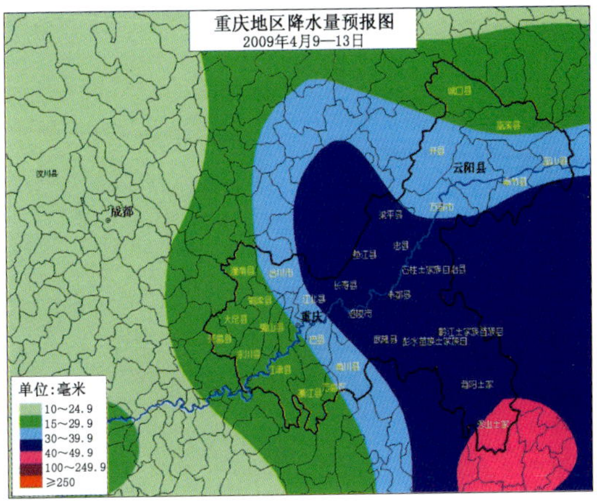

图 33-1　重庆地区降水量预报图

（2009 年 4 月 9—13 日）

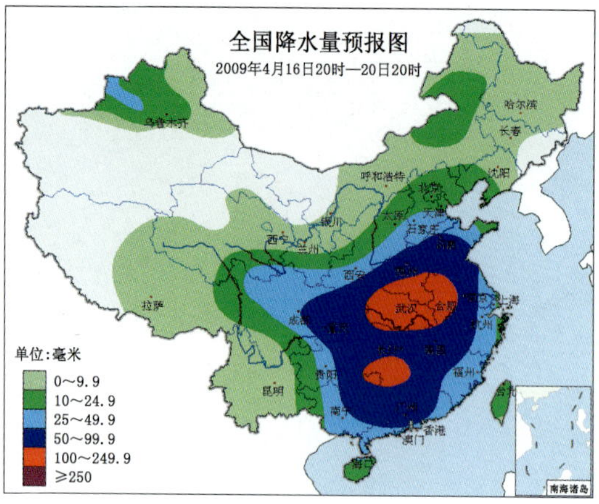

图 34-1　全国降水量预报图
（2009 年 4 月 16 日 20 时—20 日 20 时）

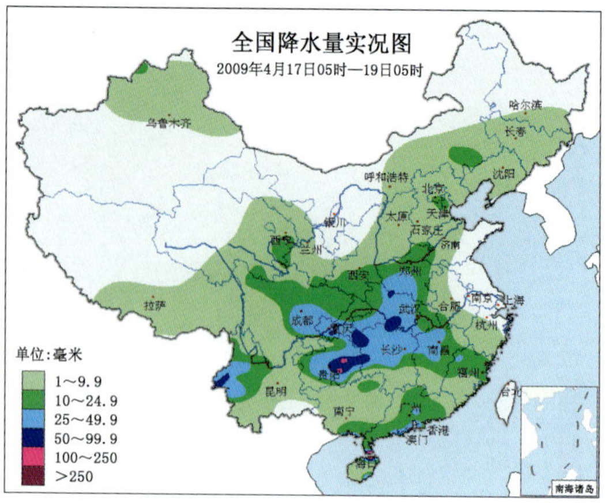

图 35-1　全国降水量实况图
（2009 年 4 月 17 日 05 时—19 日 05 时）

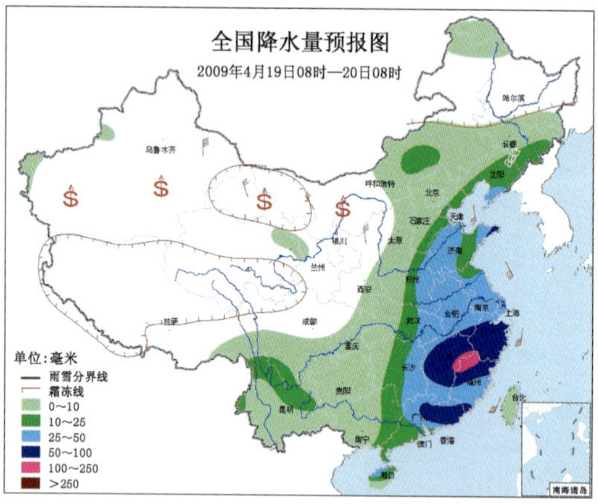

图 35-2　全国降水量预报图
（2009 年 4 月 19 日 08 时—20 日 08 时）

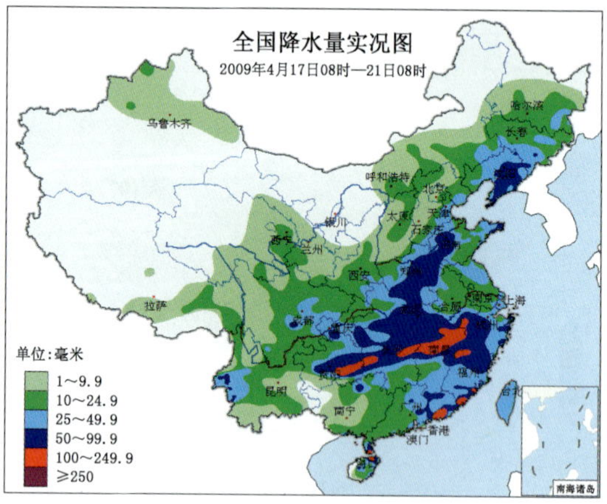

图 36-1　全国降水量实况图
（2009 年 4 月 17 日 08 时—21 日 08 时）

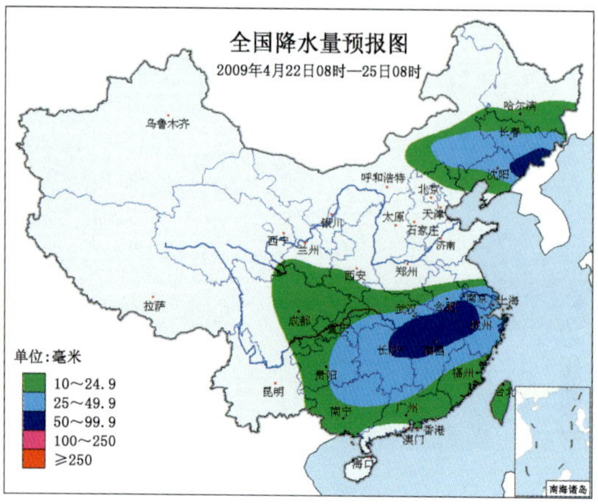

图 36-2　全国降水量预报图
（2009 年 4 月 22 日 08 时—25 日 08 时）

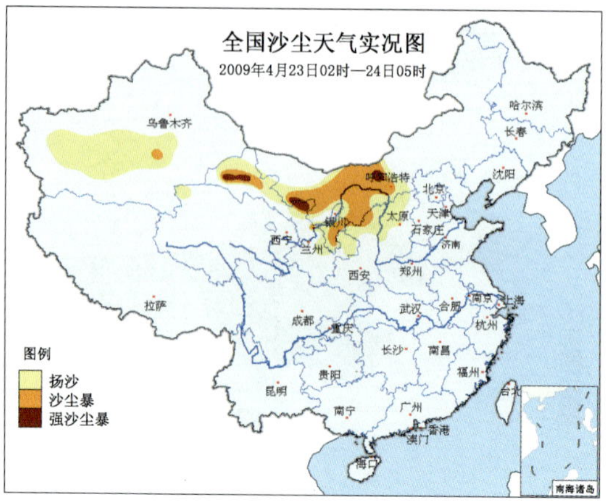

图 37-1　全国沙尘天气实况图
（2009 年 4 月 23 日 02 时—24 日 05 时）

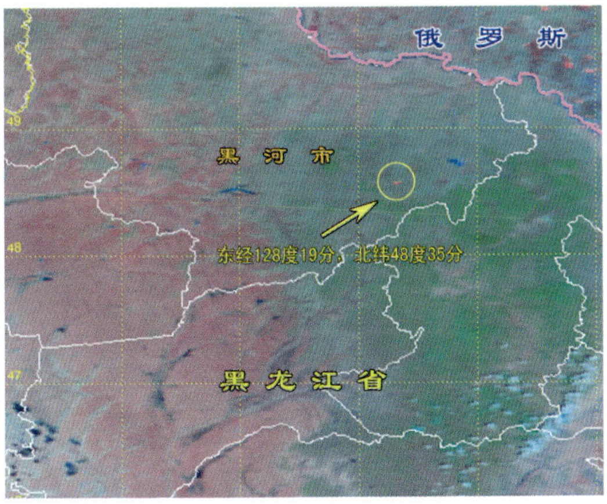

图 39-1　气象卫星黑龙江火情监测图
(2009 年 4 月 27 日 13 时 8 分)

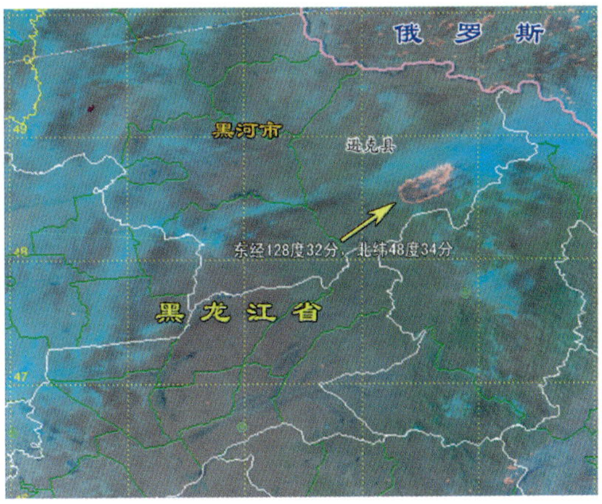

图 39-2　气象卫星黑龙江火情监测图
(2009 年 4 月 29 日 16 时 22 分)

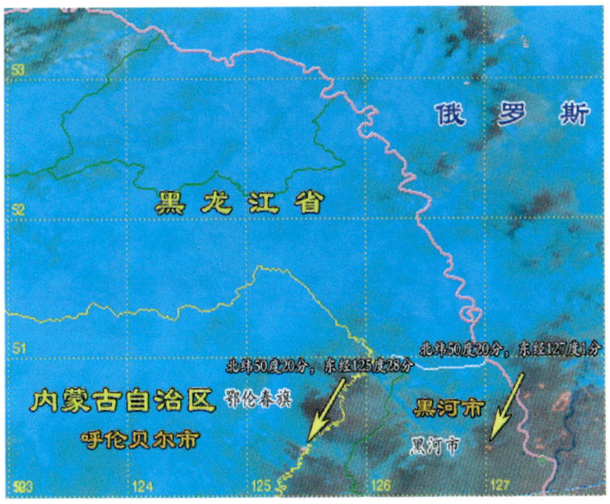

图 39-3　气象卫星黑龙江内蒙古火情监测图
(2009 年 4 月 29 日 16 时 22 分)

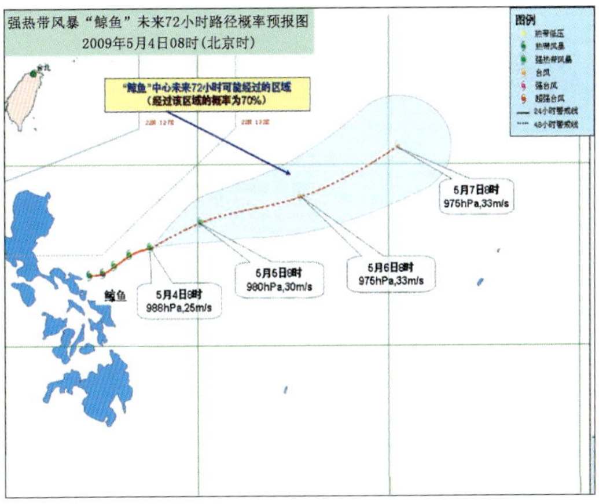

图 42-1　强热带风暴"鲸鱼"
2009 年 5 月 4 日 08 时—7 日 08 时路径预报图

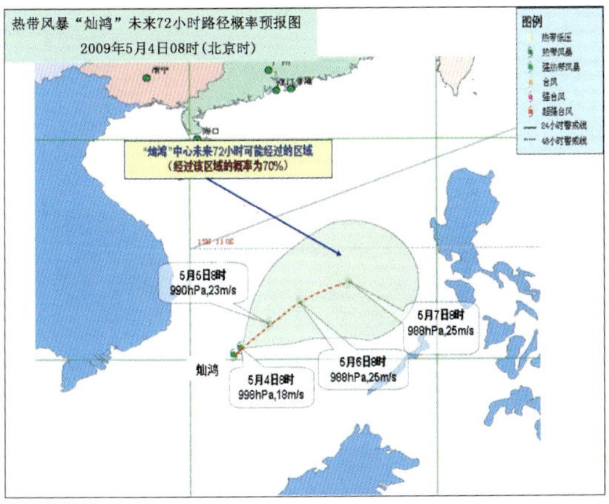

图 42-2　热带风暴"灿鸿"
2009 年 5 月 4 日 08 时—7 日 08 时路径预报图

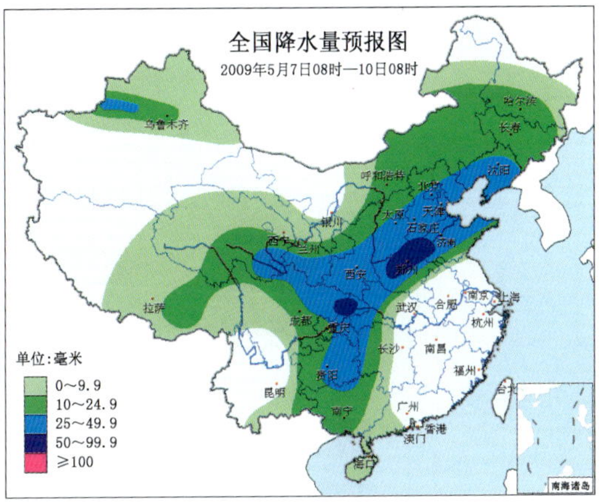

图 43-1　全国降水量预报图
(2009 年 5 月 7 日 08 时—5 月 10 日 08 时)

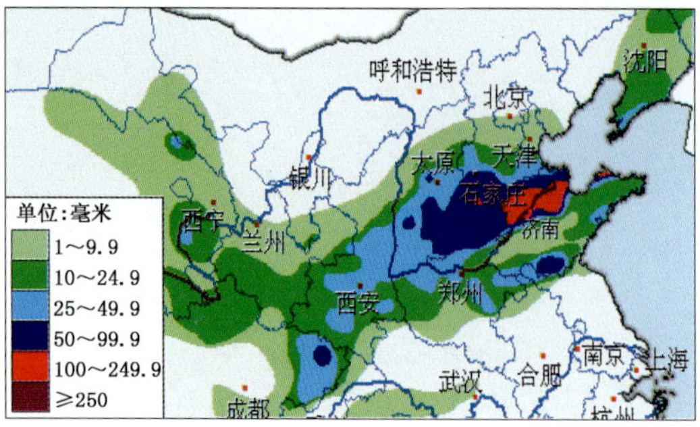

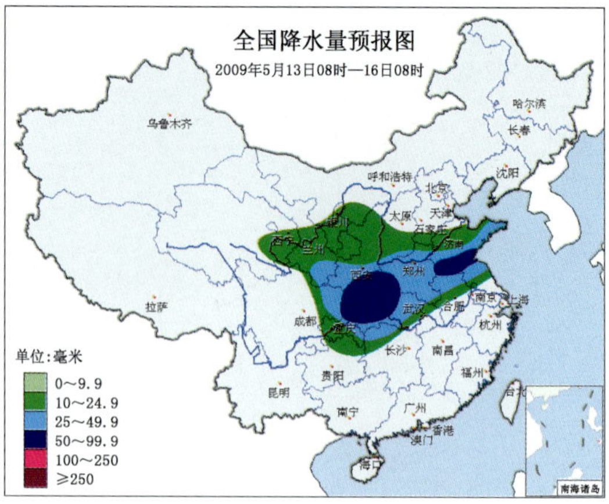

图 44-1　北方地区降雨量实况图

（5 月 9 日 08 时—11 日 08 时）

图 45-1　全国降水量预报图

（2009 年 5 月 13 日 08 时—16 日 08 时）

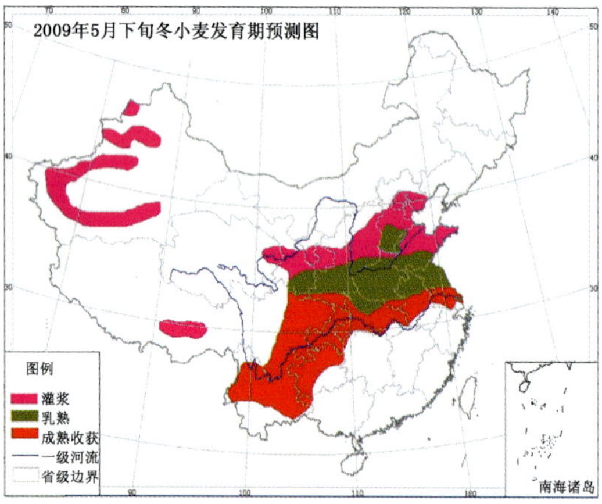

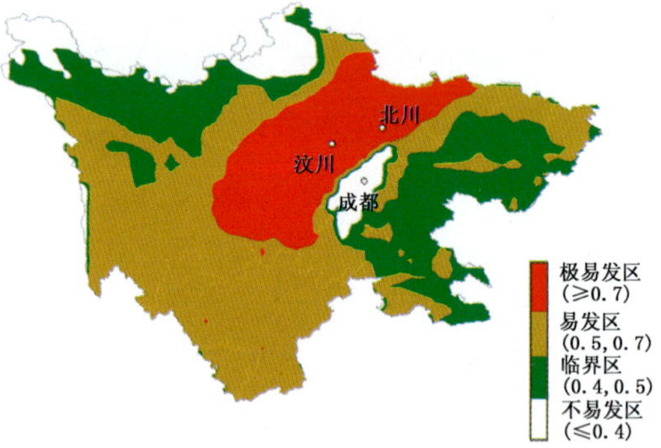

图 47-1　2009 年 5 月下旬冬小麦发育期预测图

图 48-1　四川省 2009 年地质灾害发生趋势分布图

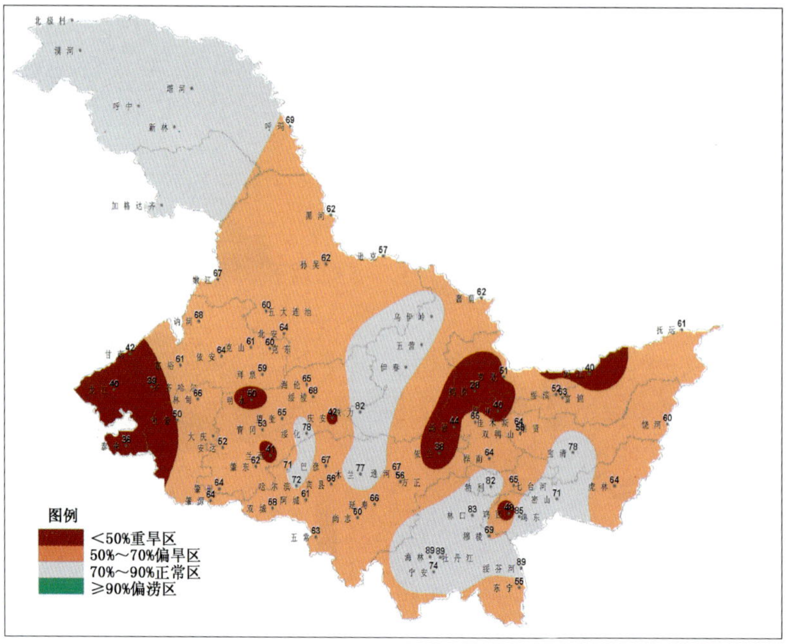

图 49-1　2009 年 5 月 21 日黑龙江 10 厘米土壤旱涝分布图

图 50-1　风云-2D 卫星云图

（2009 年 5 月 25 日 14 时）

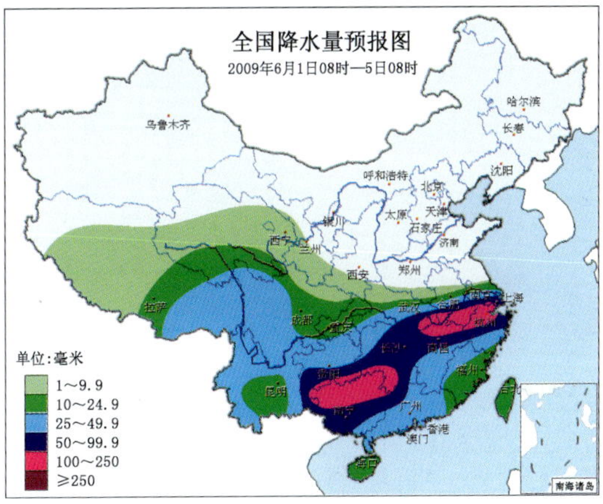

图 52-1　全国降水量预报图

（2009 年 6 月 1 日 08 时—5 日 08 时）

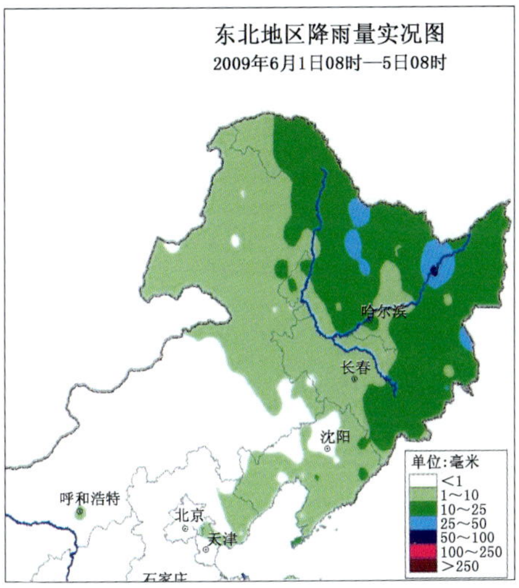

图 54-1　东北地区降雨量实况图(2009 年 6 月 1 日 08 时—5 日 08 时)

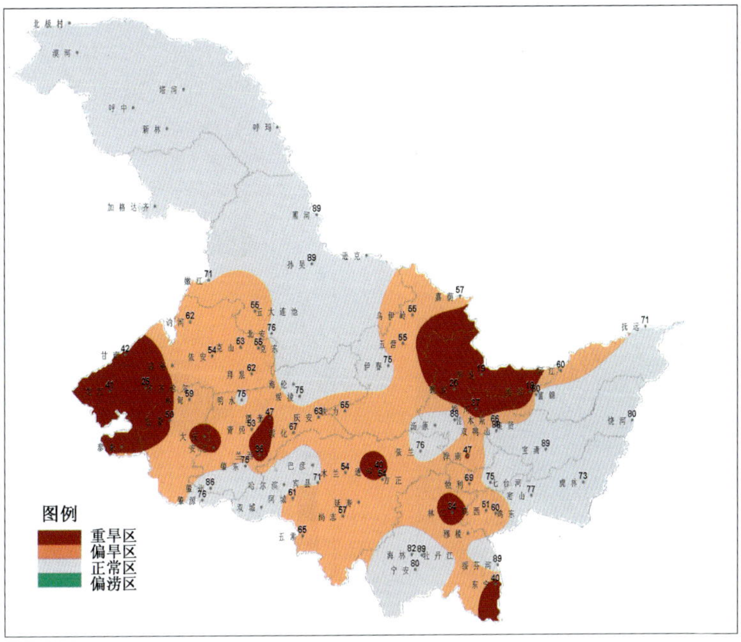

图 54-2　2009 年 6 月 3 日黑龙江 10 厘米土壤旱涝分布图

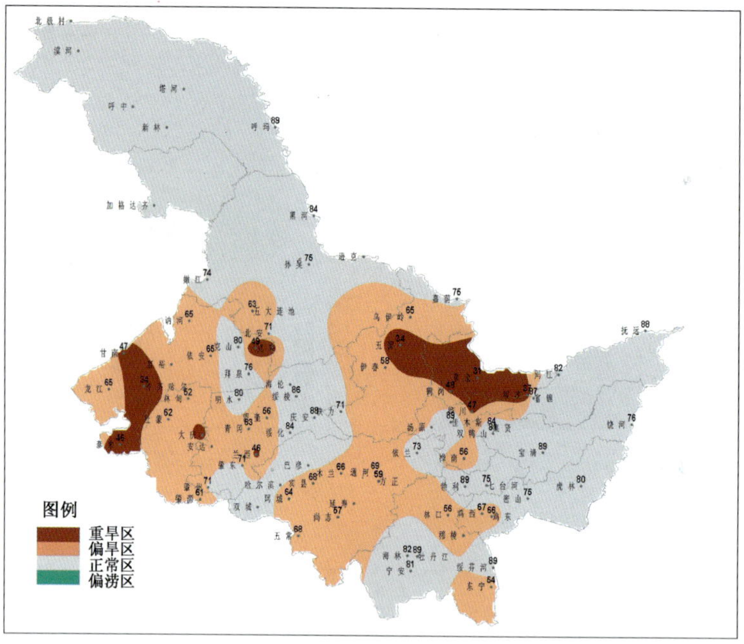

图 54-3　2009 年 6 月 3 日黑龙江 20 厘米土壤旱涝分布图

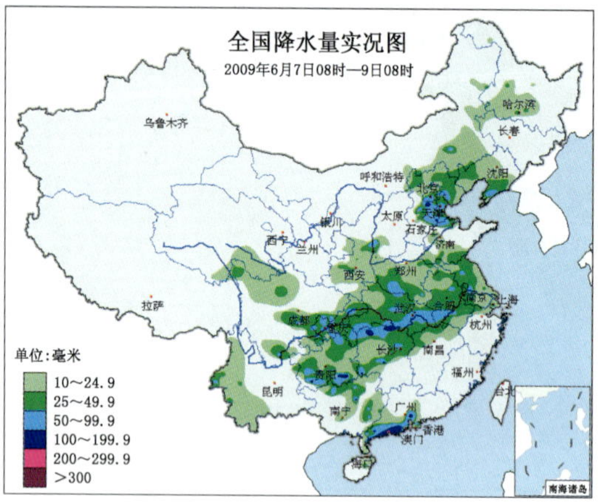

图 55-1　全国降水量实况图
（2009 年 6 月 7 日 08 时—9 日 08 时）

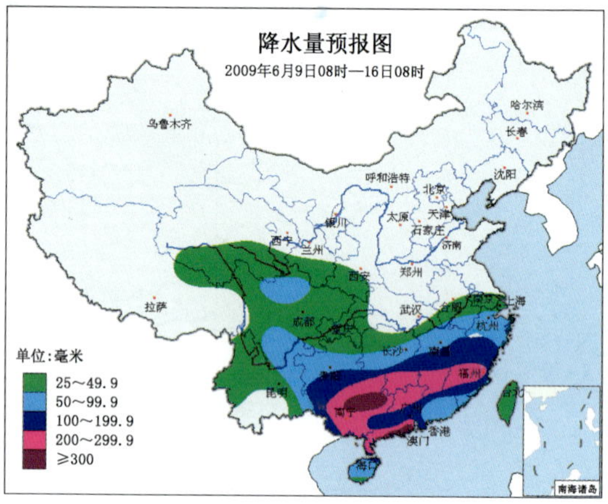

图 55-2　降水量预报图
（2009 年 6 月 9 日 08 时—16 日 08 时）

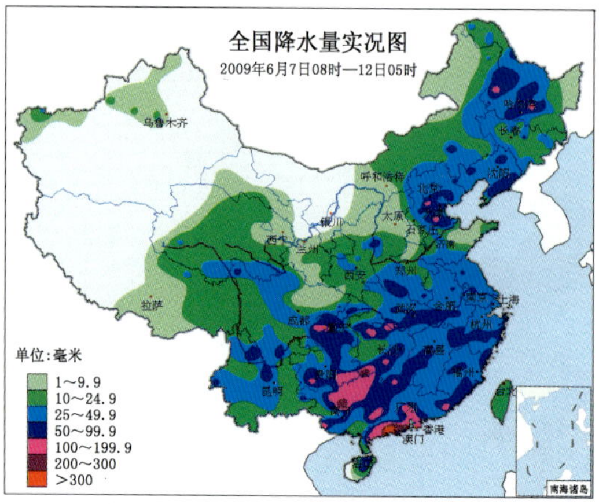

图 56-1　全国降水量实况图
（2009 年 6 月 7 日 08 时—12 日 05 时）

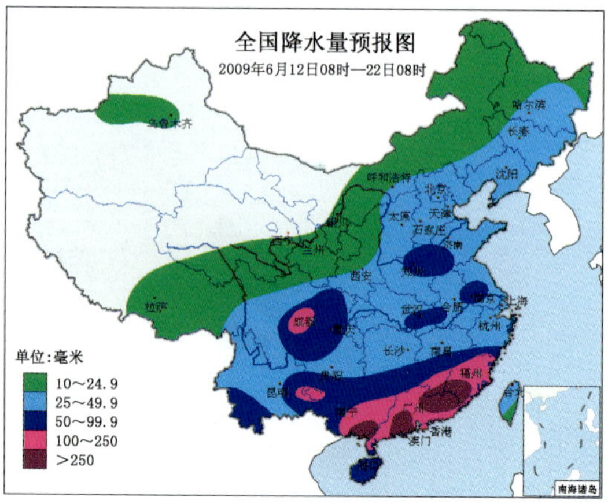

图 56-2　全国降水量预报图
（2009 年 6 月 12 日 08 时—22 日 08 时）

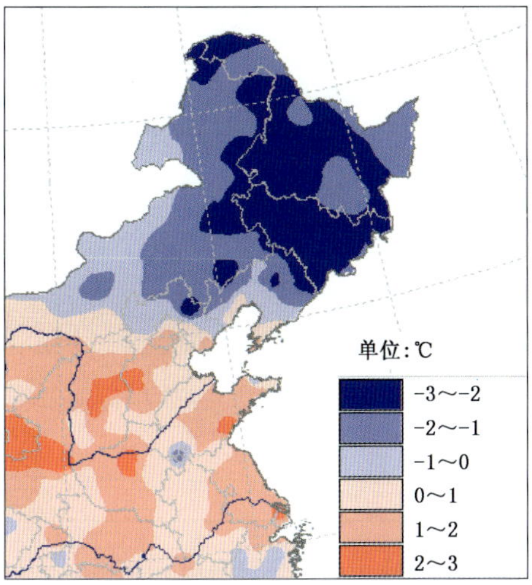

图 59-1　平均气温距平分布图
(2009 年 5 月 29 日—6 月 16 日)

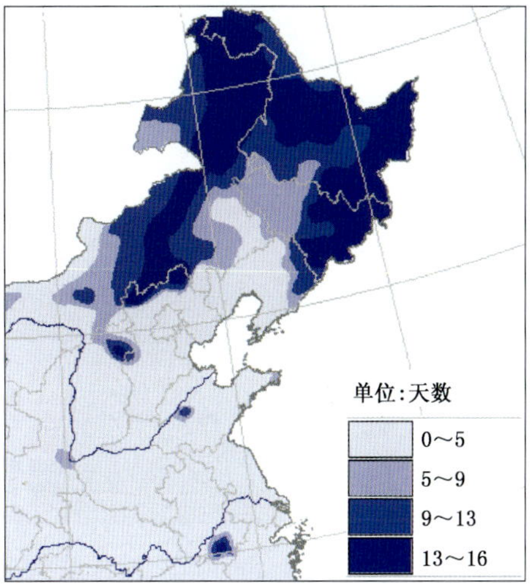

图 59-2　日平均气温低于 17℃的天数分布图
(2009 年 5 月 29 日—6 月 16 日)

图 60-1　FY-2C 气象卫星云图
(2009 年 6 月 18 日 14 时 30 分)

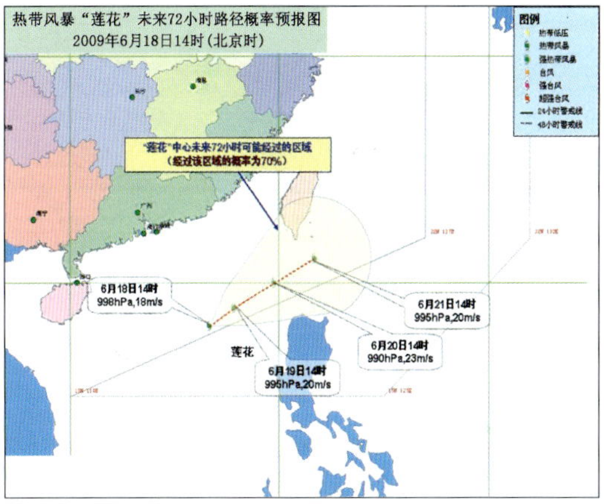

图 60-2　热带风暴“莲花”未来 72 小时路径概率预报图(2009 年 6 月 18 日 14 时—21 日 14 时)

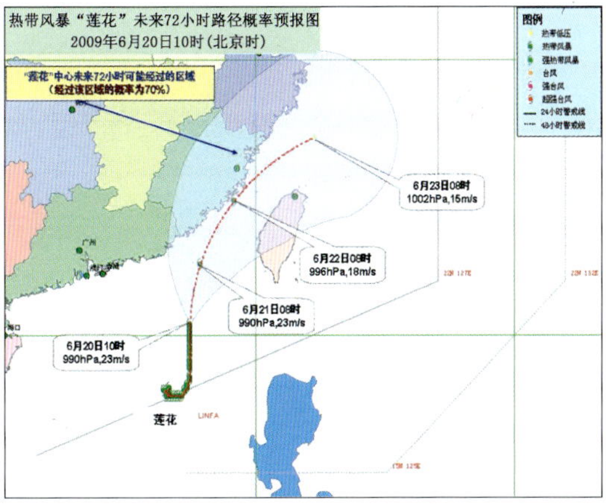

图 61-1　热带风暴“莲花”未来 72 小时路径概率预报图
(2009 年 6 月 20 日 10 时—23 日 08 时)

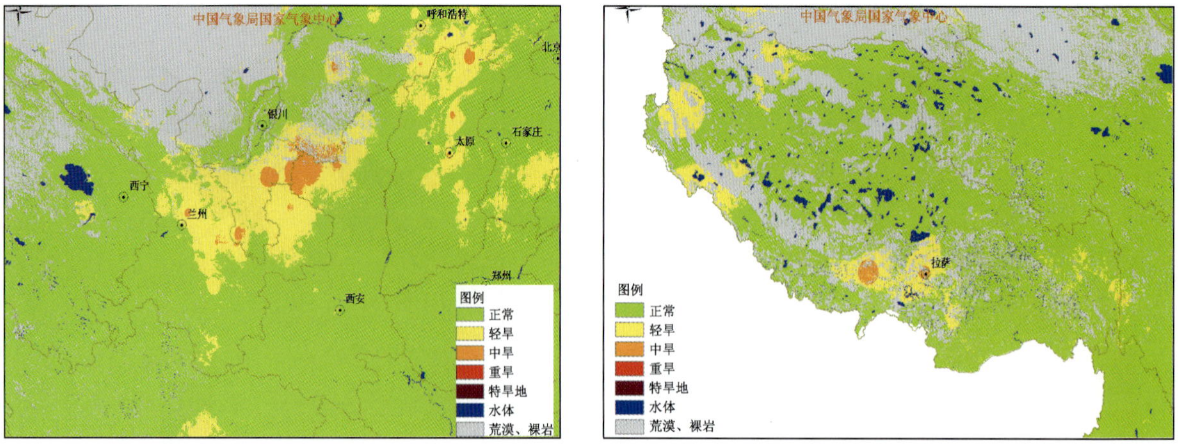

图 62-1　2009 年 6 月 21 日 08 时陕甘宁晋(左)及西藏(右)农业干旱综合监测图

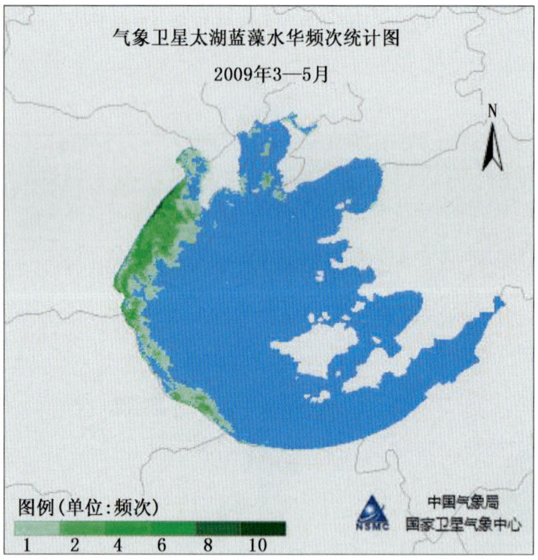

图 63-1　2009 年 3—5 月太湖蓝藻水华频次统计图

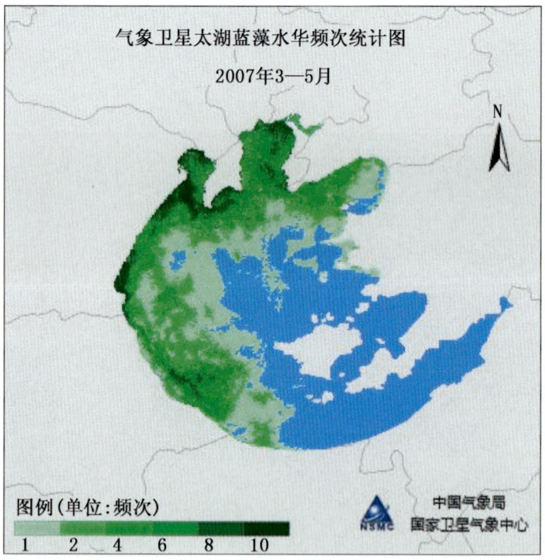

图 63-2　2007 年 3—5 月太湖蓝藻水华频次统计图

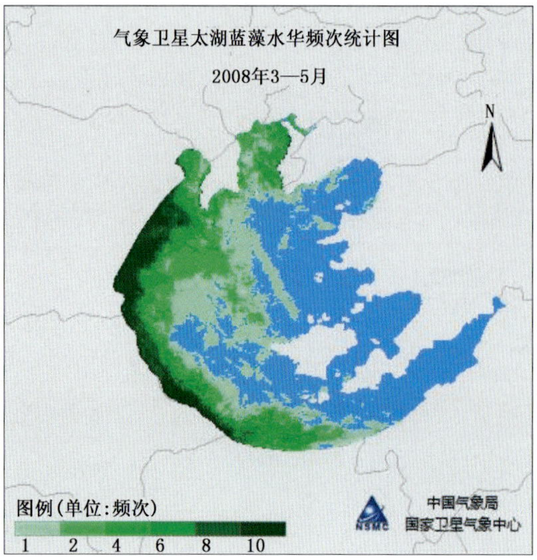

图 63-3　2008 年 3—5 月太湖蓝藻
水华频次统计图

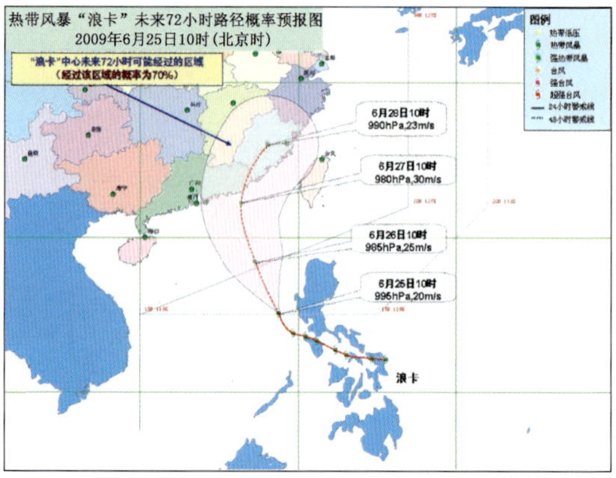

图 64-1　热带风暴"浪卡"未来 72 小时路径概率
预报图(2009 年 6 月 25 日 10 时—28 日 10 时)

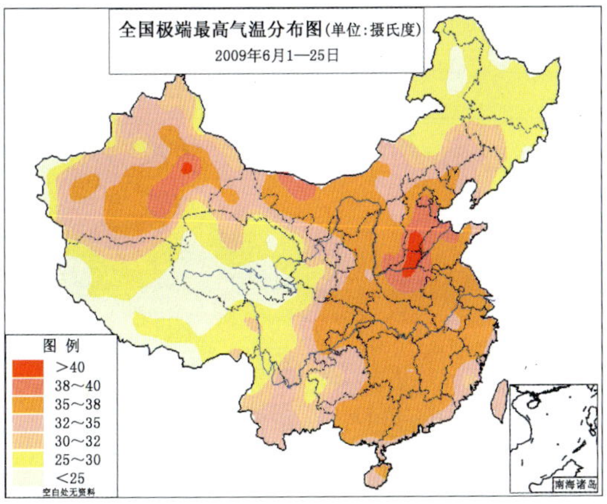

图 65-1　全国极端最高气温分布图

（2009 年 6 月 1—25 日）

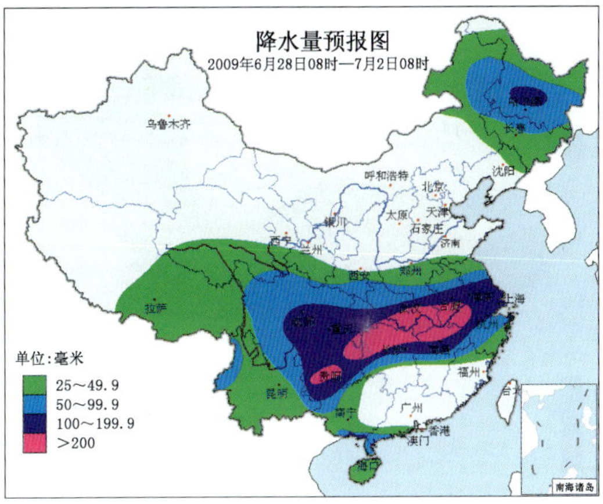

图 66-1　淮河流域、长江中下游和东北地区过程降雨量预报图

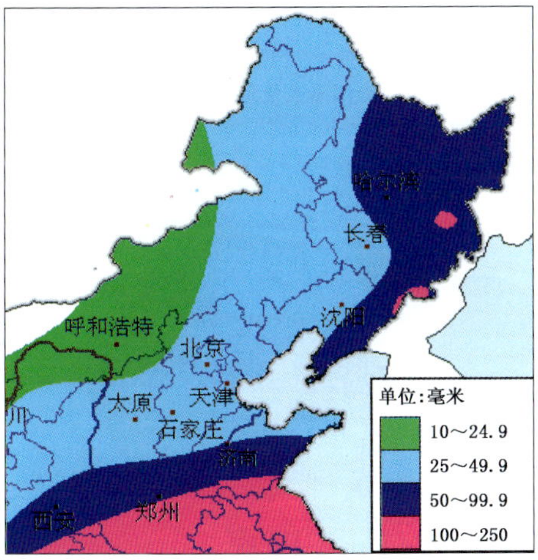

图 67-4　东北地区累计降水量预报图

（2009 年 6 月 29 日—7 月 8 日）

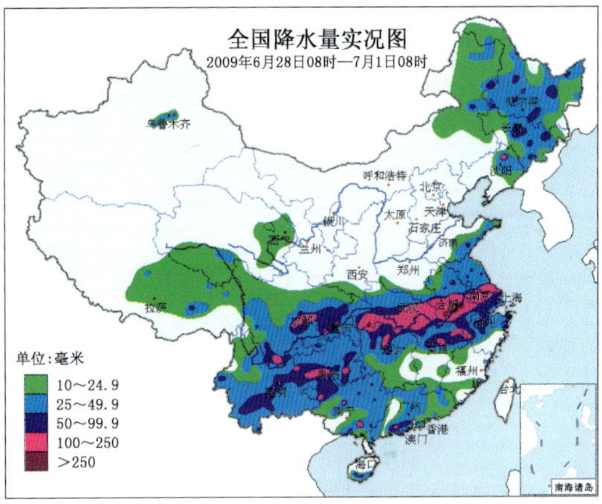

图 68-1　全国降水量实况图

（2009 年 6 月 28 日—7 月 1 日）

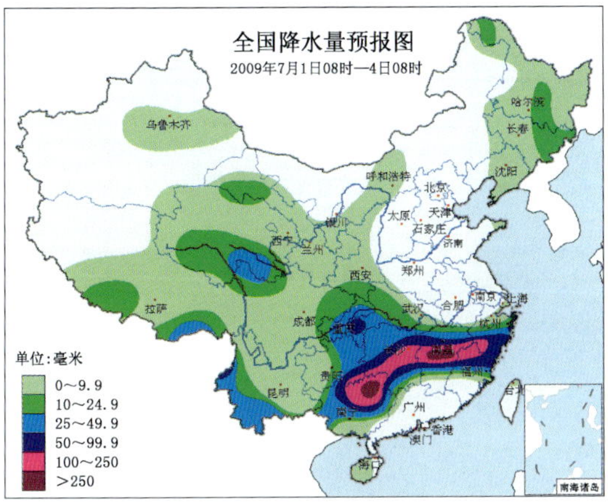

图 68-2　全国降水量预报图

（2009 年 7 月 1—4 日）

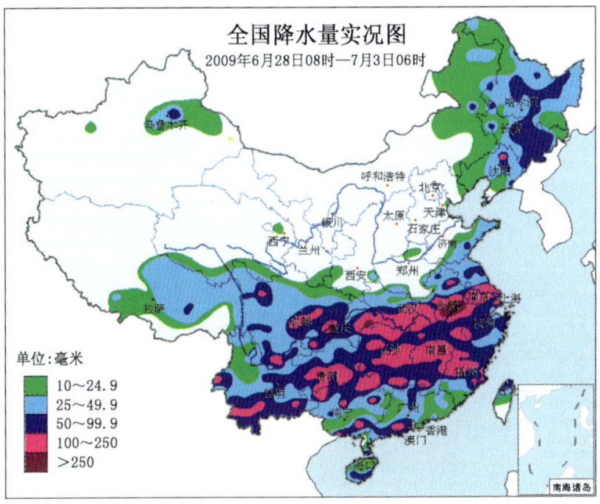

图 69-1　全国降水量实况图

（2009 年 6 月 28 日—7 月 3 日）

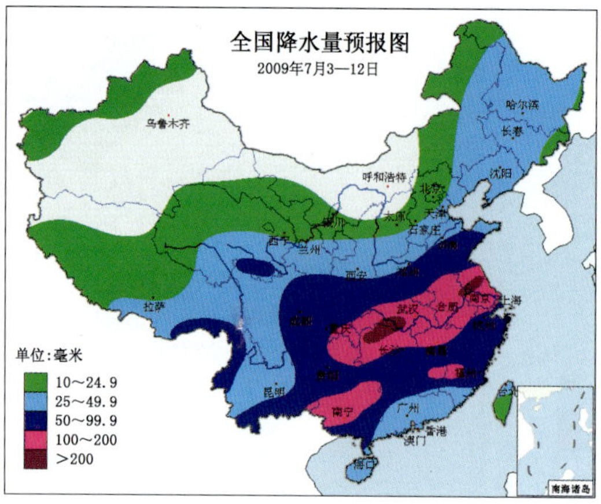

图 69-2　全国降水量预报图
（2009 年 7 月 3—12 日）

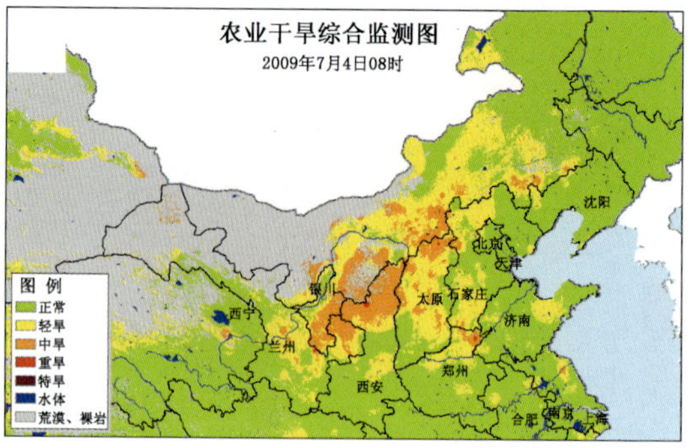

图 70-1　农业干旱综合监测图
（2009 年 7 月 4 日 08 时）

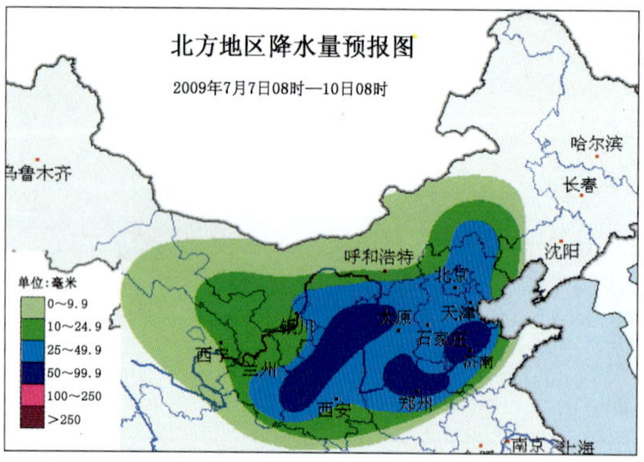

图 70-2　北方地区降水量预报图
（2009 年 7 月 7 日 08 时—10 日 08 时）

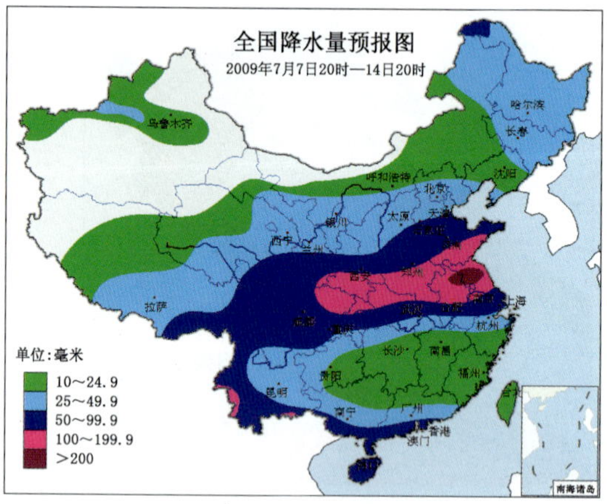

图 71-1　全国降水量预报图
（2009 年 7 月 7 日 20 时—14 日 20 时）

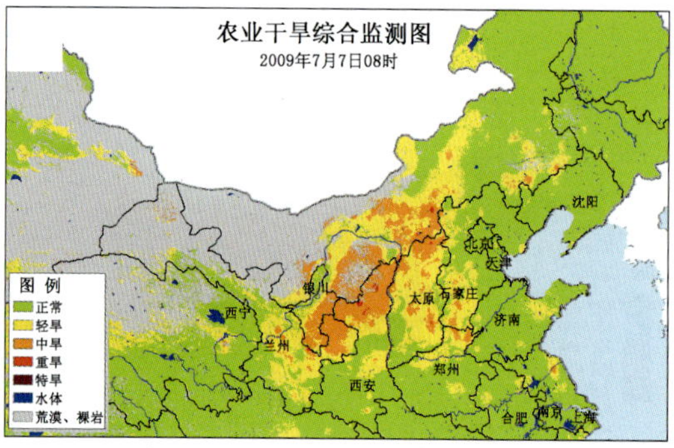

图 71-2　农业干旱综合监测图
（2009 年 7 月 7 日 08 时）

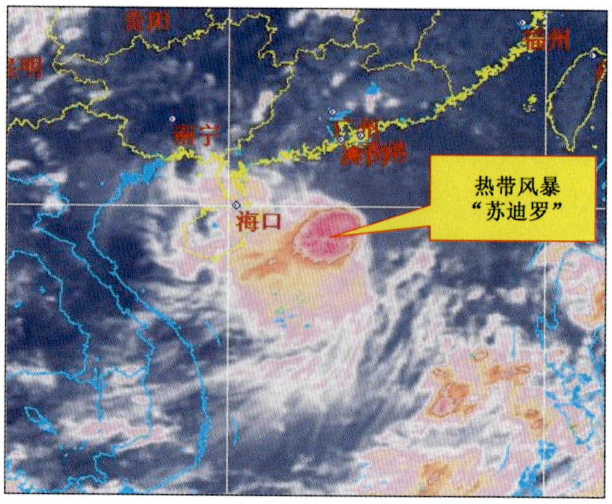

图 72-1　2009 年 7 月 11 日 14 时 FY-2C 红外云图

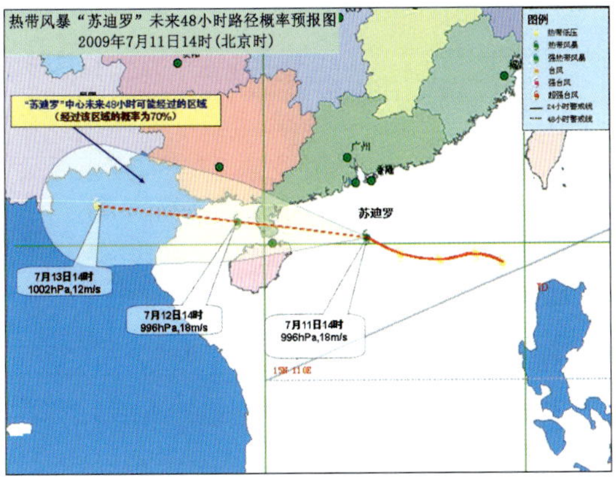

图 72-2　热带风暴“苏迪罗”路径概率预报图
(2009 年 7 月 11 日 14 时—13 日 14 时)

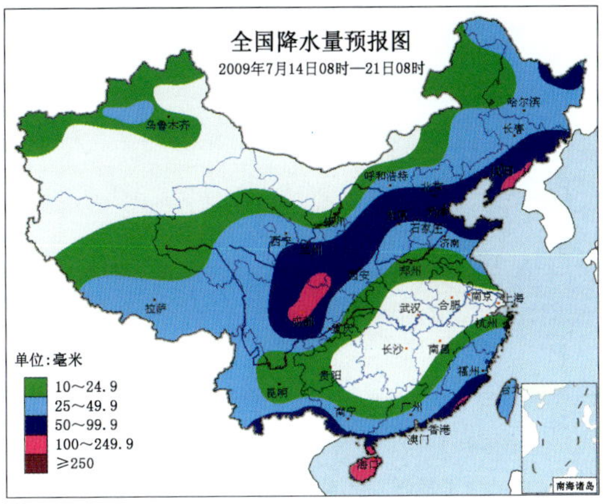

图 74-1　全国降水量预报图
(2009 年 7 月 14 日 08 时—21 日 08 时)

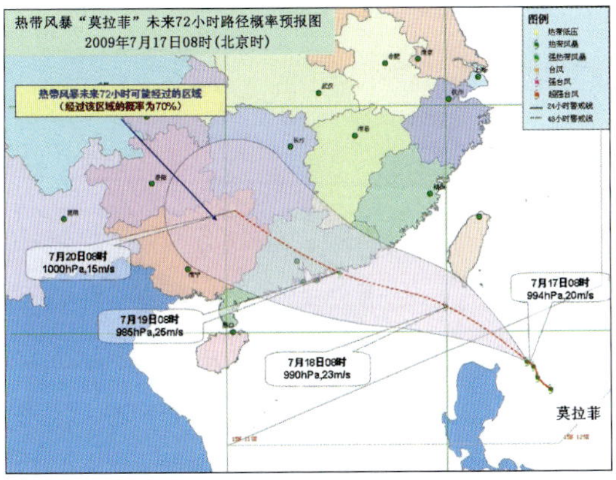

图 75-1　热带风暴“莫拉菲”路径概率预报图
(2009 年 7 月 17 日 08 时—20 日 08 时)

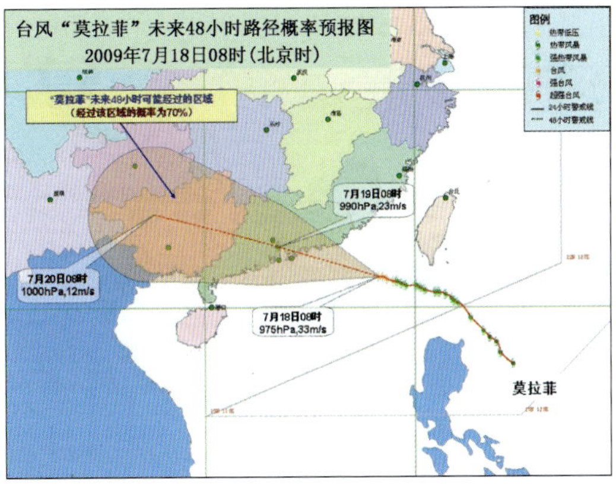

图 76-1　台风“莫拉菲”未来 48 小时路径概率预报图
(2009 年 7 月 18 日 08 时—20 日 08 时)

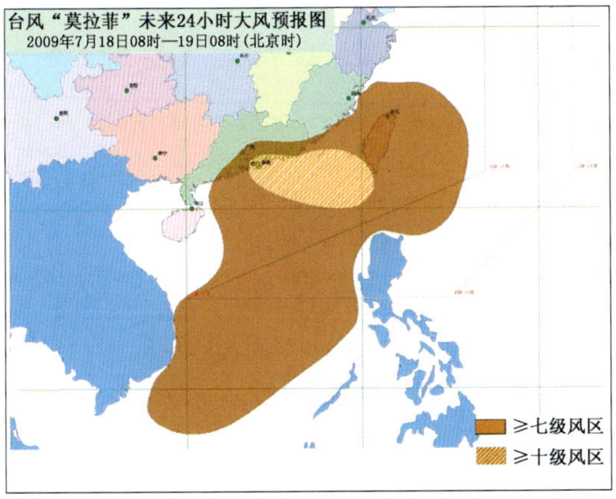

图 76-2　台风“莫拉菲”未来 24 小时大风预报图
(2009 年 7 月 18 日 08 时—19 日 08 时)

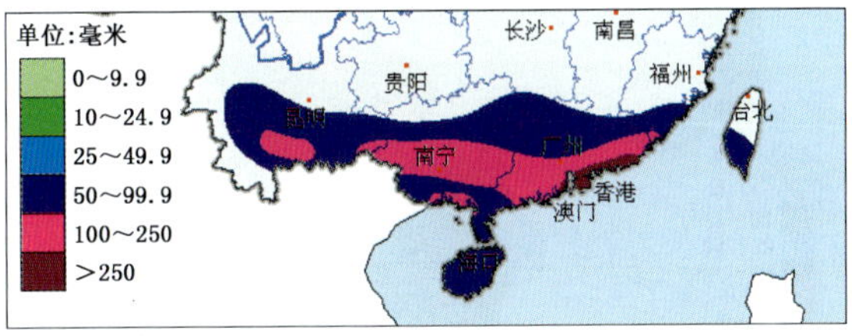

图 76-3　台风“莫拉菲”未来 72 小时降水预报图
(2009 年 7 月 18 日 08 时—21 日 08 时)

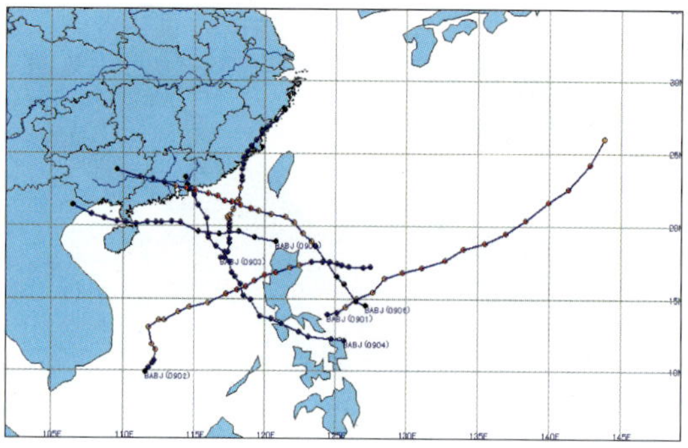

图 80-1 2009 年 1—7 月台风路径图

（截至 2009 年 7 月 23 日）

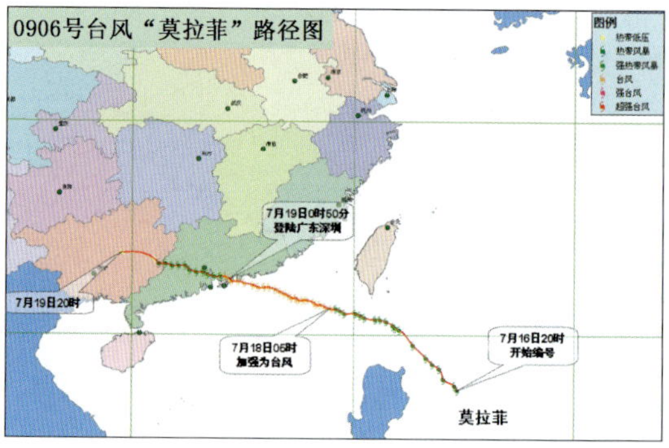

图 80-2 台风“莫拉菲”路径图

（2009 年 7 月 16 日 20 时—19 日 20 时）

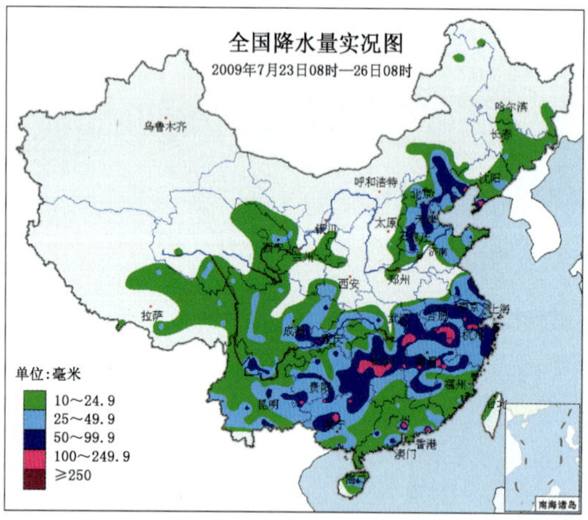

图 81-1 全国降水量实况图

（2009 年 7 月 23—26 日）

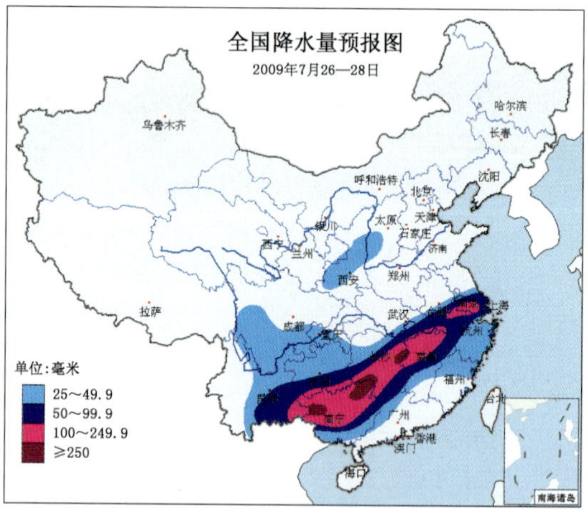

图 81-2 全国 25 毫米以上降水量预报图

（2009 年 7 月 26—28 日）

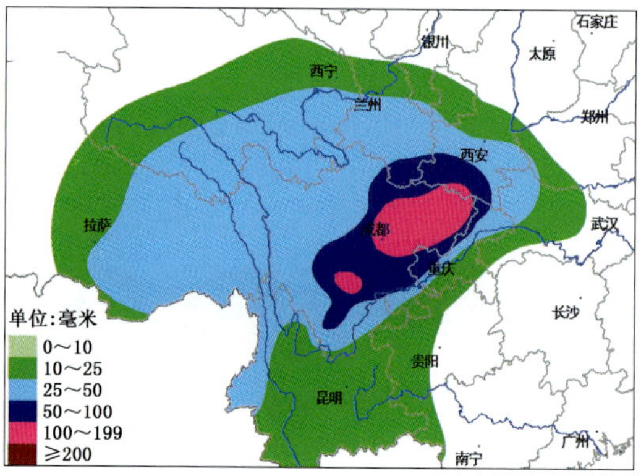

图 82-1 未来 3 天降水量预报图

（2009 年 7 月 29 日 08 时—8 月 1 日 08 时）

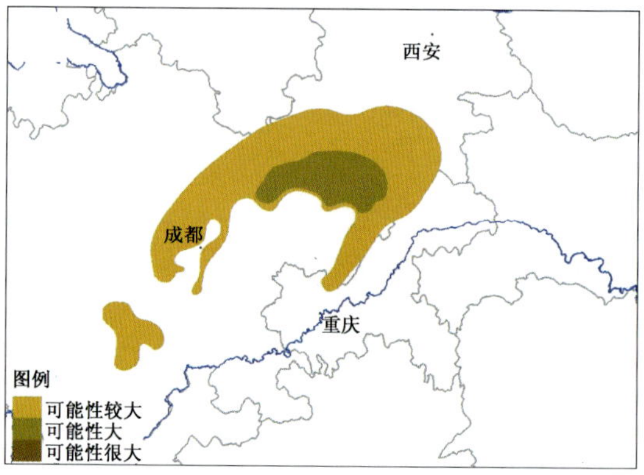

图 82-2 未来 3 天地质灾害气象预报图

（2009 年 7 月 29 日 08 时—8 月 1 日 08 时）

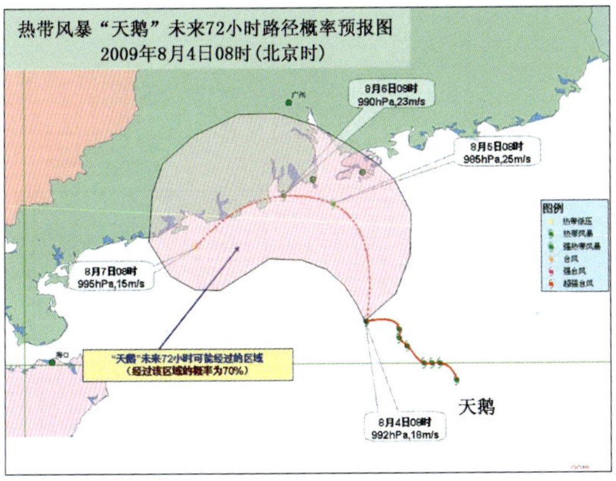

图 84-1 热带风暴“天鹅”未来 72 小时路径概率预报图(2009 年 8 月 4 日 08 时—7 日 08 时)

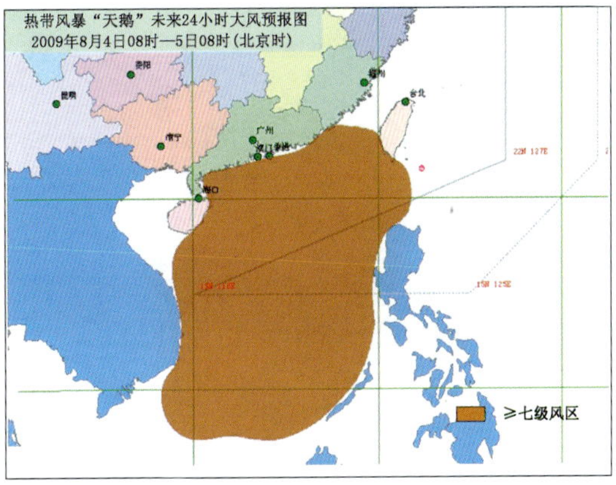

图 84-2 热带风暴“天鹅”未来 24 小时大风预报图(2009 年 8 月 4 日 08 时—5 日 08 时)

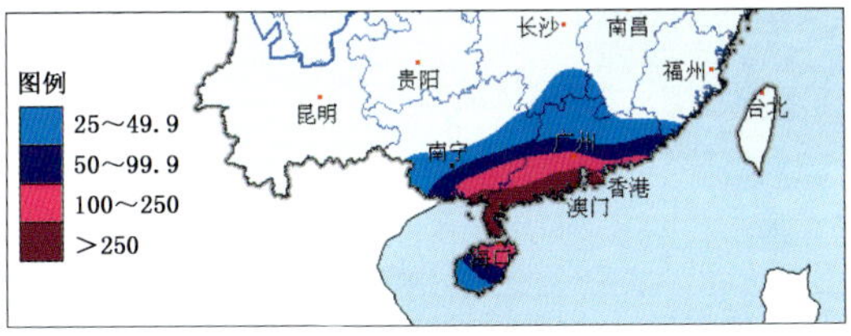

图 84-3 热带风暴“天鹅”未来 72 小时降水量预报图(2009 年 8 月 4 日 08 时—7 日 08 时)

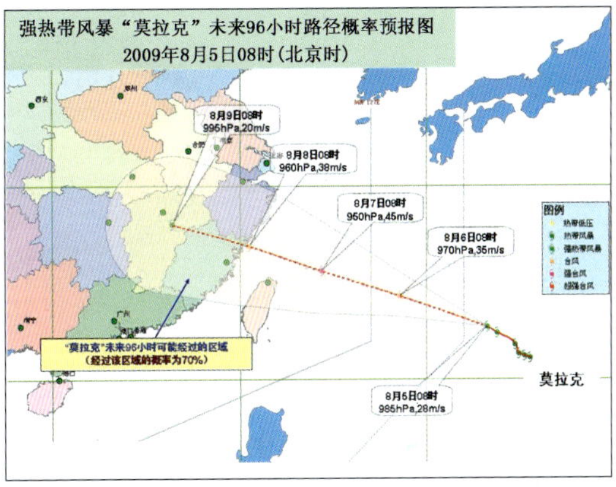

图 85-1 “莫拉克”未来 96 小时路径概率预报图(2009 年 8 月 5 日 08 时—9 日 08 时)

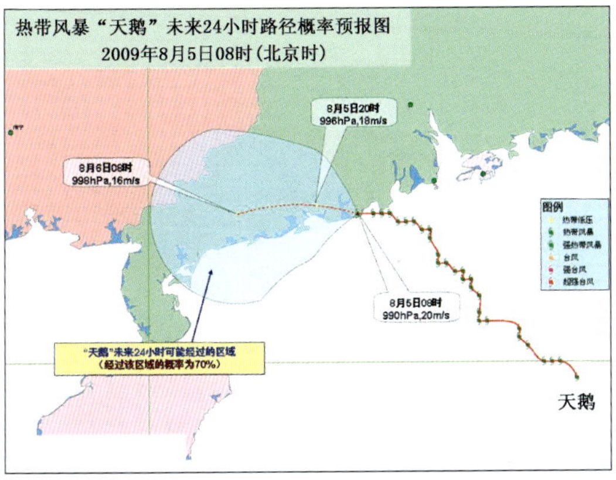

图 85-2 “天鹅”未来 24 小时路径概率预报图(2009 年 8 月 5 日 08 时—6 日 08 时)

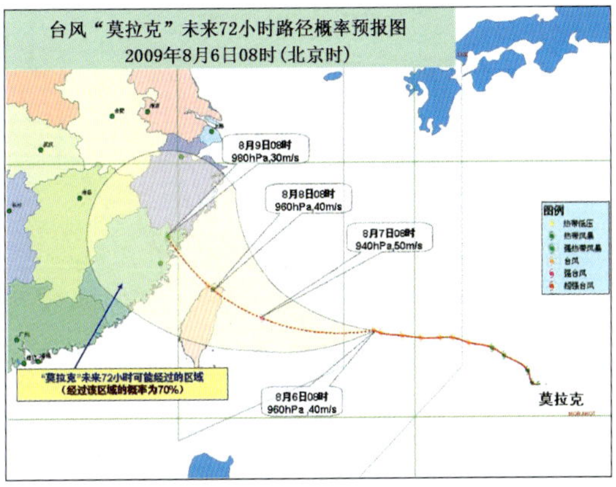

图 86-1 “莫拉克”未来 72 小时路径概率预报图(2009 年 8 月 6 日 08 时—9 日 08 时)

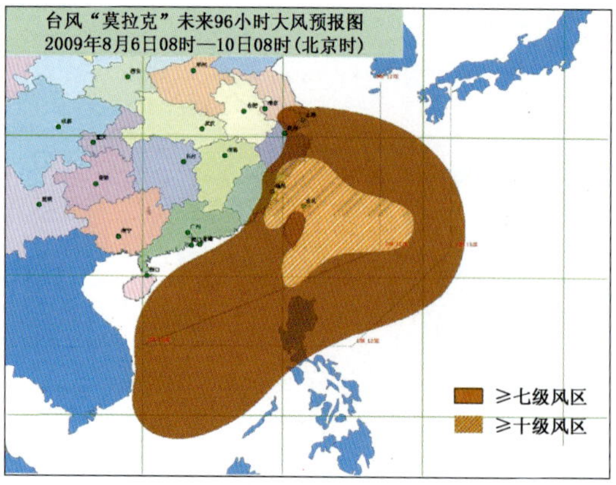

图 86-2 “莫拉克”未来 96 小时大风预报图
（2009 年 8 月 6 日 08 时—10 日 08 时）

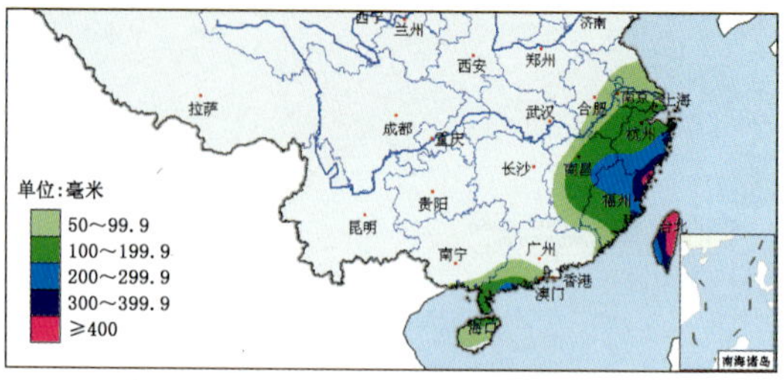

图 86-3 降水量预报图
（2009 年 8 月 6 日 08 时—11 日 08 时）

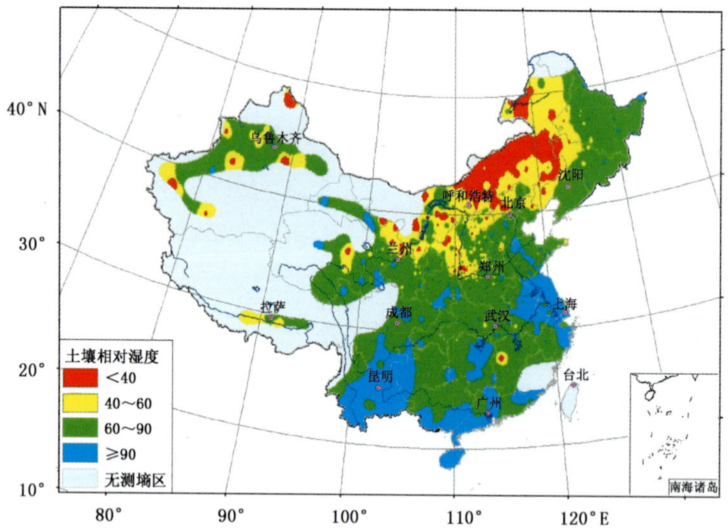

图 87-1 2009 年 8 月 8 日 20 厘米土壤相对湿度监测图

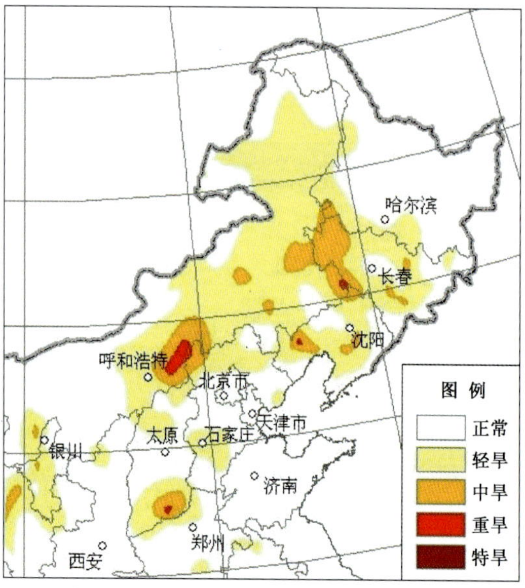

图 88-1 2009 年 8 月 1 日气象干旱监测图

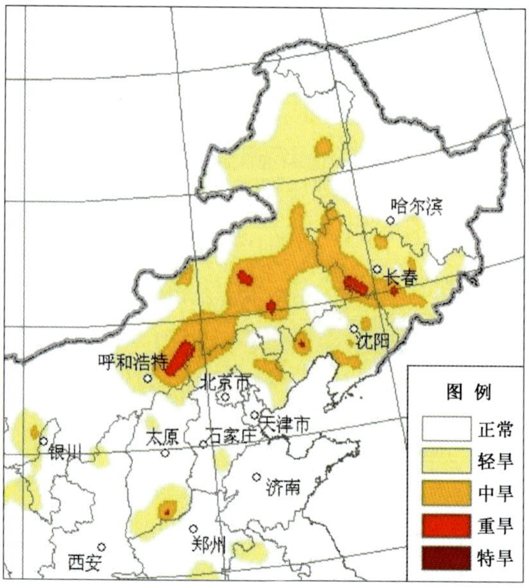

图 88-2 2009 年 8 月 5 日气象干旱监测图

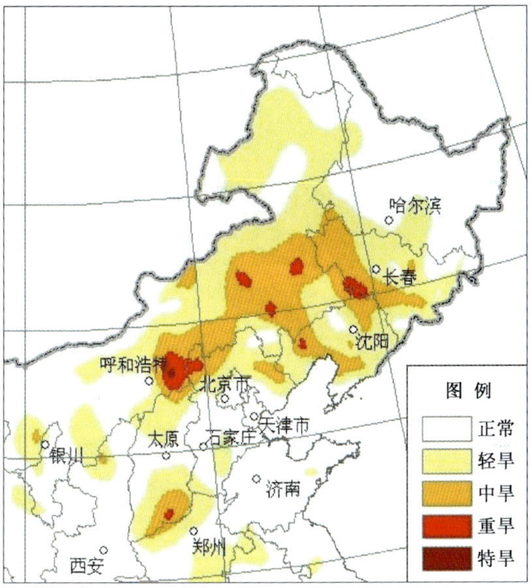

图 88-3　2009 年 8 月 10 日气象干旱监测图

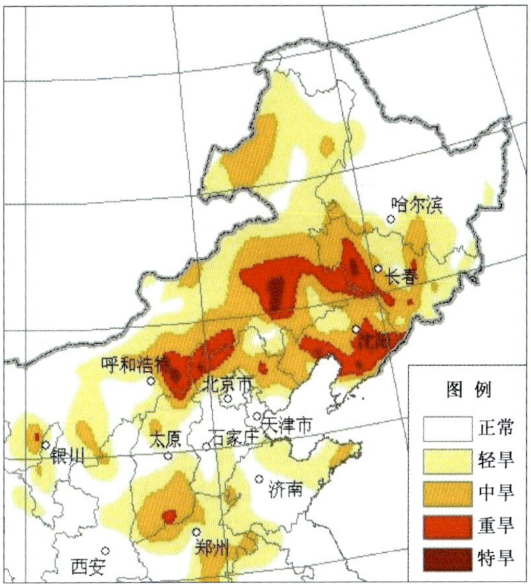

图 88-4　2009 年 8 月 14 日气象干旱监测图

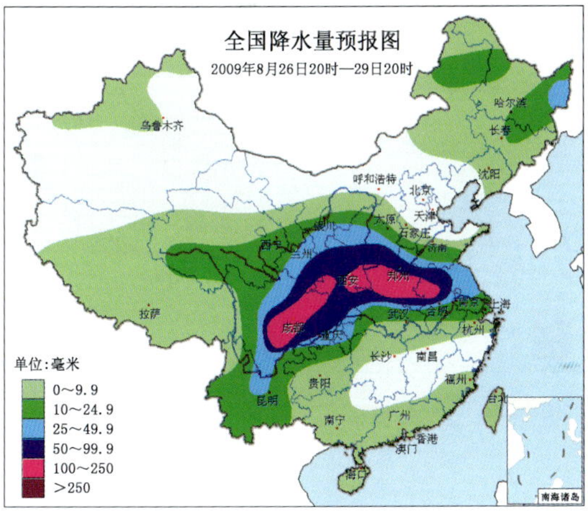

图 89-1　全国降水量预报图
（2009 年 8 月 26 日 20 时—29 日 20 时）

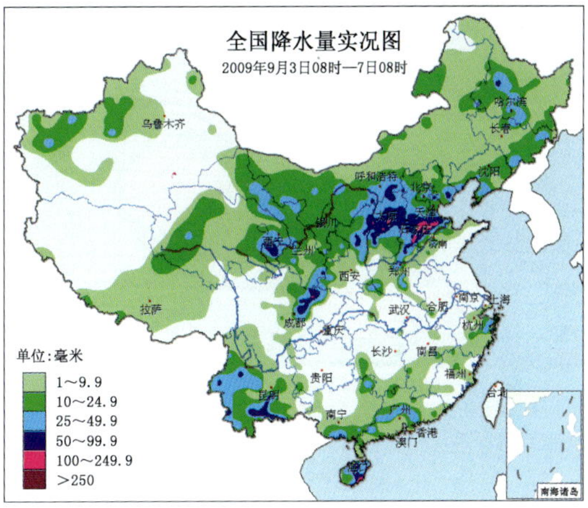

图 91-1　全国降水量实况图
（2009 年 9 月 3 日 08 时—7 日 08 时）

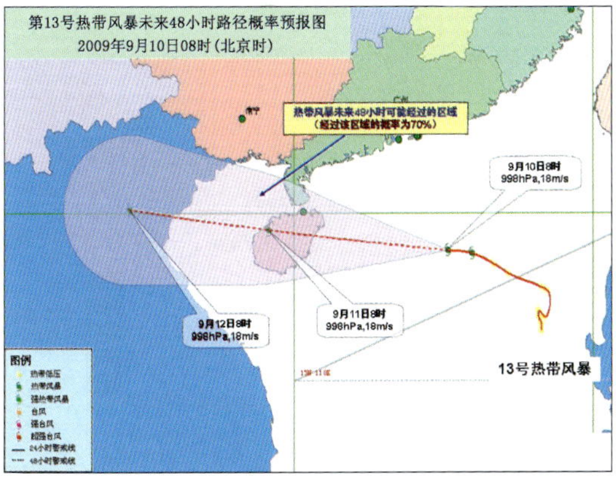

图 93-1　第 13 号热带风暴路径概率预报图
（2009 年 9 月 10 日 08 时—12 日 08 时）

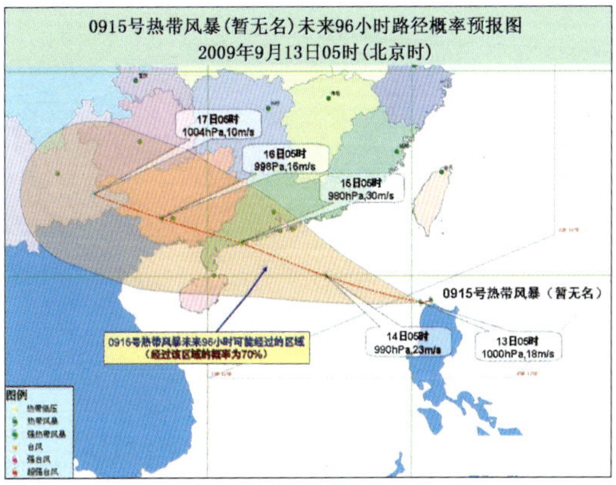

图 94-1　第 15 号热带风暴路径概率预报图
（2009 年 9 月 13 日 05 时—17 日 05 时）

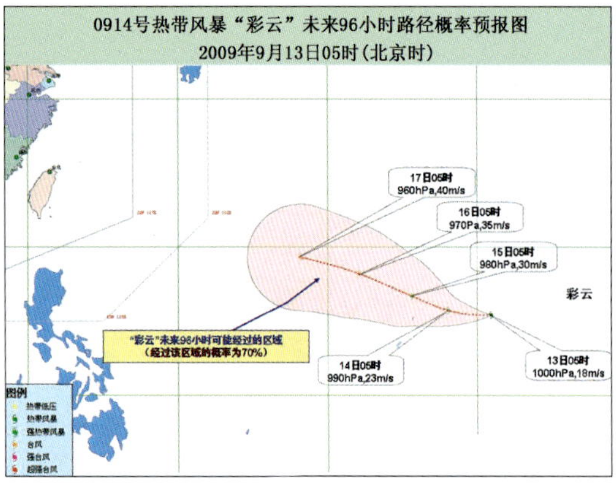

图 94-2　第 14 号热带风暴路径概率预报图
(2009 年 9 月 13 日 05 时—17 日 05 时)

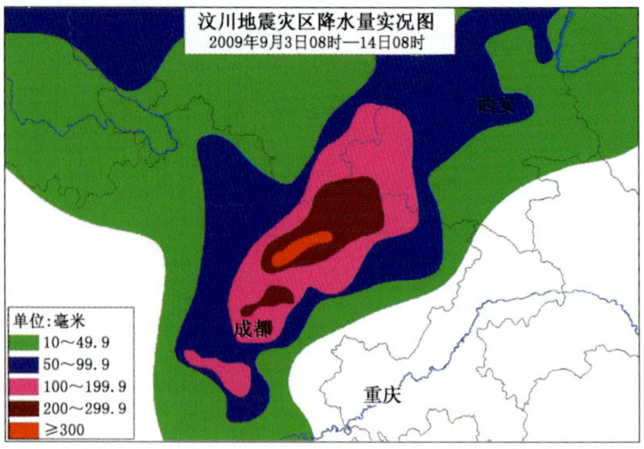

图 95-1　汶川地震灾区降水量实况图
(2009 年 9 月 3 日 08 时—14 日 08 时)

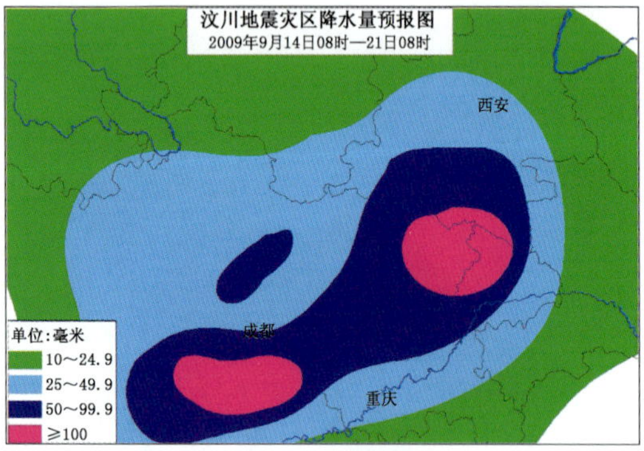

图 95-2　汶川地震灾区降水量预报图
(2009 年 9 月 14 日 08 时—21 日 08 时)

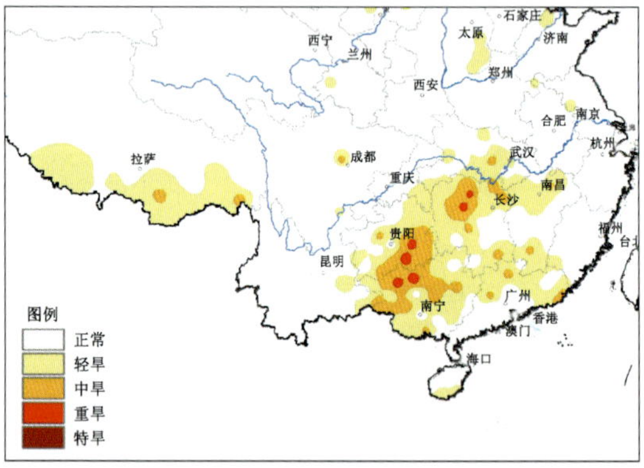

图 96-1　2009 年 9 月 1 日南方气象干旱监测图

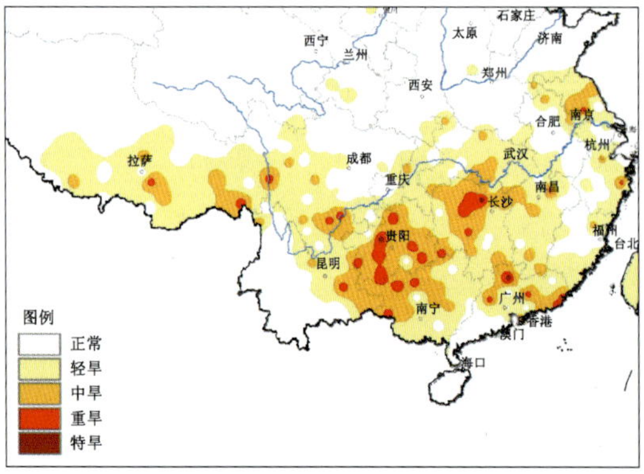

图 96-2　2009 年 9 月 14 日南方气象干旱监测图

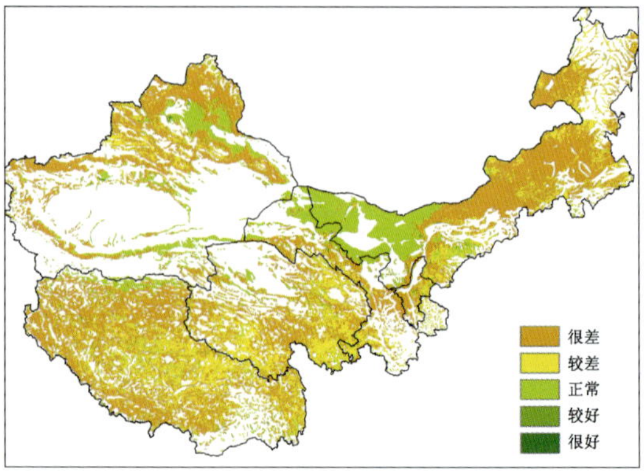

图 97-1　2009 年夏季北方 6 省(区)草地产草量
(与近 20 年同期平均相比)分布图

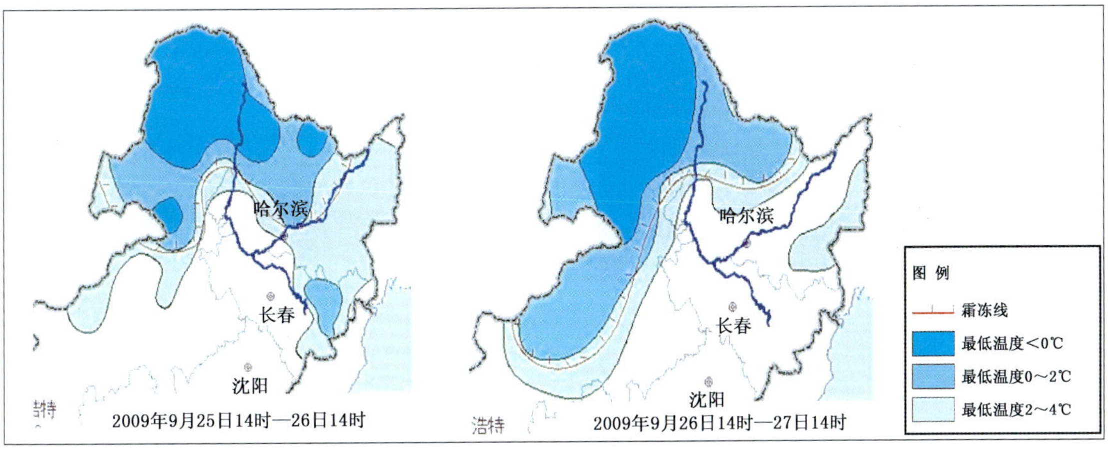

图 99-1 东北地区 2009 年 9 月 25—27 日低温霜冻预报图

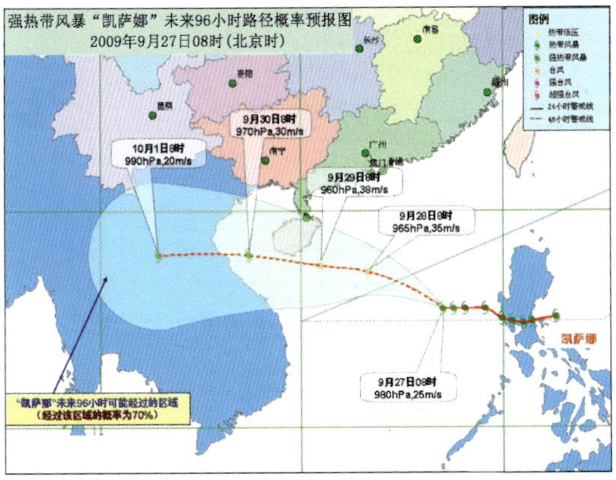

图 100-1 强热带风暴"凯萨娜"未来路径概率预报图

（2009 年 9 月 27 日 08 时—10 月 1 日 08 时）

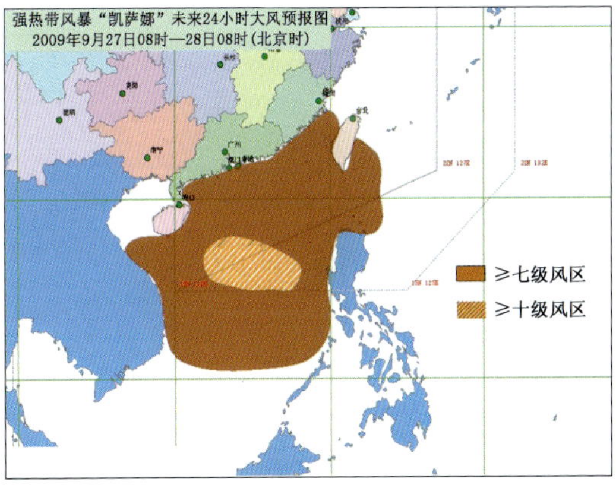

图 100-2 强热带风暴"凯萨娜"未来大风预报图

（2009 年 9 月 27 日 08 时—28 日 08 时）

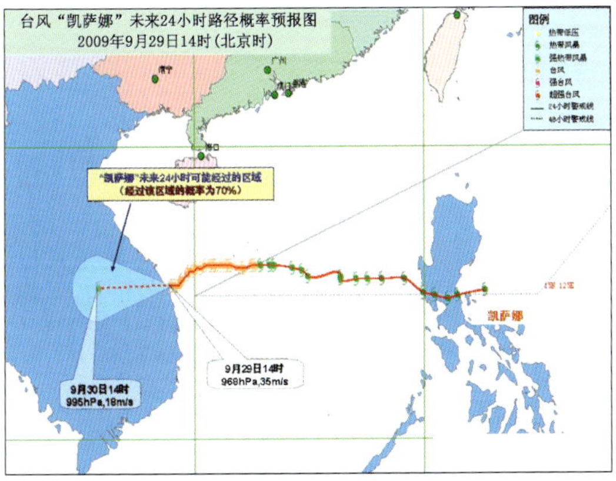

图 101-1 台风"凯萨娜"路径概率预报图

（2009 年 9 月 29 日 14 时—9 月 30 日 14 时）

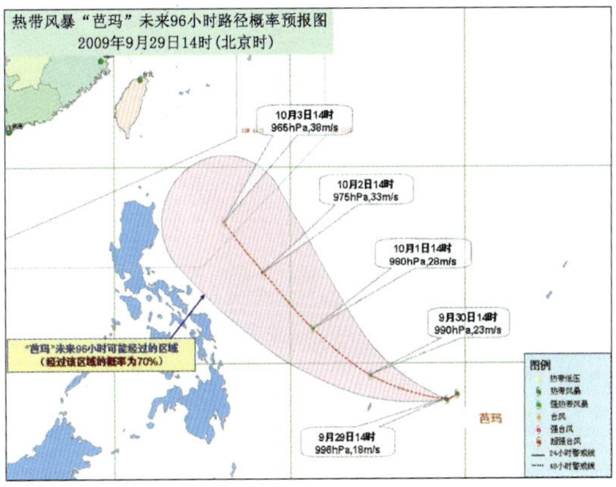

图 101-2 热带风暴"芭玛"路径概率预报图

（2009 年 9 月 29 日 14 时—10 月 3 日 14 时）

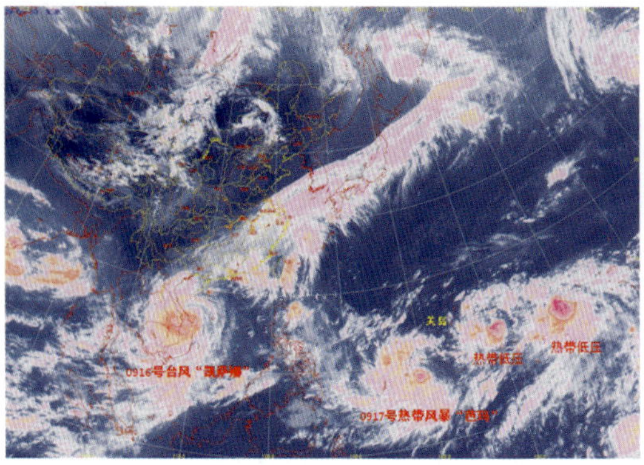

图 101-3　2009 年 9 月 29 日 14 时红外云图

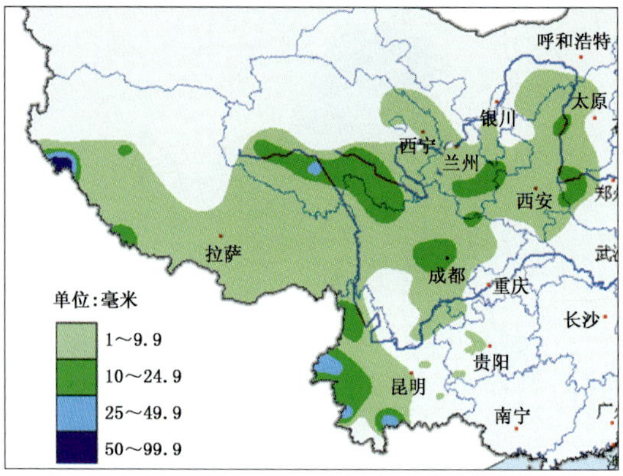

图 102-1　青藏高原降水量实况图
（2009 年 10 月 5 日 08 时—10 月 7 日 08 时）

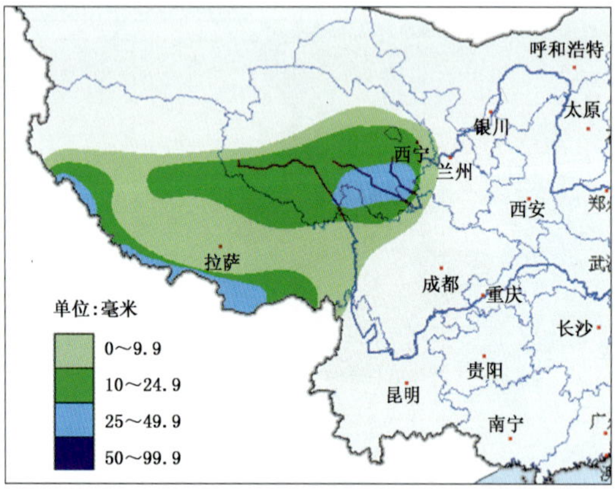

图 102-2　青藏高原降水量预报图
（2009 年 10 月 7 日 08 时—10 月 10 日 08 时）

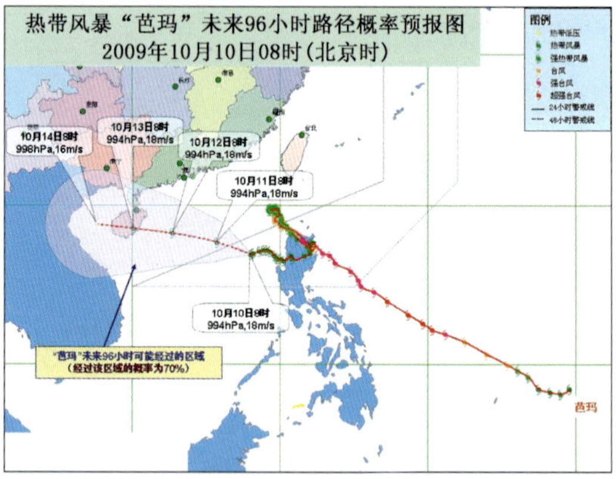

图 104-1　热带风暴"芭玛"路径概率预报图
（2009 年 10 月 10 日 08 时—14 日 08 时）

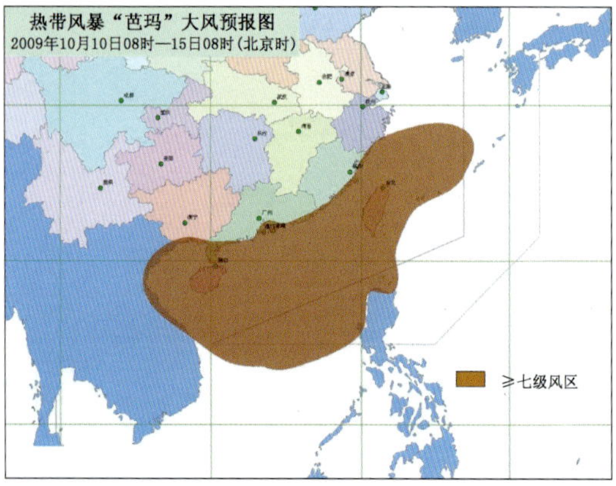

图 104-2　热带风暴"芭玛"大风预报图
（2009 年 10 月 10 日 08 时—15 日 08 时）

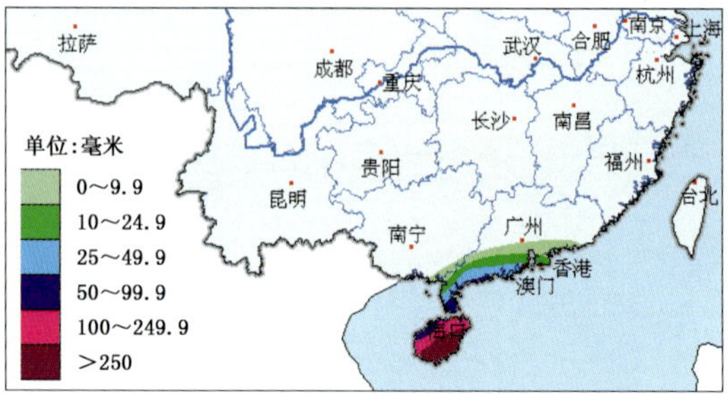

图 104-3　热带风暴"芭玛"降雨预报图
（2009 年 10 月 11 日 08 时—15 日 08 时）

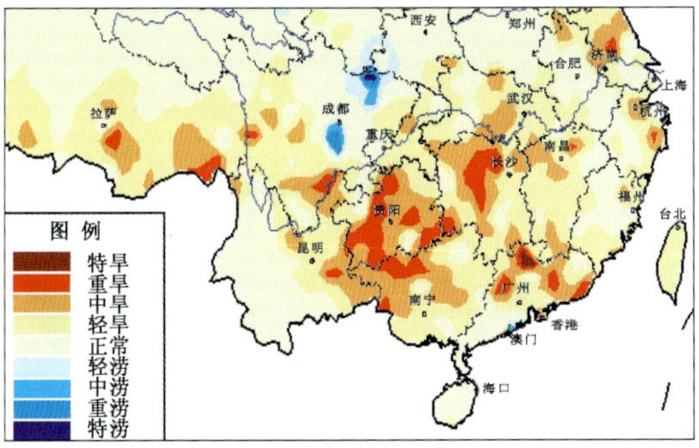

图 106-1　2009 年 9 月 14 日气象旱涝监测图

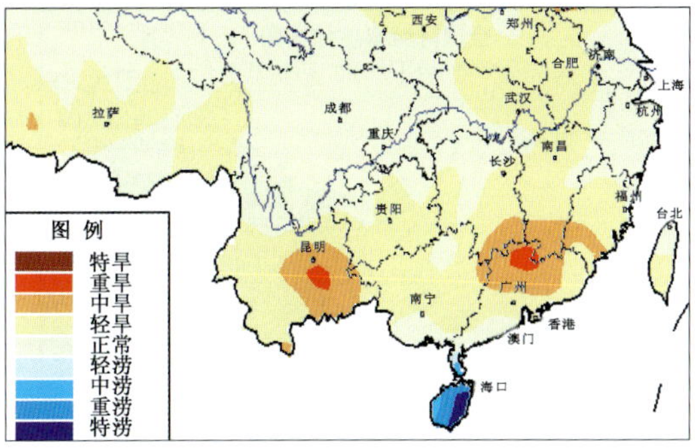

图 106-2　2009 年 10 月 22 日气象旱涝监测图

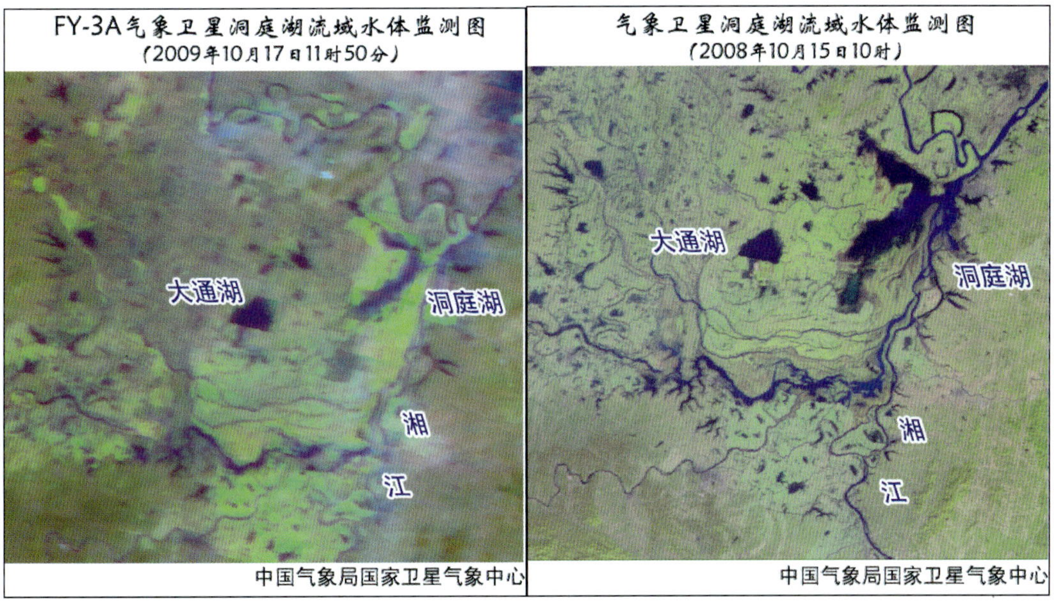

图 106-3　气象卫星洞庭湖水情监测图

（左:2009 年 10 月 17 日　右:2008 年 10 月 15 日）

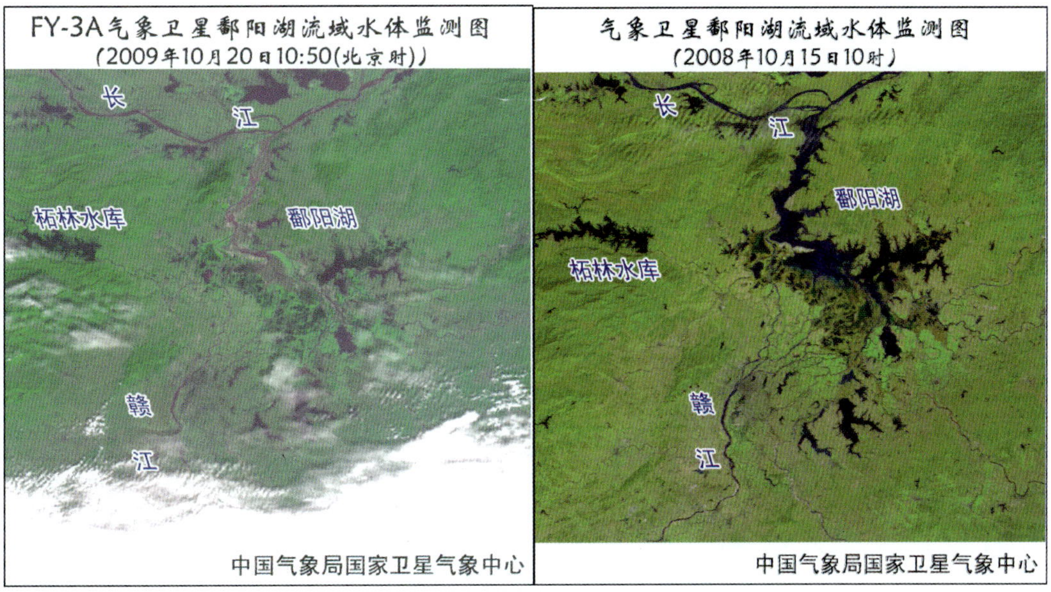

图 106-4　气象卫星鄱阳湖水情监测图

（左:2009 年 10 月 20 日　右:2008 年 10 月 15 日）

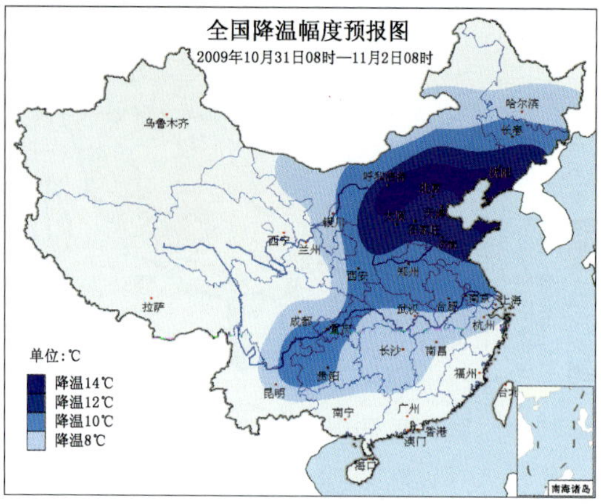

图 108-1　全国降温幅度预报图
(2009 年 10 月 31 日 08 时—11 月 2 日 08 时)

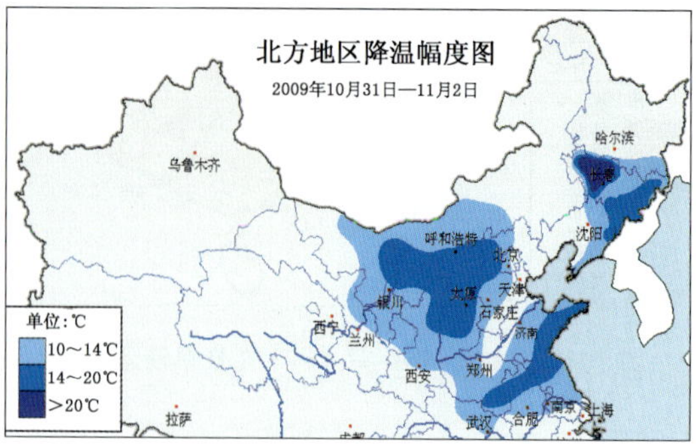

图 110-1　北方地区降温幅度图
(2009 年 10 月 31 日—11 月 2 日)

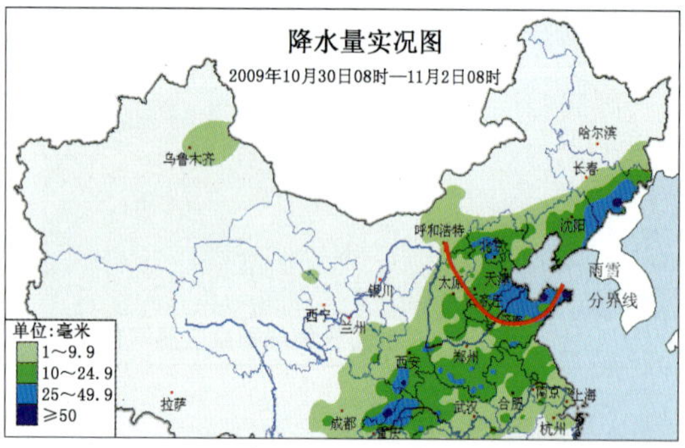

图 110-2　北方地区降水量实况图
(2009 年 10 月 30 日 08 时—11 月 2 日 08 时)

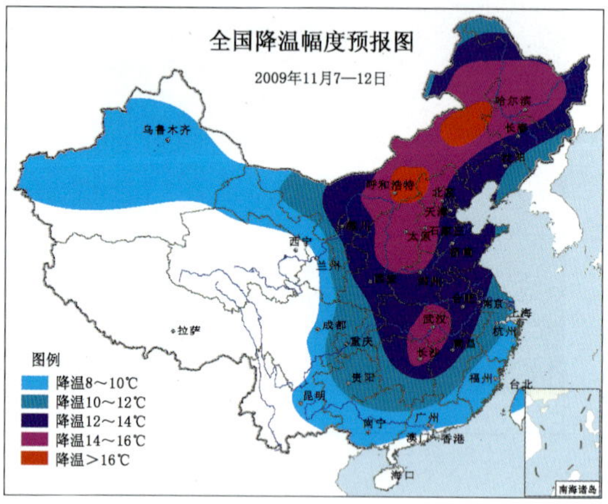

图 111-1　全国降温幅度预报图
(2009 年 11 月 7—12 日)

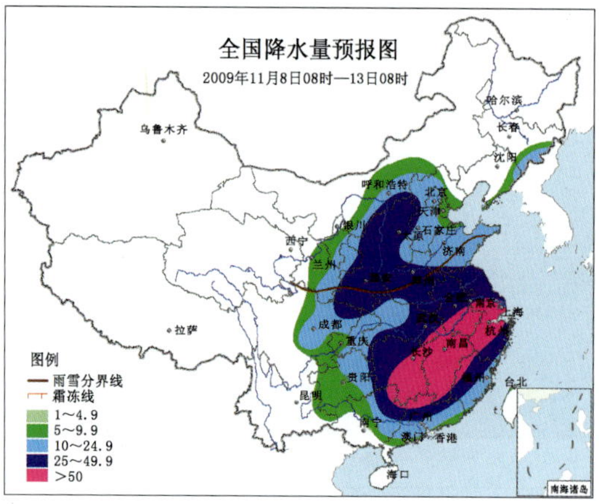

图 111-2　全国降水量预报图
(2009 年 11 月 8 日 08 时—13 日 08 时)

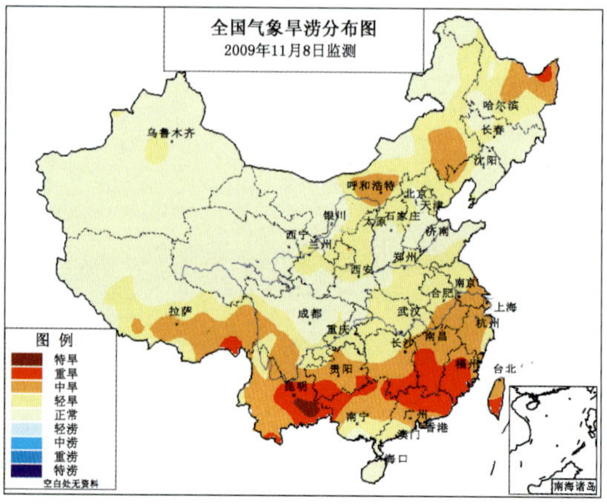

图 113-1　2009 年 11 月 8 日全国气象旱涝分布图

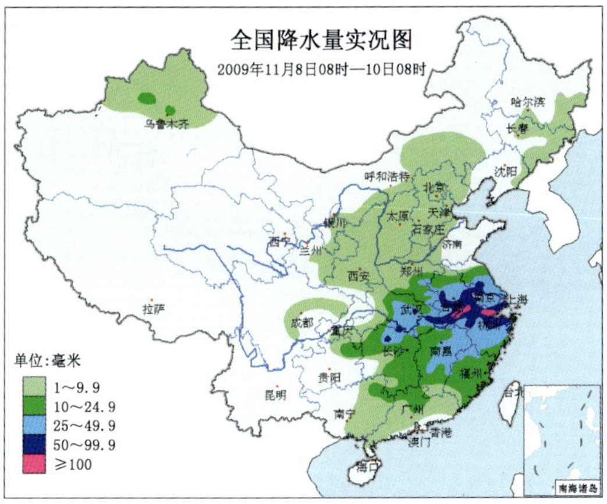

图 113-2　全国降水量实况图
（2009 年 11 月 8 日 08 时—10 日 08 时）

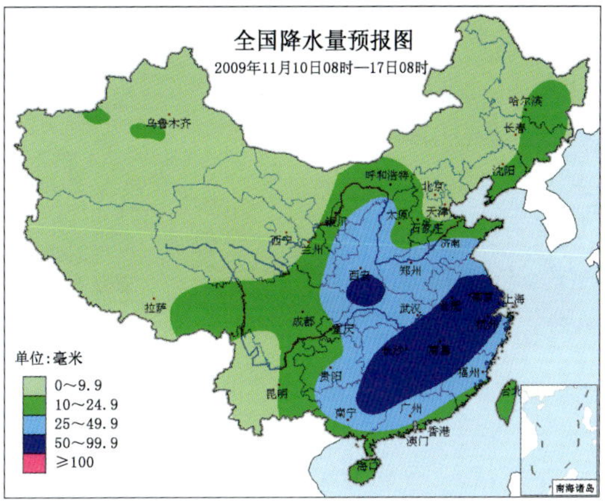

图 113-3　全国降水量预报图
（2009 年 11 月 10 日 08 时—17 日 08 时）

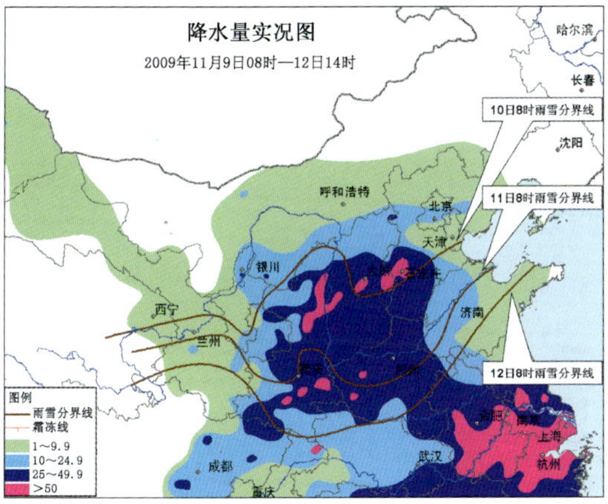

图 114-1　降水量实况图
（2009 年 11 月 9 日 08 时—12 日 14 时）

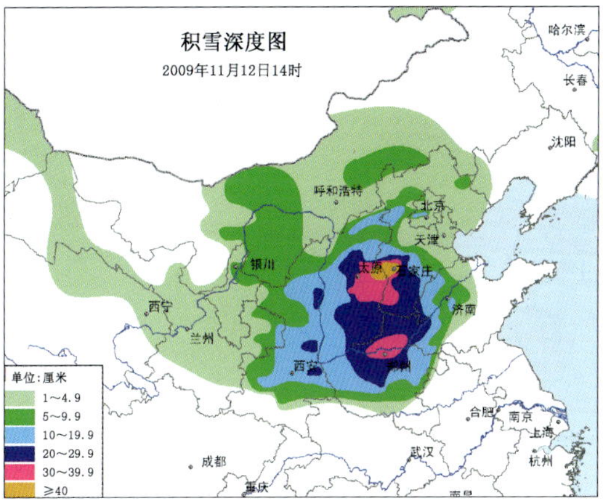

图 114-2　积雪深度实况图
（2009 年 11 月 12 日 14 时）

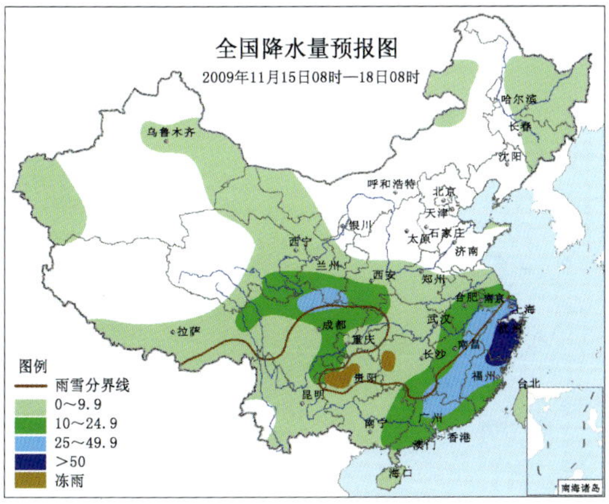

图 116-1　全国降水量预报图（2009 年 11 月 15 日 08 时—18 日 08 时）。图中雨雪分界线以北区域指将出现降雪、雨夹雪或雨转雪天气的区域；以南区域指降雨区域。

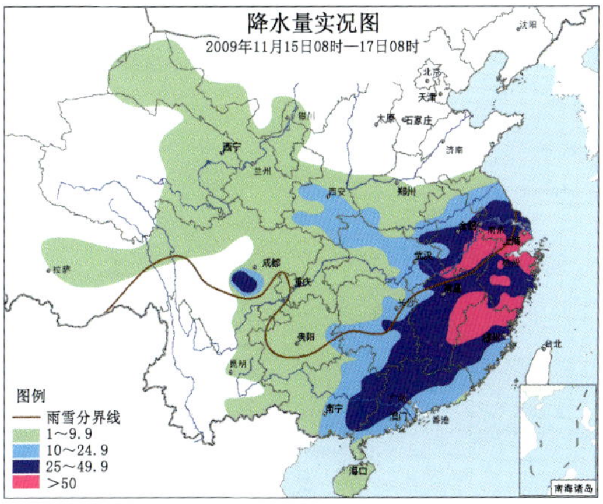

图 117-1　降水量实况图
（2009 年 11 月 15 日 08 时—17 日 08 时）

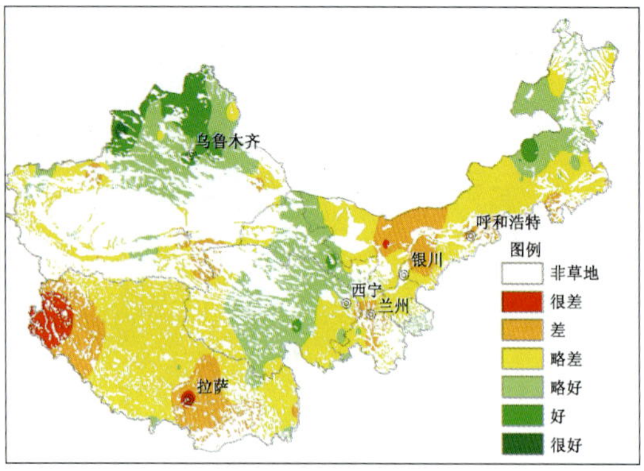

图 118-1　2009 年 4—9 月北方六省区草地生态气象条件优劣(与上年同期对比)分布图

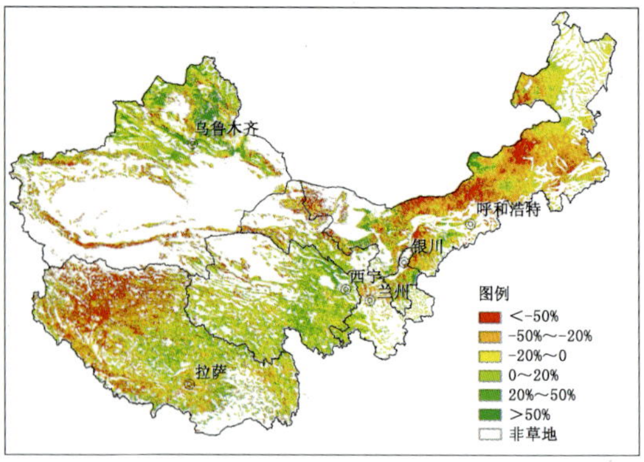

图 118-2　2009 年北方六省区估测产草量与上年同期增减百分率图

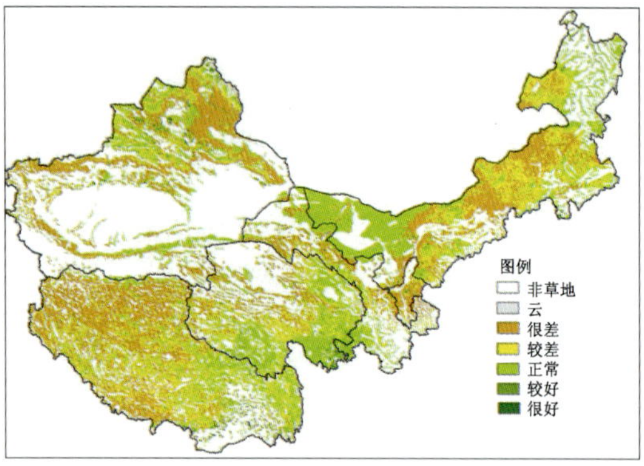

图 118-3　2009 年北方六省区草地生态质量等级(与常年同期相比)分布图

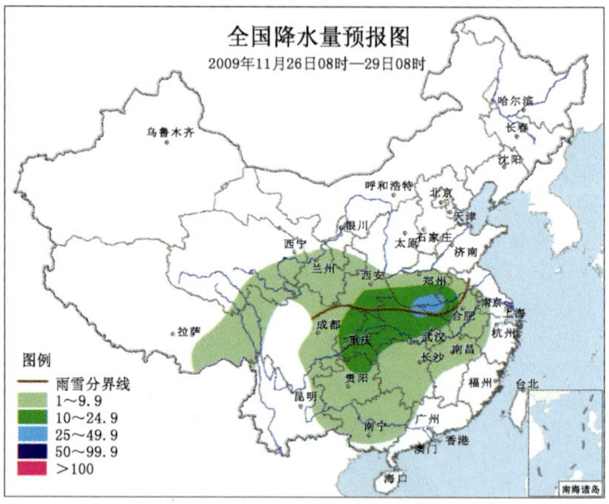

图 120-1　全国降水量预报图

(2009 年 11 月 26 日 08 时—29 日 08 时)

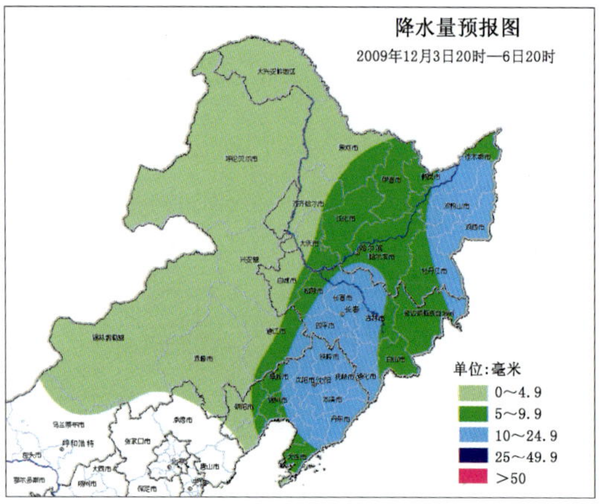

图 121-1　东北地区及内蒙古东部降水量预报图

(2009 年 12 月 3 日 20 时—6 日 20 时)

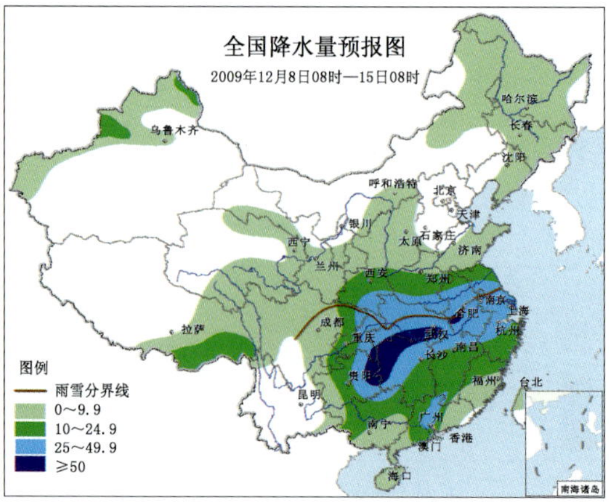

图 122-1　全国降水量预报图

(2009 年 12 月 8 日 08 时—15 日 08 时)

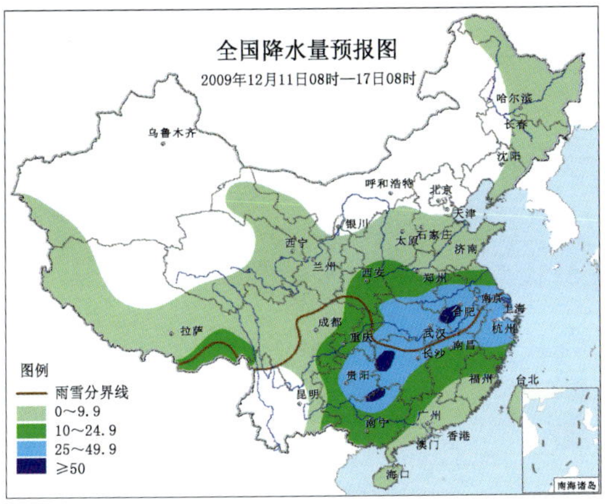

图 124-1　全国降水量预报图

（2009 年 12 月 11 日 08 时—17 日 08 时）

图 125-1　全国降水量预报图

（2009 年 12 月 14 日 08 时—16 日 08 时）

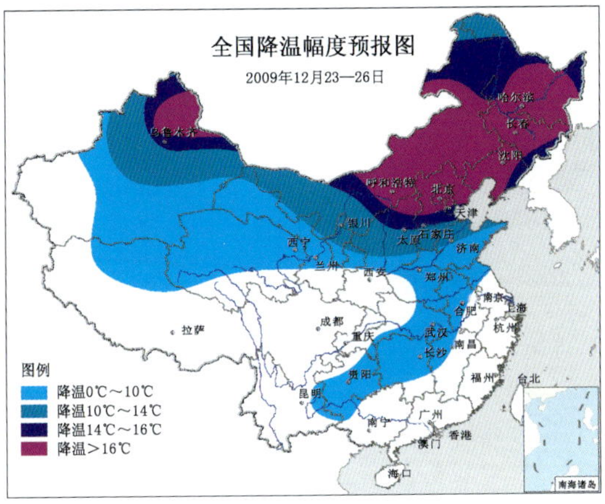

图 127-1　全国降温幅度预报图

（2009 年 12 月 23—26 日）

专题分析 1

图专 1-1　台风"莫拉克"路径图

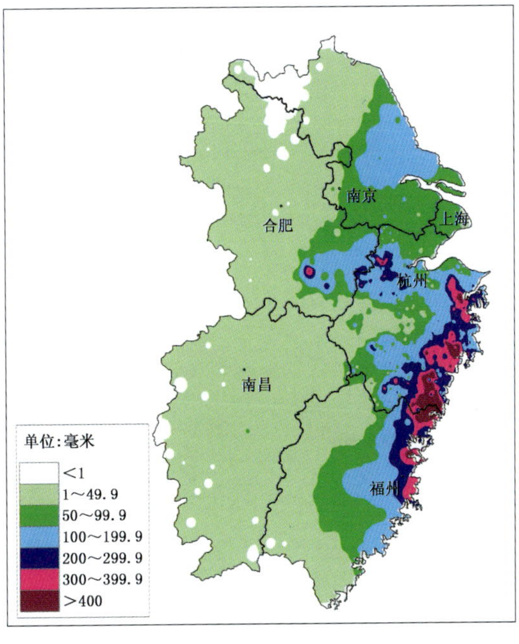

图专 1-2　"莫拉克"影响华东五省过程降雨量实况图

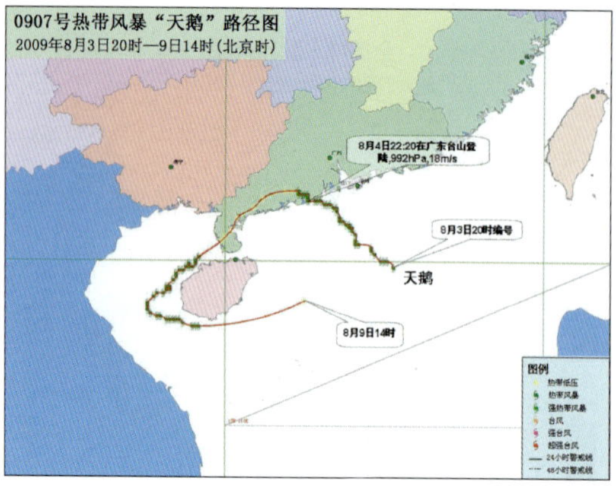

图专 1-3　热带风暴“天鹅”路径图

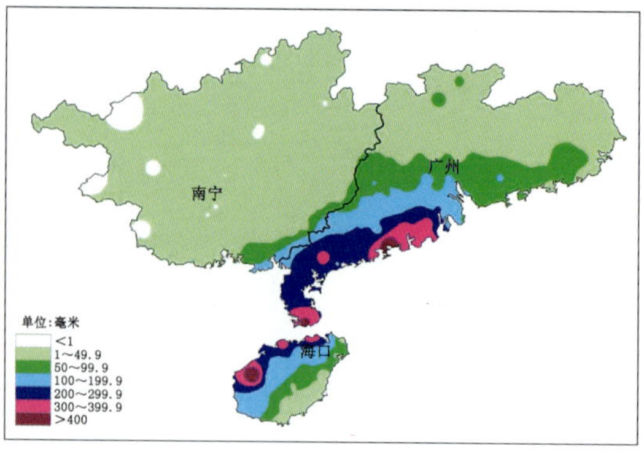

图专 1-4　“天鹅”影响华南地区过程降雨量实况图

专题分析 2

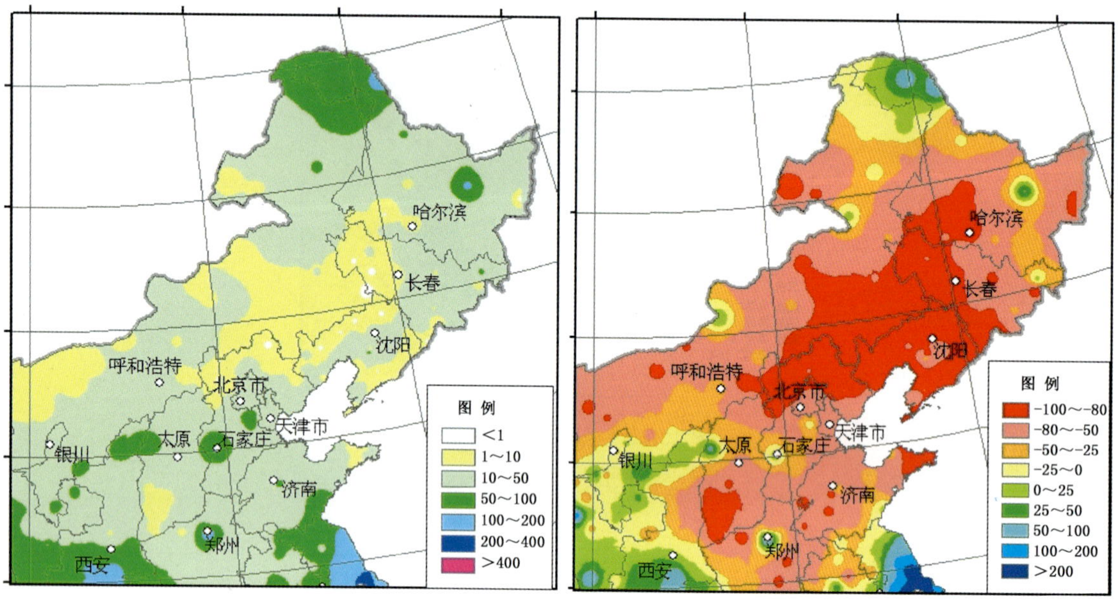

图专 2-1　2009 年 8 月 1—16 日降水量分布(左)和降水距平百分率(右)图

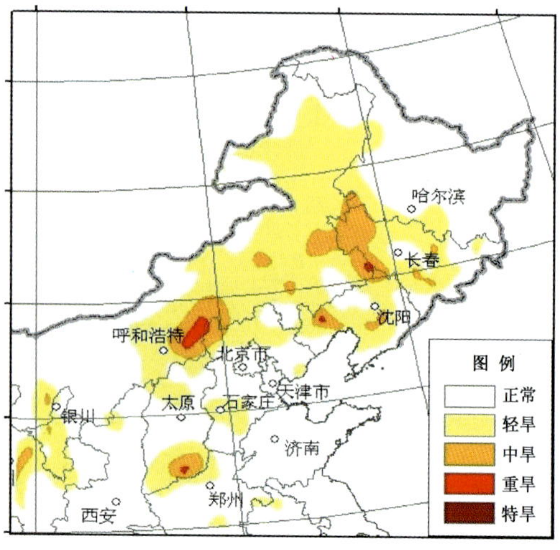

图专 2-2　2009 年 8 月 1 日气象干旱监测图

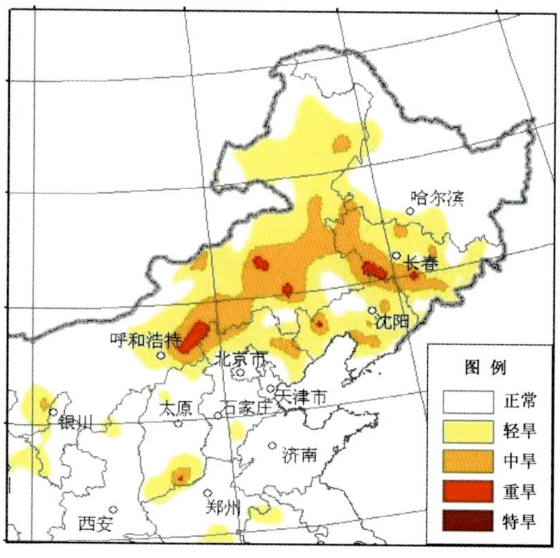

图专 2-3　2009 年 8 月 5 日气象干旱监测图

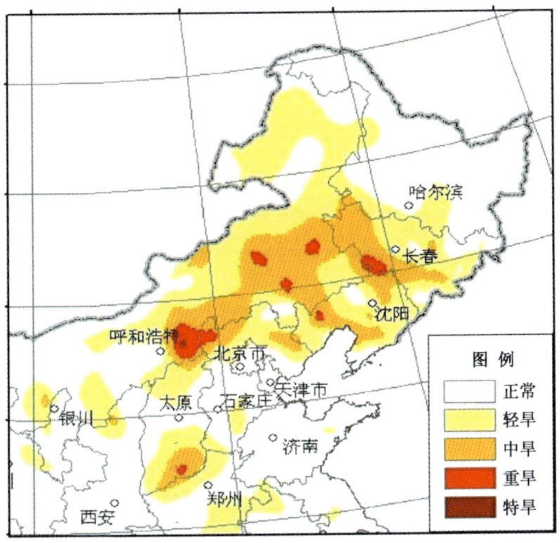

图专 2-4　2009 年 8 月 10 日气象干旱监测图

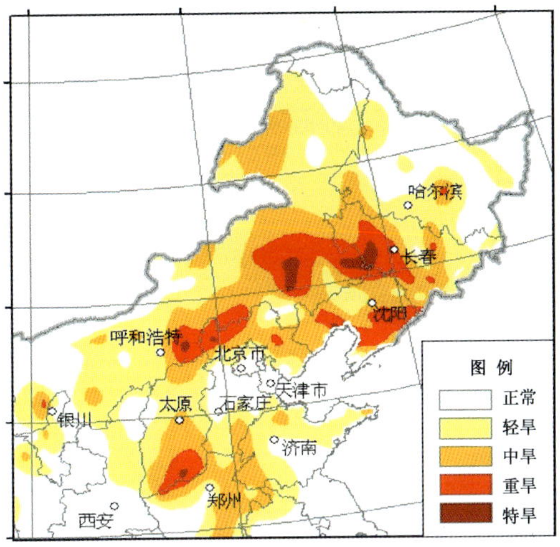

图专 2-5　2009 年 8 月 16 日气象干旱监测图

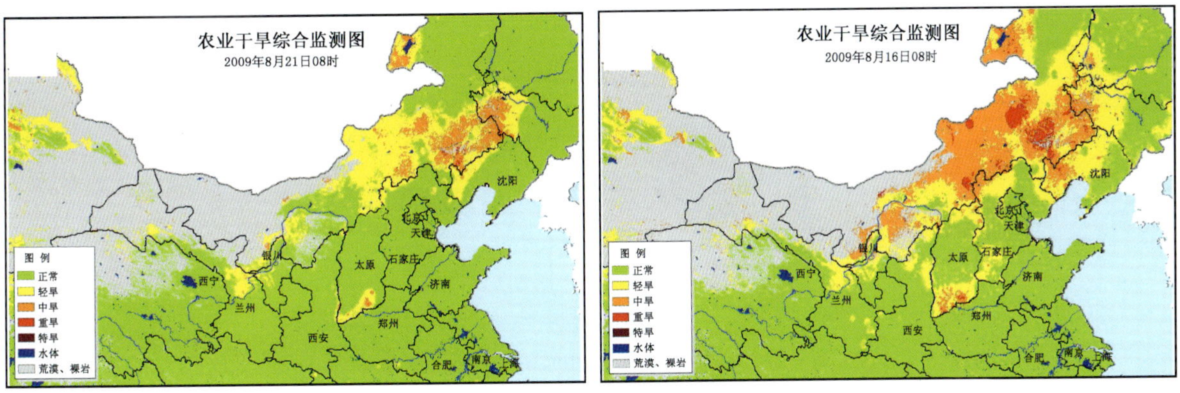

图专 2-6　农业干旱综合监测图(左:2009 年 8 月 21 日 08 时,右:2009 年 8 月 16 日 08 时)

专题分析 3

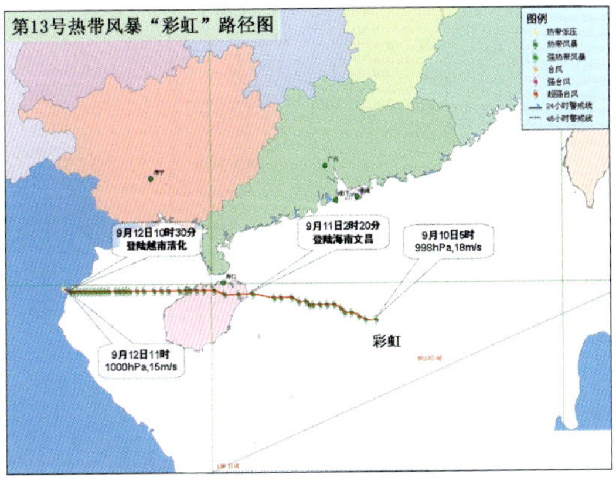

图专 3-1　热带风暴“彩虹”路径图

(2009 年 9 月 10 日 05 时—12 日 11 时)

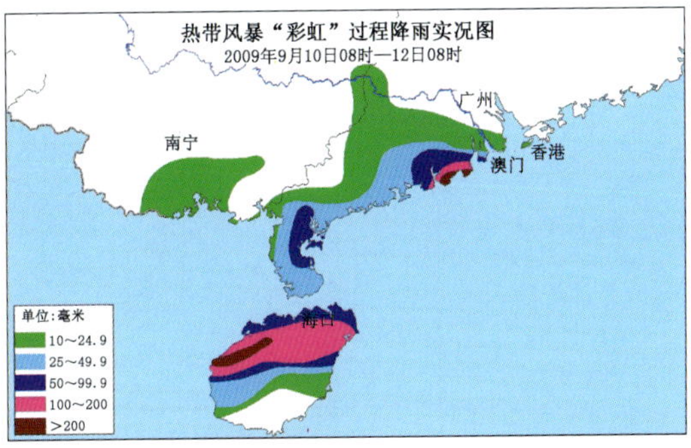

图专 3-2　热带风暴“彩虹”过程降雨实况图

(2009 年 9 月 10 日 08 时—12 日 08 时)

专题分析 4

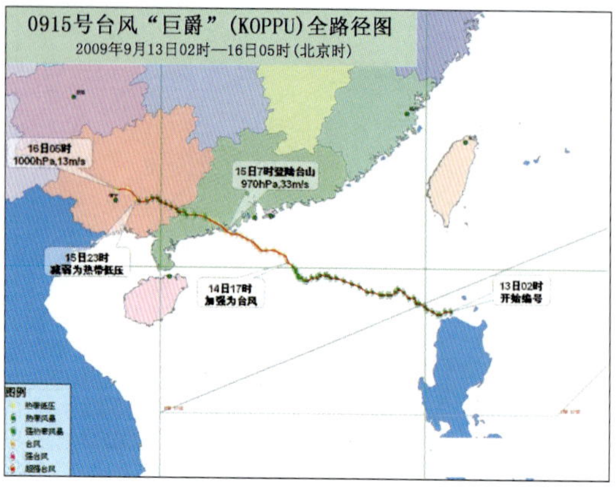

图专 4-1　台风“巨爵”路径图

（2009 年 9 月 13 日 02 时—16 日 05 时）

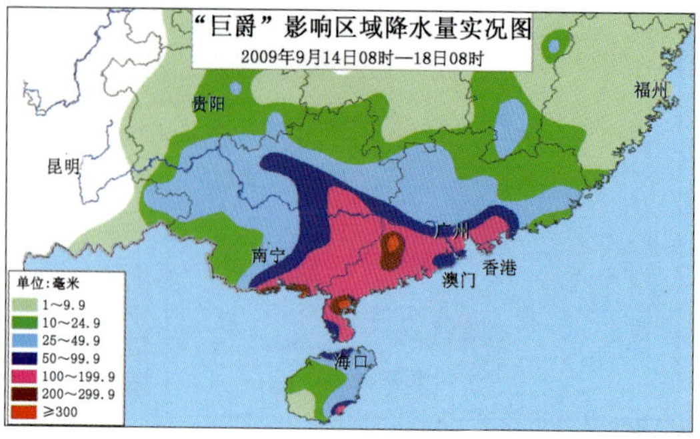

图专 4-2　台风“巨爵”影响区域降水量实况图

（2009 年 9 月 14 日 08 时—18 日 08 时）

专题分析 5

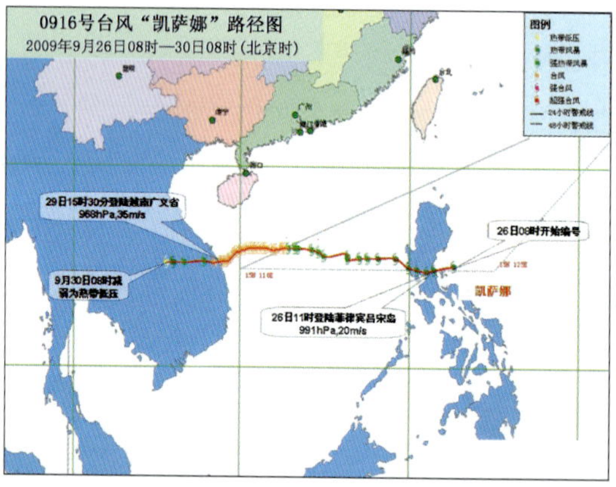

图专 5-1　0916 号台风“凯萨娜”路径图（2009 年 9 月 26 日 08 时— 30 日 08 时）

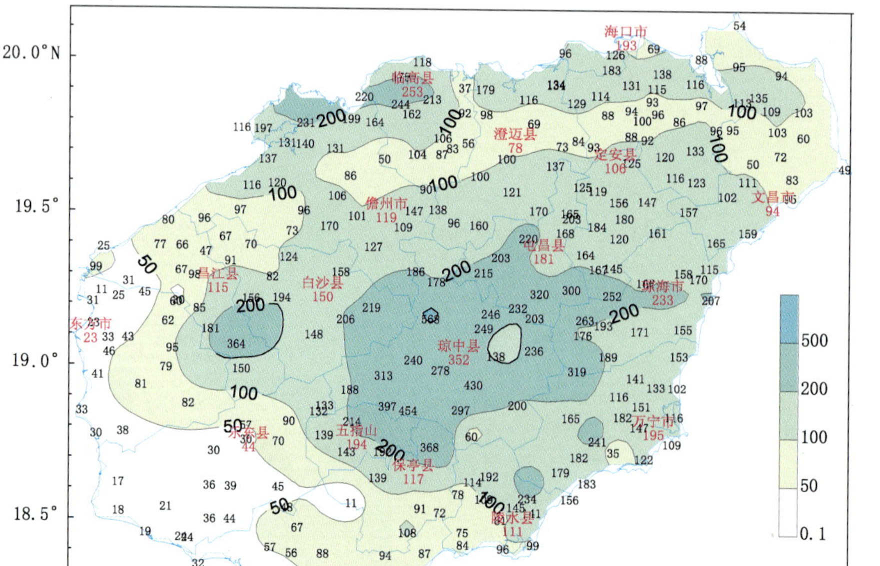

图专 5-2　海南省降雨实况图

（2009 年 9 月 27 日 08 时—30 日 08 时）

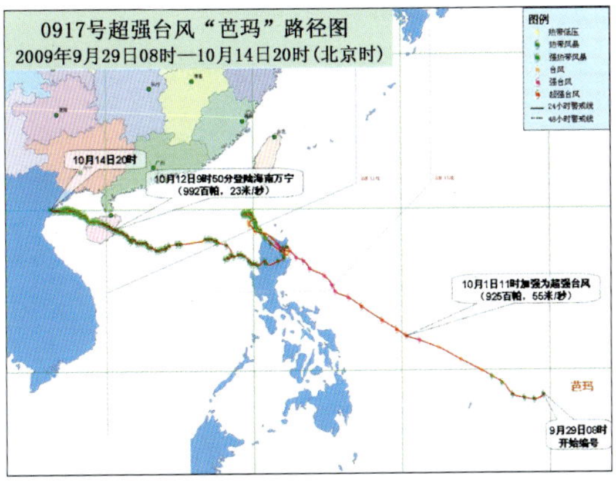

图专 6-1　0917 号超强台风“芭玛”路径图

（2009 年 9 月 29 日 08 时—10 月 14 日 20 时）

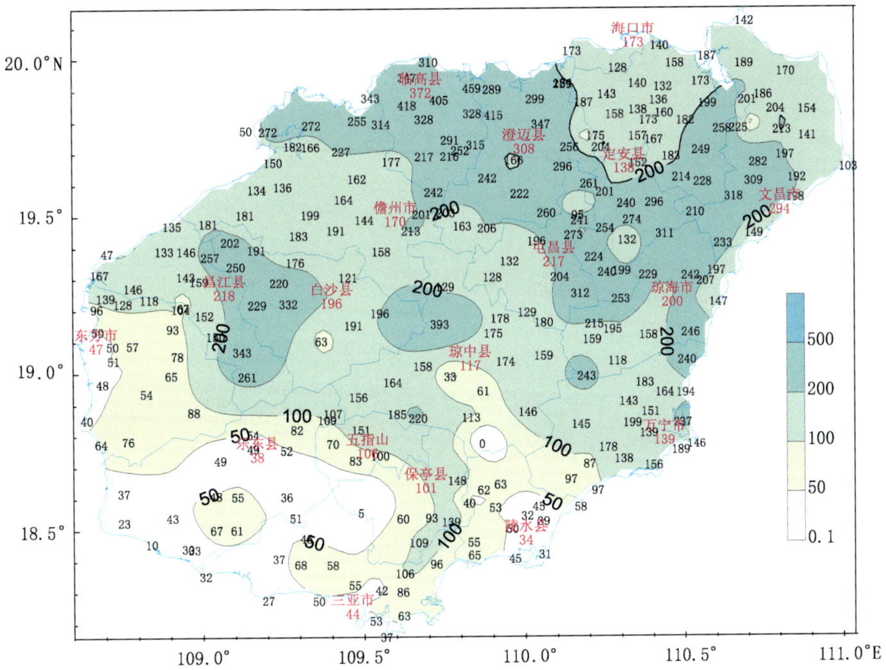

图专 6-2　海南省降雨实况图

（2009 年 10 月 11 日 08 时—14 日 08 时）